U0288305

电 磁 成 形
Electromagnetic Forming

李春峰 等 著

科学出版社

北 京

内 容 简 介

本书是有关电磁成形技术的专著,书中较系统地介绍电磁成形在国内外的发展现状、最新研究成果以及前景展望。内容几乎涵盖电磁成形在金属塑性成形领域应用的所有方向。全书共 12 章,主要包括电磁成形技术基础、电磁成形设备、管坯电磁成形与校形、板坯电磁成形与辅助成形、管坯电磁连接、双金属管电磁复合、电磁铆接及粉末磁脉冲压实等。

本书可作为材料加工领域的本科生、研究生教材,也可作为从事金属塑性加工,尤其是高速率成形研究和应用的科研工作者及工程技术人员的参考资料。

图书在版编目(CIP)数据

电磁成形 = Electromagnetic Forming/李春峰等著. —北京:科学出版社,2016.7
ISBN 978-7-03-049191-6

Ⅰ.①电⋯ Ⅱ.①李⋯ Ⅲ.①电磁成形-研究 Ⅳ.①TG391

中国版本图书馆 CIP 数据核字(2016)第 147009 号

责任编辑:耿建业 陈构洪 霍明亮/责任校对:郭瑞芝
责任印制:张 伟/封面设计:铭轩堂

科 学 出 版 社 出版
北京东黄城根北街 16 号
邮政编码:100717
http://www.sciencep.com

北京凌奇印刷有限责任公司 印刷
科学出版社发行 各地新华书店经销

＊

2016 年 7 月第 一 版 开本:720×1000 B5
2020 年 1 月第三次印刷 印张:25 1/4
字数:493 000
定价:168.00 元
(如有印装质量问题,我社负责调换)

前　　言

电磁成形自 20 世纪 50 年代出现,至今已走过 60 个年头。作为一种先进的特种塑性成形方法,在工业领域,尤其在航空、航天、汽车及国防等领域得到广泛应用。计算机模拟技术的发展及先进实验技术的应用,为电磁成形的理论研究提供了更加有力的手段。对于瞬间(毫秒)发生的现象,搞清其发生发展过程、变形特性及成形机理成为可能。深入的理论研究有力地推动了该项技术的工业应用。由初期简单的板管成形向更广泛应用扩展,出现了辅助成形、复合成形、粉末致密、焊接等新的成形方法。

自电磁成形问世以来,我国高等院校、科研院所及工厂的科学技术人员为电磁成形的理论研究及推广应用作出了不懈的努力,使得我国电磁成形技术的发展与国际保持同步。由于电磁成形具有特殊的变形方式和变形特点,其尤其适合一些难成形材料和特殊形状零件的成形。该项技术不但在塑性加工领域有广阔的发展空间,而且在其他领域也有广阔的应用前景。

本书作者多年来从事电磁成形理论研究及工艺应用工作,在多个应用方向都有较深入系统的研究。为进一步推动电磁成形技术在我国的发展应用,在参考国内外大量相关文献的基础上,作者结合自己的研究成果,编写此书。

本书共 12 章,第 1 章和第 2 章由李春峰编写;第 3 章由赵志衡编写;第 4 章由李忠编写;第 5 章由于海平编写;第 6 章由江洪伟编写;第 7 章由邓将华、张旭编写;第 8 章由刘大海编写;第 9 章由李敏编写;第 10 章由徐志丹、于海平编写;第 11 章由徐俊瑞编写;第 12 章由范治松、于海平编写。最后由李春峰统稿。于海平在本书编写和出版过程中做了大量组织工作。

北京航空航天大学万敏教授对本书做了精心细致的评审,提出了宝贵的修改意见和建议,在此深表谢意。

感谢国家重点基础研究发展计划(973 计划)课题(2011CB012805)对本书出版的支持。

由于作者水平有限,书中不妥之处在所难免,恳请读者批评指正。

作　者

2016 年 6 月 1 日

目　　录

前言

第1章　绪论 ··· 1

1.1　电磁成形技术发展历史 ·· 1

1.2　电磁成形技术基本原理及特点 ·· 2

1.3　电磁成形技术的应用 ·· 4

参考文献 ··· 5

第2章　电磁成形技术基础 ·· 6

2.1　引言 ·· 6

2.2　磁场分析 ··· 6

2.2.1　管坯电磁胀形时磁场的对称性 ··· 7

2.2.2　边界条件 ·· 8

2.2.3　有限元方法求解磁场 ··· 9

2.3　放电电流分析 ·· 12

2.4　磁场及放电电流测量 ·· 15

2.4.1　磁场测量 ·· 15

2.4.2　放电电流测量 ·· 16

2.5　磁场力及放电能量 ··· 18

2.5.1　磁场力 ·· 18

2.5.2　放电能量 ·· 20

2.6　变形分析 ··· 21

2.6.1　管坯的变形过程 ··· 21

2.6.2　平板毛坯变形过程 ·· 23

2.7　电磁成形数值分析方法 ·· 26

参考文献 ··· 28

第3章　电磁成形设备 ··· 30

3.1　引言 ··· 30

3.1.1　电磁成形设备的发展概况 ··· 30

3.1.2　电磁成形设备的组成 ··· 31

3.2　充电回路 ··· 35

3.3　放电回路 ··· 38

　　　3.3.1　放电开关 ································· 38

　　　3.3.2　传输线 ·································· 44

　　　3.3.3　放电回路设计的注意事项 ················· 45

　　3.4　保护回路 ··································· 46

　　　3.4.1　电容器过流保护 ······················· 47

　　　3.4.2　过压保护 ····························· 48

　　　3.4.3　卸荷保护 ····························· 50

　　　3.4.4　断电保护 ····························· 51

　　3.5　控制及触发回路 ······························ 51

　　　3.5.1　控制回路 ····························· 51

　　　3.5.2　触发回路 ····························· 56

　　参考文献 ······································ 56

第4章　管坯电磁胀形 ································· 58

　　4.1　引言 ······································ 58

　　4.2　直螺线管线圈电磁胀形的数值模拟 ················· 64

　　　4.2.1　模拟结果分析 ························· 64

　　　4.2.2　工艺参数对电磁胀形的影响 ··············· 69

　　4.3　异型线圈电磁胀形分析 ······················· 85

　　　4.3.1　阶梯形线圈电磁胀形的数值模拟 ············ 86

　　　4.3.2　组合线圈电磁胀形的数值模拟 ············· 93

　　4.4　管坯电磁胀形试验分析 ······················ 102

　　　4.4.1　直螺线管线圈自由电磁胀形 ·············· 102

　　　4.4.2　阶梯线圈自由电磁胀形 ················· 112

　　4.5　展望 ····································· 115

　　参考文献 ····································· 115

第5章　管坯电磁缩径 ································ 118

　　5.1　引言 ····································· 118

　　5.2　管坯径向动态加载屈曲 ······················ 118

　　　5.2.1　动态屈曲问题的特点 ·················· 118

　　　5.2.2　动态冲击屈曲判别准则 ················· 119

　　　5.2.3　管坯电磁缩径屈曲研究进展 ·············· 120

　　5.3　管坯电磁缩径压缩失稳临界条件 ················· 121

　　　5.3.1　管坯电磁缩径电动力学分析 ·············· 121

　　　5.3.2　管坯电磁缩径塑性动力分析 ·············· 125

　　　5.3.3　压缩失稳条件建立 ··················· 130

5.4 管坯电磁缩径变形分析 ……………………………………… 133

　　5.4.1 数值模拟模型 ……………………………………… 133

　　5.4.2 成形系统参数对变形的影响 ……………………… 135

　　5.4.3 管坯电磁缩径稳定性分析 ………………………… 139

5.5 展望 ……………………………………………………… 146

参考文献 …………………………………………………… 146

第6章　管坯电磁精密校形 ………………………………… 148

6.1 引言 ……………………………………………………… 148

6.2 电磁校形工艺研究现状 ………………………………… 148

　　6.2.1 电磁校形的优点 …………………………………… 148

　　6.2.2 国内外的研究现状 ………………………………… 149

　　6.2.3 电磁校形技术在汽车中的应用 …………………… 149

6.3 管件电磁校形数值模拟 ………………………………… 151

　　6.3.1 电磁校形模型建立 ………………………………… 151

　　6.3.2 电磁场-结构场顺序耦合模型 …………………… 152

6.4 管件电磁校形变形分析 ………………………………… 153

　　6.4.1 模具与管件间间隙对校形的影响 ………………… 154

　　6.4.2 放电电压对管件电磁校形的影响 ………………… 157

　　6.4.3 放电次数对改善校形效果的作用 ………………… 158

　　6.4.4 管件材料对管件电磁校形的影响 ………………… 159

　　6.4.5 管件长度对管件电磁校形的影响 ………………… 161

　　6.4.6 管件厚度对管件电磁校形的影响 ………………… 163

　　6.4.7 放电能量对管件电磁校形的影响 ………………… 164

　　6.4.8 放电频率对管件电磁校形的影响 ………………… 165

　　6.4.9 相对高度对管件电磁校形的影响 ………………… 168

6.5 铝合金筒形件校形数值模拟 …………………………… 170

　　6.5.1 一次放电成形模拟 ………………………………… 170

　　6.5.2 多次放电成形模拟 ………………………………… 171

6.6 铝合金筒形件校形结果分析 …………………………… 173

6.7 展望 ……………………………………………………… 176

参考文献 …………………………………………………… 176

第7章　电磁铆接 …………………………………………… 178

7.1 引言 ……………………………………………………… 178

7.2 电磁铆接力解析 ………………………………………… 183

7.3 电磁铆接数值模拟 ……………………………………… 184

　　　　7.3.1　数值模拟方案的确定 ·· 184
　　　　7.3.2　数值模拟结果分析 ·· 185
　　7.4　电磁铆接铆钉变形机理 ·· 191
　　　　7.4.1　绝热剪切变形机理 ·· 191
　　　　7.4.2　绝热剪切微观组织 ·· 197
　　7.5　电磁铆接过程中动态塑性变形行为 ·· 203
　　　　7.5.1　铆接过程受力分析 ·· 203
　　　　7.5.2　电磁铆接过程干涉量模型 ·· 204
　　7.6　电磁铆接工艺 ··· 214
　　　　7.6.1　复合材料结构电磁铆接 ·· 215
　　　　7.6.2　大直径铆钉电磁铆接 ··· 217
　　　　7.6.3　电磁铆接试样质量分析 ·· 219
　　7.7　展望 ·· 223
　　参考文献 ··· 223
第8章　电磁辅助冲压成形 ·· 225
　　8.1　引言 ·· 225
　　8.2　电磁辅助冲压过程数值解析 ·· 228
　　　　8.2.1　电磁辅助冲压有限元分析理论基础 ·································· 229
　　　　8.2.2　电磁辅助冲压成形有限元分析方案及流程 ······················· 233
　　　　8.2.3　电磁辅助冲压有限元分析实例 ······································ 235
　　8.3　电磁辅助冲压成形分析 ··· 240
　　　　8.3.1　板坯准静态-动态顺序加载塑性行为 ······························· 240
　　　　8.3.2　电磁辅助板坯变形特征 ·· 248
　　8.4　展望 ·· 249
　　参考文献 ··· 250
第9章　粉末磁脉冲压实 ·· 252
　　9.1　引言 ·· 252
　　　　9.1.1　磁脉冲压实原理 ··· 252
　　　　9.1.2　磁脉冲压实的应用 ·· 254
　　9.2　磁脉冲压实数值解析及有限元模拟 ·· 259
　　　　9.2.1　磁脉冲压实方程的建立 ··· 259
　　　　9.2.2　磁脉冲压实有限元分析 ··· 268
　　9.3　粉末磁脉冲压实工艺分析 ·· 277
　　　　9.3.1　温度对Ti6Al4V粉末压坯性能的影响 ···························· 277
　　　　9.3.2　放电电压对Ti6Al4V粉末压坯性能的影响 ······················ 277

9.3.3　加热温度对 Cu 粉末压坯密度的影响 ⋯⋯⋯⋯⋯⋯⋯⋯ 278

9.3.4　电压对 Cu 粉末压坯密度的影响 ⋯⋯⋯⋯⋯⋯⋯⋯⋯ 279

9.3.5　TiO_2 粉末的磁脉冲压实 ⋯⋯⋯⋯⋯⋯⋯⋯⋯⋯⋯ 280

9.3.6　PZT 陶瓷粉末的磁脉冲压实 ⋯⋯⋯⋯⋯⋯⋯⋯⋯⋯ 280

9.3.7　xPMS-$(1-x)$PZN 陶瓷粉末的磁脉冲压实 ⋯⋯⋯⋯⋯ 281

9.3.8　铁磁性纳米粉末的磁脉冲压实 ⋯⋯⋯⋯⋯⋯⋯⋯⋯ 282

9.4　磁脉冲压实机理分析 ⋯⋯⋯⋯⋯⋯⋯⋯⋯⋯⋯⋯⋯⋯⋯ 283

9.5　展望 ⋯⋯⋯⋯⋯⋯⋯⋯⋯⋯⋯⋯⋯⋯⋯⋯⋯⋯⋯⋯⋯ 284

参考文献 ⋯⋯⋯⋯⋯⋯⋯⋯⋯⋯⋯⋯⋯⋯⋯⋯⋯⋯⋯⋯⋯⋯ 284

第 10 章　管坯电磁连接 ⋯⋯⋯⋯⋯⋯⋯⋯⋯⋯⋯⋯⋯⋯⋯ 288

10.1　引言 ⋯⋯⋯⋯⋯⋯⋯⋯⋯⋯⋯⋯⋯⋯⋯⋯⋯⋯⋯⋯⋯ 288

10.2　管坯电磁连接技术概况 ⋯⋯⋯⋯⋯⋯⋯⋯⋯⋯⋯⋯⋯⋯ 288

10.2.1　管坯电磁连接技术原理与特点 ⋯⋯⋯⋯⋯⋯⋯⋯⋯ 288

10.2.2　管坯电磁连接技术应用现状 ⋯⋯⋯⋯⋯⋯⋯⋯⋯⋯ 291

10.3　异种金属磁脉冲焊接接头力学性能及微观组织 ⋯⋯⋯⋯⋯ 292

10.3.1　磁脉冲焊接接头力学性能 ⋯⋯⋯⋯⋯⋯⋯⋯⋯⋯⋯ 292

10.3.2　波形界面特征 ⋯⋯⋯⋯⋯⋯⋯⋯⋯⋯⋯⋯⋯⋯⋯ 295

10.3.3　晶粒细化现象 ⋯⋯⋯⋯⋯⋯⋯⋯⋯⋯⋯⋯⋯⋯⋯ 297

10.3.4　过渡区形貌、结构及成分 ⋯⋯⋯⋯⋯⋯⋯⋯⋯⋯⋯ 298

10.4　铝/钢异种金属管件磁脉冲焊接工艺 ⋯⋯⋯⋯⋯⋯⋯⋯⋯ 302

10.4.1　外管变形过程 ⋯⋯⋯⋯⋯⋯⋯⋯⋯⋯⋯⋯⋯⋯⋯ 302

10.4.2　冲击速度测量 ⋯⋯⋯⋯⋯⋯⋯⋯⋯⋯⋯⋯⋯⋯⋯ 304

10.4.3　工艺参数对碰撞速度的影响 ⋯⋯⋯⋯⋯⋯⋯⋯⋯⋯ 307

10.5　展望 ⋯⋯⋯⋯⋯⋯⋯⋯⋯⋯⋯⋯⋯⋯⋯⋯⋯⋯⋯⋯⋯ 315

参考文献 ⋯⋯⋯⋯⋯⋯⋯⋯⋯⋯⋯⋯⋯⋯⋯⋯⋯⋯⋯⋯⋯⋯ 315

第 11 章　镁合金板坯电磁成形 ⋯⋯⋯⋯⋯⋯⋯⋯⋯⋯⋯⋯ 317

11.1　引言 ⋯⋯⋯⋯⋯⋯⋯⋯⋯⋯⋯⋯⋯⋯⋯⋯⋯⋯⋯⋯⋯ 317

11.2　镁合金板坯的电磁单向拉伸成形 ⋯⋯⋯⋯⋯⋯⋯⋯⋯⋯ 323

11.2.1　变形过程分析 ⋯⋯⋯⋯⋯⋯⋯⋯⋯⋯⋯⋯⋯⋯⋯ 324

11.2.2　速度对单向拉伸的影响 ⋯⋯⋯⋯⋯⋯⋯⋯⋯⋯⋯⋯ 326

11.2.3　单向拉伸极限应变 ⋯⋯⋯⋯⋯⋯⋯⋯⋯⋯⋯⋯⋯⋯ 327

11.3　镁合金板坯的电磁胀形 ⋯⋯⋯⋯⋯⋯⋯⋯⋯⋯⋯⋯⋯⋯ 330

11.3.1　放电参数对胀形高度的影响 ⋯⋯⋯⋯⋯⋯⋯⋯⋯⋯ 331

11.3.2　速度和应变速率的变化规律 ⋯⋯⋯⋯⋯⋯⋯⋯⋯⋯ 333

11.3.3　电磁胀形成形极限 ⋯⋯⋯⋯⋯⋯⋯⋯⋯⋯⋯⋯⋯⋯ 334

11.4　镁合金板材的电磁驱动胀形 ··· 336

　　11.4.1　驱动片对磁压力的影响 ··· 336

　　11.4.2　不同材料的驱动片对胀形的影响 ······································· 338

　　11.4.3　动态驱动成形极限 ··· 339

11.5　镁合金板材电磁平面应变成形 ··· 340

　　11.5.1　放电参数对变形高度的影响 ··· 341

　　11.5.2　平面应变成形极限 ··· 342

11.6　镁合金壳体件的电磁成形 ··· 343

　　11.6.1　AZ31 镁合金壳体磁脉冲成形工艺试验 ······························ 344

　　11.6.2　放电参数对成形高度的影响 ··· 345

　　11.6.3　缺陷分析 ··· 347

　　11.6.4　成形分析 ··· 349

11.7　展望 ··· 355

参考文献 ··· 356

第 12 章　双金属管电磁复合 ··· 358

12.1　引言 ··· 358

12.2　双金属管电磁复合技术原理、特点及研究现状 ····························· 358

　　12.2.1　外包覆型 Al/Fe 双金属管电磁复合 ······································ 360

　　12.2.2　内衬型 Al/Fe 双金属管电磁复合 ··· 362

　　12.2.3　双金属管电磁复合技术研究现状分析 ·································· 363

12.3　Al/Fe 双金属管电磁复合过程塑性变形规律 ································· 365

　　12.3.1　复管变形协调性分析 ··· 365

　　12.3.2　冲击接触界面材料塑性变形特征 ··· 373

12.4　Al/Fe 双金属管电磁复合界面组织结构 ·· 377

　　12.4.1　扩散界面 ··· 377

　　12.4.2　熔合界面 ··· 382

12.5　展望 ··· 389

参考文献 ··· 390

第1章 绪 论

电磁成形是利用磁场力使金属坯料变形的高速率成形方法。因为在成形过程中载荷是以脉冲的方式作用于毛坯，因此又称为磁脉冲成形[1]。电磁成形时，电能在极短时间里转化为空气中的高压冲击波，并以脉冲波的形式作用于毛坯，使它产生塑性变形。其重要特征，一个是能量释放时间短，仅为微秒级，而变形为毫秒级，因此变形功率极高。再一个是工件变形速度快，材料主要靠获得的动能，在惯性力作用下成形。

电磁成形时，作用力可达 300～500MPa，材料变形速度可达 300m/s。

1.1 电磁成形技术发展历史

早在 20 世纪 20 年代初，物理学家 Kaptila 在脉冲磁场中做实验时发现，形成脉冲磁场的金属线圈易胀大、胀破[2]，这一现象启发了人们对电磁成形原理的思考。尽管人们早就发现了这一原理，它却没有马上得到应用。直到 1958 年，美国通用电力公司在日内瓦举行的第二次国际和平原子能会议上展出了世界上第一台电磁成形机。1962 年，美国的 Brower 和 Harvey 经过改进和完善，发明了用于工业生产的电磁成形机，并申报了专利，注册商标为 Magneform[3]。从此电磁成形引起各工业国的广泛关注和高度重视，并取得了不少应用成果，其中美国和苏联处于领先地位。

电磁成形技术的发展历程，大体可分为三个阶段。

1. 电磁成形技术的推广应用及设备研制

20 世纪 50～70 年代，电磁成形作为一种新工艺，一经提出，即得到工业发达国家的广泛关注，有大量的相关论文发表。文章主要集中于电磁成形原理介绍及应用实例。工业应用主要集中于航空、航天领域的传统材料及工序，如管材的胀形、缩径、连接装配及板材的胀形等。电磁成形设备的研制得到较快发展，60 年代中期，出现了储能为 50kJ、200kJ 和 400kJ 的电磁成形机。70 年代中期已有 400 多台电磁成形机运行于各种生产线上，150 多家工厂使用了这种工艺，多数机器用于大批量生产。这些设备脉冲电流一般在 100～400kA，放电周期为 100μs 左右。到了 80 年代中期，设备最大储能达 500kJ，并逐渐实现系列化和标准化[1]。

2. 电磁成形理论及数值模拟方法研究

电磁成形过程涉及电学、磁学、电动力学、塑性动力学等多学科内容,而且,电动力学过程与塑性动力学过程都相当复杂,尤其是成形过程中电磁学过程与动力学过程交互影响,使得理论研究困难重重[4]。20世纪90年代,计算机技术的快速发展为理论研究提供了强有力的工具,各国学者更加关注电磁成形理论的研究。电磁成形在微秒级时间内放电、毫秒间完成的变形,传统手段很难捕捉瞬间发生的现象和过程,利用计算机技术则使之成为可能。计算机技术将电磁场与力场有机结合,电磁成形的电磁场、应力场、应变场、温度场、速度场乃至毛坯的瞬间变形过程都清晰地摆在人们面前。

3. 电磁成形新加工方法的研发应用

20世纪末及21世纪初以来,随着加工业高速发展,高强度、低成形性材料应用日渐增多。在汽车制造业,为减少能源消耗和降低大气环境污染,以铝合金代替钢板制造覆盖件成为研究热点。纳米材料的出现也对新的制备工艺提出强烈要求。电磁成形新的发展高潮随之到来。其主要特征是在传统工序广泛成熟应用的基础上,出现大量新的加工方法,代表性的如低压电磁铆接及自动化铆接、电磁焊接、异种材料电磁复合、电磁辅助冲压成形、电磁粉末致密及新材料加工等。

1.2　电磁成形技术基本原理及特点

电磁成形装置原理如图 1-1 所示[5]。该装置主回路由充电回路和放电回路组成。充电回路包括升压变压器 7、整流元件 1、限流电阻 2 和脉冲电容器组 6。放电回路包括脉冲电容器组 6、高压开关 3、金属坯料 4 和成形线圈 5。电磁成形原理如图 1-2 所示[6]。当螺线管线圈中通过电流时,由于电磁感应,管坯 5 上将会产生感应电流(涡流),其方向与螺线管线圈 3 中的电流方向相反。这一感应电流所产生的反向磁通穿过管坯 5,迫使磁力线 4 密集于螺线管线圈 3 和管坯 5 的间隙内。密集的磁力线 4 具有扩张的特性,因而坯料外表面各部分都受到一个沿径向向内的冲击压力。当冲击压力值达到坯料材料的屈服应力时,管坯 5 便产生压缩变形。电磁成形原理也可以用放置在磁场中的电流受到洛伦兹力这一物理现象来加以解释。若将螺线管线圈 3 置于管坯 5 的内部,则坯料将受到径向向外压力而产生胀形。换用不同结构的线圈,能对不同尺寸的金属毛坯进行塑性加工。

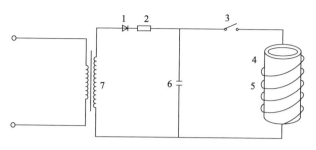

图 1-1 电磁成形装置原理图

1-整流元件；2-限流电阻；3-高压开关；4-金属坯料；5-成形线圈；6-脉冲电容器组；7-升压变压器

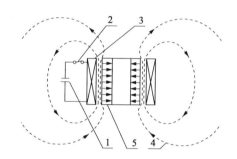

图 1-2 电磁成形原理图

1-脉冲电容器；2-高压开关；3-螺线管线圈；4-磁力线；5-管坯

电磁成形与其他加工方法的主要区别是：磁场力在瞬间作用于毛坯上且无机械接触，所以是一种高速度、高质量的加工方法。它具有如下突出的优点[7,8]。

（1）电磁成形过程中，在脉冲压力作用下，工件获得很大的加速度，可以大幅度提高材料的成形极限。

（2）电磁成形可对复杂零件进行高精度加工，残余应力小，回弹小。

（3）磁场可以通过非导体材料，所以可以对非金属涂层或放在容器内的工件进行成形加工。

（4）电磁成形可进行复合及混合加工，缩短加工周期。

（5）电磁成形属单模成形，简化了模具制造，增加了加工柔性。

（6）电磁成形加工过程容易实现能量控制和生产自动化、机械化。

在电磁成形分析及工艺设计中，应充分注意其与传统塑性变形的不同。

（1）高速变形引起材料性能异乎寻常的变化。

（2）材料变形主要靠获得的惯性，磁场力与应变没有我们习惯的对应关系。

（3）材料变形主要不是发生在磁场力作用期间，而是在磁场力作用之后。

（4）变形毛坯受到的是沿厚度方向衰减的体积力。

1.3　电磁成形技术的应用

电磁成形技术主要应用于航空、航天、兵器、汽车制造及电子等领域。电磁成形技术在美国和俄罗斯的国防领域应用较多，如大型构件(导弹弹体、飞机机翼、燃料箱)的精密校形、膜片无毛刺冲裁、航空航天用异型管的加工、复杂外形管件加工、飞机操纵杆的连接、核燃料棒的成形、核废料容器的密封等。在美国汽车制造业中应用电磁成形技术制造传动轴减少了工序，提高了效率，降低了成本，改善了工人的劳动条件[9]。在电子领域，可用电磁成形一次放电完成小电机外壳和骨架的固定装配。超大型电磁成形设备也已被用于火箭上燃料室零件的生产以及飞行器气体涡轮发动机热交换器的连接[1,10]。大型客机及运载火箭装配中使用了先进的自动电磁钻铆系统[11]。

电磁成形可完成多种成形工艺，按加工毛坯的不同，可完成如下典型工艺(表 1-1)。

表 1-1　电磁成形的典型工艺

电磁成形种类	电磁成形的典型工艺
管坯成形	胀形、缩径、校形、连接、焊接、复合、侧翻边和冲侧孔等
板坯成形	胀形、校形、压印、翻边、冲裁、辅助成形、卷接和焊接等
体积成形	铆接、镦锻等
粉末成形	粉末致密

上述工艺中，对毛坯施加作用力可分为两种方式，一种是将磁场力直接作用于毛坯，如管坯胀形、缩径、校形等。此种受力方式中，毛坯所受磁场力与变形间没有传统成形工艺中的对应关系，材料是在磁场力施加后以惯性力实现变形。另一种是磁场力驱动动力头对毛坯施加作用，如电磁铆接、镦锻及粉末致密等。此种受力方式中，材料受力与变形间有传统成形工艺类似的对应关系，差别在于此时毛坯获得了极快的变形速度。

电磁成形理论研究及技术应用中，应对如下几个问题加以关注：

(1) 为了深入研究电磁成形变形机理及变形行为，如电磁成形改变材料成形性机理、电磁铆接铆钉绝热剪切带的形成、电磁焊接界面变形行为及形成机制、电磁粉末致密机制、磁脉冲辅助冲压成形变形机理研究等，冲击动力学、分子动力学及微观变形分析等理论和研究方法是重要研究手段。

(2) 为获得瞬间变形场信息，如速度场、应变场、位移场等，需开发和应用先进的实验技术手段。

(3) 同其他成形新技术一样，电磁成形有其本身的特点和适用性。针对某些特定的零件,该工艺有无比的优越性。但有些情况下,如深筒形零件成形、微细管件成形(尤其胀形)、导电性不好的材料成形、无法形成涡流毛坯的成形等,使用电磁成形将是困难的,甚至是不可能的。

(4) 与其他工艺相结合的复合成形将是电磁成形的一个重要发展方向。目前的实验研究表明,磁脉冲辅助板材冲压成形技术(普通冲压成形与电磁成形相结合)有望为难成形材料加工提供新的手段。

(5) 电磁成形设备改进仍有较大空间。如采用多路放电技术、高性能放电开关技术,使用高比容电容器,以及与加热和检测设备的结合等。

电磁成形技术自 20 世纪 50 年代出现以来,作为一种特种塑性加工方法,在工业领域得到广泛应用。由于电磁成形技术特殊的变形方式和特点,可以预见,未来它不但在塑性加工领域拓展应用,而且在其他领域也将有广阔的应用前景。

参 考 文 献

[1] 李春峰. 高能率成形技术. 北京:国防工业出版社,2001:1-5.

[2] Birdsall D H, Ford F C, Furth H P. et al. Magnetic Forming. American Mechanist/Metalworking Manufacturing, 1961, 105:117-121.

[3] Robertn S. Electromagnetic Metal Forming. Manufacturing Engineer, 1978, 2:74-75.

[4] 张守彬. 电磁成形胀管过程的研究及工程计算方法. 哈尔滨:哈尔滨工业大学博士学位论文,1990:1-90.

[5] 清华大学电力系高电压技术专业. 冲击大电流技术. 北京:科学出版社,1978:136-179.

[6] 铃木秀雄,根岸秀明,村田真. 電磁成形法の基礎と工業利用の實際. 塑性と加工,1984,25(8):694-700.

[7] 佐野利男,村越庸一,高桥正青. 等. 电磁力超高速塑性加工法. 常乐,译. 国外金属加工,1988,(2):20-25.

[8] Belyy I V, Fertik S M, Khimenko L T. Electromagnetic Metal Forming Handbook. English Version Book Translated by Altynova M M. Columbus:Ohio State University,1996:10-45.

[9] 美国金属学会. 金属手册. 9 版. 北京:机械工业出版社,1994:120-165.

[10] Zhang W W. Intelligent Energy Field Manufacturing-Interdisciplinary Process Innovations. New York:CRC Press,2010:471-504.

[11] Hartmann J, Meeke C. Automated wing panel assembly for the A340-600. SAE Technical Paper Series, 2000-01-3015.

第2章　电磁成形技术基础

2.1　引　　言

电磁成形中,材料变形是由洛伦兹力引起的,因此电磁场理论是电磁成形研究的重要基础理论之一。有关磁场、电场、磁场力及电磁能等有关问题都可用传统的电磁场理论进行分析。

与常规成形方法相比,电磁成形的变形是在瞬间完成的,而磁场力的有效作用时间短于变形时间。这种在极短时间内的变形研究极其困难,同时,变形过程中各物理参数的记录和分析,也对测试手段及分析方法提出了更高的要求。

电磁成形中,材料的变形不是在磁场力直接作用下发生的,而是在由此获得的惯性力的作用下产生的。磁场力与变形没有传统变形那种一一对应关系,因此传统塑性成形理论中有些力与变形的分析方法已不能直接在此应用。有关电流、磁场力及材料的加速度、位移的发生发展及相互关系则对于电磁成形变形过程分析有重要意义。

电磁场与变形的耦合分析是电磁成形全过程研究的关键,单纯靠传统的电磁场理论和数值解析的方法已很难完成。数值模拟方法是电磁成形研究的重要手段,物理场间耦合处理是提高数值模拟水平的核心问题。

2.2　磁　场　分　析

求解成形过程中的磁场力是电磁成形理论研究的基本问题之一。磁场力的计算结果直接用于坯料的变形分析,影响变形计算的求解精度。下面以管坯电磁胀形时的磁场力求解为例,分析其磁场特性。管坯电磁胀形的磁场力的计算可采用电路等效法[1]、等效磁路法[2]、解析法[3]及数值模拟[4,5]等方法。采用磁路等效法可得到作用于管坯上磁场力的平均值,无法获得磁场力的分布场景,且误差较大。近年来有限元法在电磁成形磁场力的求解中得到应用,有效地提高了求解精度。有限元法的关键问题是根据胀形时的磁场特性确定求解区域,并给出相应的边界条件[6]。

2.2.1　管坯电磁胀形时磁场的对称性

　　磁场具有叠加性。所谓磁场的叠加性是指：如果产生磁场的电流分布在两个互不重叠区域，则空间任意一点的磁感应强度等于这两个区域内的电流分别产生的磁感应强度之和[7]。根据磁场的叠加性，管坯电磁胀形时所受的磁场力是成形线圈中流过的放电电流和管坯中感应电流产生磁场叠加后的作用结果。电磁成形所用成形线圈通常是圆柱形结构，流过感应电流的管坯可视为单匝圆柱线圈，因此圆柱线圈的磁场性质是研究电磁胀形磁场特性的基础。

　　对于圆柱形线圈，根据 Biot-Savart 定律，以柱坐标表示的空间任意一点处的磁感应强度 $\boldsymbol{B}$ 为[8]

$$\boldsymbol{B}(\rho,\varphi,z)=\frac{\mu_0}{4\pi}\int_v\frac{\boldsymbol{J}\times\boldsymbol{R}^0}{R^2}\mathrm{d}V=\boldsymbol{B}_\rho\boldsymbol{e}_\rho+\boldsymbol{B}_\varphi\boldsymbol{e}_\varphi+\boldsymbol{B}_z\boldsymbol{e}_z \tag{2-1}$$

式中，$\mathrm{d}V$ 为电流点源周围的体积元，该点源的电流密度是 J；R 为电流点源到该任意点的距离；$\boldsymbol{R}^0$ 为电流点源指向该任意点的单位矢量；V 为电流分布区域；μ_0 为真空磁导率；$\boldsymbol{e}_\rho,\boldsymbol{e}_\varphi,\boldsymbol{e}_z$ 为单位方向矢量。

　　计算可得，磁感应强度三个方向的分量满足如下的解析表达式：

$$\boldsymbol{B}_\rho(\rho,\varphi,-z)=-\boldsymbol{B}_\rho(\rho,\varphi,z) \tag{2-2}$$

$$\boldsymbol{B}_z(\rho,\varphi,-z)=\boldsymbol{B}_z(\rho,\varphi,z) \tag{2-3}$$

$$\boldsymbol{B}_\varphi(\rho,\varphi,z)=0 \tag{2-4}$$

$$\frac{\partial\boldsymbol{B}_\rho}{\partial\varphi}=0 \tag{2-5}$$

$$\frac{\partial\boldsymbol{B}_z}{\partial\varphi}=0 \tag{2-6}$$

由此可见，圆柱线圈产生的磁场具有如下特点：

（1）无周向分量，即 $\boldsymbol{B}_\varphi(\rho,\varphi,z)=0$。

（2）径向分量 $\boldsymbol{B}_\rho$ 是关于 z 的奇函数，轴向分量 $\boldsymbol{B}_z$ 是关于 z 的偶函数。

（3）所有分量均与坐标分量 φ 无关。

　　因此，对圆柱线圈磁场有限元求解时可以建立 2D 模型。又根据磁场分量的对称性，只要分析其纵剖面的 1/4 场域即可推出其他任意位置的磁场。

　　管坯电磁胀形时，线圈与管坯均为圆柱形且同轴对称放置。求解磁场力时，将坐标系建立在线圈-管坯系统的几何中心。图 2-1 为管坯电磁胀形 2D 示意图，图中的第一象限部分即为求解区域。

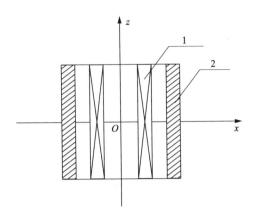

图 2-1　管坯电磁胀形 2D 示意图

1-胀形螺线管线圈；2-管坯

2.2.2　边界条件

边界条件即指图 2-1 中 z 轴、x 轴上的磁场特性。根据对称性,将 z 轴称为对称轴,$z=0$ 平面称为对称平面。

1. 对称轴上边界条件

根据磁场叠加性,电磁胀形线圈和管坯产生的磁场可以看成是多个同轴放置的圆环线圈磁场的叠加,圆环线圈是指以线电流分布的单匝圆形回路。

由于圆环线圈磁场在对称轴上的矢量磁位 $\boldsymbol{A}$ 等于 0,胀形时线圈-管坯系统可以看成是多个圆环线圈的叠加,因而当线圈与管坯同轴对称放置时,对称轴上仍具有 $\boldsymbol{A}(0,\varphi,z)=0$ 的特性。

2. 对称平面磁场特性

根据磁场叠加性,电磁胀形线圈和管坯产生的磁场也可看成是多个同轴放置的单层螺线管线圈的叠加。

螺线管线圈磁场对称平面上的磁感应强度(柱坐标表示)具有如下特点[8]:

(1) $\boldsymbol{B}_\rho(\rho,\varphi,0)=0$。

(2) $\boldsymbol{B}_\varphi(\rho,\varphi,0)=0$。

即螺线管线圈产生的磁场在对称平面 ($z=0$) 上磁感应强度的 $\boldsymbol{B}_\rho$、$\boldsymbol{B}_\varphi$ 分量均为零,只有磁感应强度的 $\boldsymbol{B}_z$ 分量,也即在对称平面上磁感应强度与之垂直。根据磁场的叠加性,管坯电磁胀形时,只要线圈与管坯同轴对称放置,那么在对称平面上就具有只含 $\boldsymbol{B}_z$ 分量这一特性。

综上所述,管坯电磁胀形时,如果线圈与管坯同轴对称放置,其磁场具有对称性,属于轴对称场。磁场在对称轴上具有 $A=0$ 特性,在对称平面上磁感应强度与之垂直。可以应用这些磁场特性进行管坯电磁胀形磁场力的数值模拟。

2.2.3　有限元方法求解磁场

对电磁场进行数值计算主要有有限元法、有限差分法、无网格法等。有限元法是广泛使用的近似求解方法,有限元由节点、单元、自由度基本构成。

首先,将闭合场域 Ω 划分为 N 个微小的有限单元:

$$\Omega = \sum_{e=1}^{N} \Omega_e \tag{2-7}$$

其次,在每个单元 Ω_e 上构造插值函数,则待求函数可表示为

$$\phi(x) \approx \sum_{e=1}^{N} \phi \tag{2-8}$$

在单元 Ω_e 上,进一步地将 $\phi^{(e)}$ 用插值函数 $N_i^e(p)$ 和节点待求函数 ϕ_i 表示为

$$\phi^{(e)} = \sum_{i=1}^{r} N_i^e \phi_i \tag{2-9}$$

式中,i 为单元 Ω_e 上节点序号;r 为单元的总节点数。

然后,求解各单元的加权余量方程,并将其相加获得代数方程组。最后,求解代数方程组得到场域 Ω 中各节点的函数值,完成函数 ϕ 的数值求解。

有限元分析一般采用专用的有限元分析软件,以 ANSYS 有限元分析软件为例说明电磁场的有限元分析。ANSYS 有限元分析软件主要包括三部分:前处理模块、求解模块和后处理模块。前处理模块用于实体建模及网格划分,方便用户构造有限元模型。在求解模块,用户需定义分析类型、选项、载荷数据和载荷步等。后处理模块包括两部分:通用后处理模块 POST1 和时间历程后处理模块 POST2。分析过程如下 。

(1) 电磁场分析方法选择。ANSYS 有三种电磁场的分析方法:磁矢势法、磁标势法、棱边单元法。本书属于 2D 瞬态模拟,采用磁矢势法。

(2) 单元类型设置。本书有限元网格化分采用 PLANE53 单元进行,远场剖分单元为 INFIN110。

(3) 材料属性设置。设置的材料属性包括电阻率及相对磁导率。

(4) 有限元分析模型建立。建立的螺线管线圈胀形有限元分析模型及网格划分如图 2-2 所示,平板线圈胀形有限元分析模型及网格划分如图 2-3 所示。

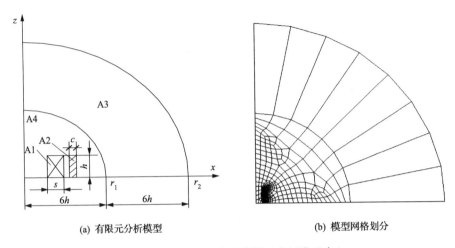

(a) 有限元分析模型　　　　　　　　　(b) 模型网格划分

图 2-2　螺线管线圈胀形有限元分析模型建立

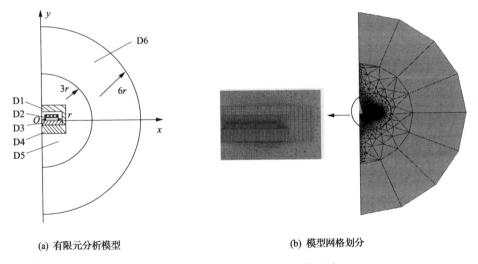

(a) 有限元分析模型　　　　　　　　　(b) 模型网格划分

图 2-3　平板线圈胀形有限元分析模型建立

（5）边界条件设置及载荷施加。螺线管线圈胀形时,施加磁通量 Z 轴平行标志,X 轴施加垂直标志,在远场空气区域外施加磁标志;平板线圈胀形时,施加磁通量 Y 轴平行标志,在远场空气区域外施加磁标志;在等效后的线圈组横截面上施加电流密度。

（6）后处理。在 POST1 中,读取各节点、单元的电磁力分布、磁场数据等。模拟得到的磁场场景如图 2-4 所示。

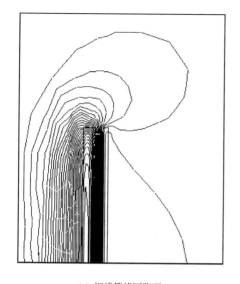

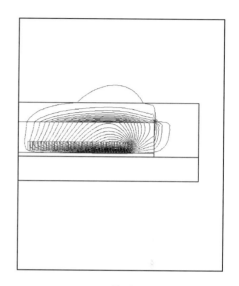

(a) 螺线管线圈胀形　　　　　　　　　　　　　　　(b) 平板线圈胀形

图 2-4　磁场场景

模拟得到的磁场力分布如图 2-5 所示。

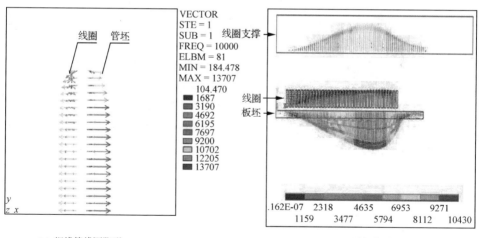

(a) 螺线管线圈胀形　　　　　　　　　　　　　　　(b) 平板线圈胀形

图 2-5　磁场力分布

模拟得到的电流密度分布如图 2-6 所示。

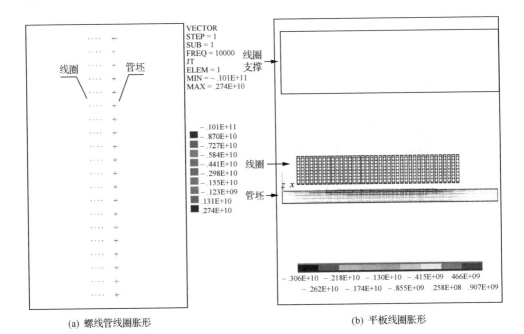

(a) 螺线管线圈胀形　　　　　　　　　　　(b) 平板线圈胀形

图 2-6　电流密度分布

2.3　放电电流分析

　　电磁成形中工件所受磁场力的大小与放电电流有直接关系,放电电流的确定与电磁成形过程的分析计算密切相关,也是电磁成形中的基础问题。

　　电磁成形设备放电回路示意图如图 2-7 所示。当储能电容器 C 充电后,开关 K 闭合,在加工线圈中产生一脉冲大电流,加工线圈周围形成脉冲磁场,在工件中感应涡流并使工件受到脉冲电磁力的作用,发生变形。为了便于分析,可将放电回路等效为 RLC 回路,其等效电路如图 2-8 所示。

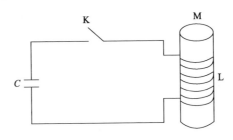

图 2-7　放电回路示意图

C-储能电容器；K-开关；L-加工线圈；M-工件

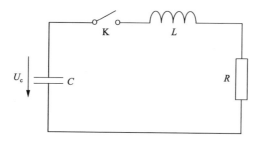

图 2-8　放电回路等效电路

L-放电回路的总电感量；R-放电回路的总电阻；C-放电回路的总电容量

由图 2-8 可列如下方程：

$$L \frac{\mathrm{d}i}{\mathrm{d}t} + Ri + \frac{1}{C}\int i\,\mathrm{d}t = 0 \qquad (2\text{-}10)$$

式中，i 为放电电流。

将式(2-10)微分得

$$L \frac{\mathrm{d}^2 i}{\mathrm{d}t^2} + R \frac{\mathrm{d}i}{\mathrm{d}t} + \frac{1}{C}i = 0 \qquad (2\text{-}11)$$

电磁成形时放电回路电阻 R 满足下式：

$$\frac{R^2}{4L^2} < \frac{1}{LC} \qquad (2\text{-}12)$$

可解得放电电流为

$$i(t) = \frac{U_c}{\omega L}\mathrm{e}^{-\beta t}\sin\omega t = I_{\mathrm{m}}\mathrm{e}^{-\beta t}\sin\omega t \qquad (2\text{-}13)$$

式中，I_{m} 为放电电流名义最大值；β 为放电电流的衰减系数；ω 为放电回路电流振荡角频率。且有

$$I_{\mathrm{m}} = \frac{U_c}{\omega L} \qquad (2\text{-}14)$$

$$\beta = \frac{R}{2L} \qquad (2\text{-}15)$$

$$\omega = \sqrt{\frac{1}{LC} - \frac{R^2}{4L^2}} \qquad (2\text{-}16)$$

放电电流波形示意图如图 2-9 所示。

放电电流的幅值越大、频率越高,电流的变化率 $\mathrm{d}i/\mathrm{d}t$ 越大。

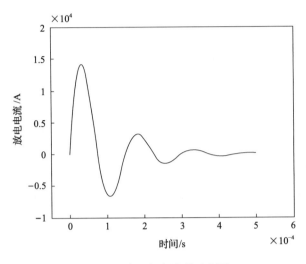

图 2-9　放电电流波形示意图

电磁成形时放电回路等效电阻一般很小,将其忽略时,电流的频率为

$$f = \frac{1}{2\pi\sqrt{LC}} \tag{2-17}$$

可见,放电频率仅与放电回路电感 L 及电容 C 有关,减小电感或电容,都将提高放电频率。

放电频率对电磁成形工艺有重要影响,在实际生产中,应根据不同工艺选用不同频率的设备。例如,对于冲裁、校形及连接工艺,应选用较高的放电频率。而对变形量较大的胀形、缩口及其他成形工艺,宜选用较低的放电频率[9]。根据放电频率不同,电磁成形机分为:低频设备 $f=5\sim20\mathrm{kHz}$,中频设备 $f=20\sim50\mathrm{kHz}$,高频设备 $f=50\sim200\mathrm{kHz}$。

下面分析放电频率对电磁成形的影响。

磁场在工件中的渗透深度 d 为

$$d = \sqrt{\frac{\rho}{\pi\mu f}} \tag{2-18}$$

式中,ρ 为材料的电阻率;f 为放电频率;μ 为磁导率。

在电磁成形过程中,应选择合适的放电频率,使磁场在毛坯中的渗透深度不大于材料厚度。否则,会有相当多的磁场能量透过毛坯损失掉。在金属与金属连接时,两连接金属间隙中穿透磁场所占的体积随两连接金属的靠近而减小,而磁通量基本保持不变,于是在两连接金属的间隙内磁场将变得很大,形成"磁垫",产生反冲力而不利于金属的连接。在用金属模成形时,"磁垫"会对金属毛坯的贴模产生排斥作用[10]。

变换式(2-18),得

$$f = \frac{\rho}{\pi \mu d^2} \tag{2-19}$$

取 d 为工件壁厚 S,则

$$f = \frac{\rho}{\pi \mu S^2} \tag{2-20}$$

成形材料确定后,可由式(2-20)估算磁场在不穿透工件的情况下所需的最低频率。

2.4　磁场及放电电流测量

2.4.1　磁场测量

根据磁场测量原理,磁场的测量方法可概括为[11]:磁力线法、电磁感应法、磁通门法、电磁效应法、磁共振法、超导效应法、磁光效应法等。

对于电磁成形,利用电磁感应法来测量磁场是最简单而且有效的方法。

将绕有 N 匝、截面积为 S 的圆柱形探测线圈放在磁感应强度为 $\boldsymbol{B}_0$ 的被测磁场之中,当穿过线圈的磁通 Φ 发生变化时,根据电磁感应定律,在线圈中会产生感应电动势,计算公式为

$$e = -N \frac{\mathrm{d}\Phi}{\mathrm{d}t} = -NS \frac{\mathrm{d}\boldsymbol{B}_0}{\mathrm{d}t} \tag{2-21}$$

式中,乘积 NS 是探测线圈的结构常数(又称线圈常数),只要测出感应电动势对时间的积分值,便可求出磁感应强度 $\boldsymbol{B}_0$ 的变化量。

$$\Delta \boldsymbol{B}_0 = \frac{1}{NS} \int e \, \mathrm{d}t \tag{2-22}$$

电磁胀形时磁场测量系统原理如图 2-10 所示[12]。接入罗氏线圈可获得放电电流,有利于磁感应强度与放电电流的对比与分析。

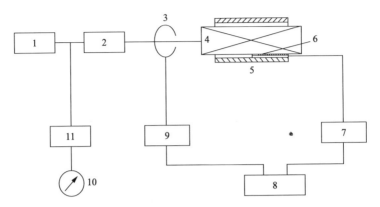

图 2-10　电磁胀形磁场测量系统原理图[12]

1-储能电容；2-开关；3-罗氏线圈；4-胀形线圈；5-工件；6-探测线圈；7-积分线路；
8-示波器；9-传输电缆；10-电压表；11-电压传感器

　　磁场测量中,探测线圈即为测量的传感器,其几何尺寸根据被测磁场具体形态选定。探测线圈所测定的磁感应强度,一般是线圈内的平均磁感应强度。为了减少因被测磁场不均匀所造成的误差,就应该选取截面积小,长度短的"点"状探测线圈。球形探测线圈是一种理想的"点"状线圈,但由于它的绕制工艺复杂,很少采用。圆柱形线圈在满足一定结构尺寸要求的情况下可以认为是接近"点"状线圈的。

　　单层圆柱形探测线圈的线圈常数,可以用计算的方法或实验方法确定。

2.4.2　放电电流测量

　　电磁成形时的放电电流属冲击大电流,是一变化很快的暂态量,电流强度很高,用普通的表计是难以测量的,通常采用分流器和罗氏线圈测量放电电流[13]。

　　1. 分流器测量放电电流

　　分流器是一个近似纯阻性的低值电阻,利用分流器测量脉冲大电流时,将其串联在被测电路里。根据欧姆定律,分流器将脉冲大电流按比例变换成一个幅值较低的脉冲电压信号,通过电缆将该电压引出,由示波器来捕捉记录。分流器法测量放电电流原理示意图如图 2-11 所示[14]。分流器法测量的主要缺点是无法实现放电回路与测量回路的电隔离。

　　2. 罗柯夫斯基(罗氏)线圈测量放电电流

　　罗柯夫斯基(Rogowski)线圈不含铁心,也称空心互感器、磁位计。它是一个均匀缠绕在非铁磁性材料上的环形线圈,被测电流穿过线圈,线圈两端输出信号是

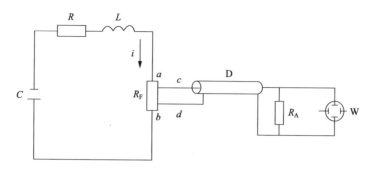

图 2-11　分流器法测量放电电流原理示意图

C-放电电容；L-放电回路电感值；R-放电回路电阻值；R_F-分流器；i-放电电流；D-传输电缆；

W-数字示波器；a、b-分流器输入端；c、d-分流器输出端；R_A-匹配电阻

该电流对时间的微分。通过后处理电路（积分电路），就可以真实还原被测电流。该线圈具有电流可实时测量、响应速度快、不会饱和、准确度高、成本低廉、安全可靠等特点，广泛用于测量脉冲和暂态大电流[15]。

利用罗氏线圈测量大电流时，线圈套在载有被测电流的导线上，如图 2-12 所示，应用罗氏线圈测量放电电流时，可以实现放电回路与测量回路的电隔离，安全性更高。

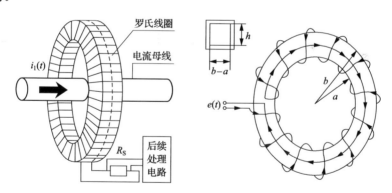

图 2-12　罗氏测量放电电流示意图

当设备放电时，在线圈两端便产生感应电压，电压与被测放电电流存在如下关系：

$$e(t) = M\mathrm{d}i_1/\mathrm{d}t \tag{2-23}$$

式中，M 为互感系数；i_1 为被测电流。

罗氏线圈获得的感应电势 $e(t)$ 正比于被测电流的变化率，即 $\mathrm{d}i/\mathrm{d}t$，比例系数是罗氏线圈与载流导体母线之间的互感系数，要得到被测电流的波形，就必须根据

被测电流的特点,通过积分电路进行还原处理。工业上所使用的罗氏线圈一般内部带有积分电路,因而通过输出端所获得的电压与被测电流呈比例关系,可直接由示波器捕捉记录。

2.5　磁场力及放电能量

磁场力及放电能量是电磁成形中的重要参数,直接关系到工艺过程计算及零件质量控制。磁场力方便准确的确定及能量利用率的提高是目前面临的主要问题。

2.5.1　磁场力

由于在脉冲磁场力的作用下工件的变形过程涉及电学、电磁学、电动力学和塑性动力学,特别是在放电过程中工件发生变形,使整个系统的电参数发生变化,更增加了脉冲磁场力计算的复杂程度。

1. 管胀形力

在不考虑工件变形情况下,螺线管线圈对非铁磁性材料胀形时,线圈与管件间磁感应强度为[5]

$$\boldsymbol{B} = \mu_0 \left(\frac{r_0}{r}\right)^2 \frac{i}{\bar{p}} \tag{2-24}$$

式中,r_0 为加工线圈外半径;r 为管件内半径;i 为放电电流;$\bar{p}$ 为线圈匝间距;μ_0 为磁导率。

管件受到的磁脉冲力为

$$P = \frac{1}{2} \frac{\boldsymbol{B}^2}{\mu_0} \tag{2-25}$$

将式(2-24)代入式(2-25),有

$$P = \frac{\mu_0}{2} \left(\frac{r_0}{r}\right)^4 \left(\frac{i}{\bar{p}}\right)^2 \tag{2-26}$$

放电电流特征是持续时间很短骤减很快,可近似为衰减的正弦波。电磁成形时,并不是每个波的磁脉冲力都能对管材塑性变形作出贡献。实际上所有的成形能量几乎都是由首次波给出的,后续波传递给工件的能量减少是由于其本身能量的降低及由于工件变形,线圈与工件间的间隙逐渐加大而使实际作用给管件的磁脉冲力进一步降低。线圈放电时的磁脉冲力可以用峰值压力表示,即首次波给出的磁脉冲力。峰值压力与电容器储能成正比,与工件及线圈的阻抗成反比,与电磁场穿透工件及集磁器的体积以及线圈与工件表面间体积的总和成反比[16]。图 2-13为线圈电流 i、线圈与工件间磁场 h 及作用到工件上的磁场力 P 关系示意图[12]。

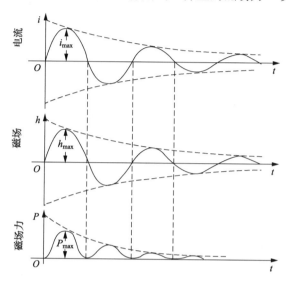

图 2-13　电流、磁场、磁场力关系示意图[12]

2. 管压缩力

在压缩成形中,要求的压力决定于工件的切向力 P_c,可由下式表示[16]

$$P_c = \frac{\sigma_s}{D} 2t \qquad (2\text{-}27)$$

式中,σ_s 为材料屈服强度;D 为零件外径;t 为零件壁厚。

考虑高速成形中,材料由高应变速率等因素引起的屈服强度提高,所需峰值磁场力 P_m 应乘上一个系数,即

$$P_m = NP_c \qquad (2\text{-}28)$$

式中,N 为系数,可取 2~10。

式(2-28)可用作估算管坯压缩成形的磁场力。

图 2-14 给出了成形电阻为 $0.038\mu\Omega$ 的铝合金及电阻为 $0.12\mu\Omega$ 的低碳钢的实际能量关系,这是在 12kJ 电磁成形机上对于壁厚 0.75mm 的管件进行缩径变形的实验结果[17]。

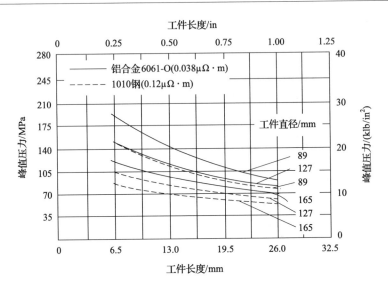

图 2-14　工件尺寸及电阻对峰值压力的影响[17]

1in＝25.4mm,1klb/in² ＝6.895MPa

由图(2-14)可见,工件长度为 25mm 的压力约为长度为 6.4mm 压力的 1/2,工件直径为 165mm 的压力约为直径为 89mm 的压力的 2/3。铝比低碳钢的峰值压力高 20%～50%。

由于压力 P 与能量 W 成正比,图 2-14 对于其他能量的电磁成形机也是有效的。并可由式(2-29)近似确定:

$$F_1 = F_2 \frac{W_1}{W_2} \tag{2-29}$$

例如,图 2-14 中对直径为 125mm、长度为 15mm 工件的峰值压力为 95MPa,则 9kJ 及 6kJ 的设备的峰值压力分别为 70MPa 及 50MPa。

2.5.2　放电能量

电磁成形过程是一个脉冲放电过程,即储能电容器通过线圈向毛坯放电并使其在脉冲磁场力的作用下变形。

电容器储存的能量可由式(2-30)计算:

$$W_0 = \frac{1}{2}CU^2 \tag{2-30}$$

式中,C 为电容器电容;U 为电容器放电电压。

电容器储能 W_0 在放电过程中通过如下四个部分消耗[18]:

W_1 为磁场力对工件做的功;W_2 为磁场渗入工件所消耗的功;W_3 为放电线圈

的电阻热损耗；W_4 为磁场剩余能量，最后也转化为热。

以上四项中，仅 W_1 为有用功，成形效率为

$$\eta = \frac{W_1}{W_0} \times 100\% \tag{2-31}$$

可见，欲提高成形效率必须设法减小 W_2、W_3、W_4。

要减小 W_2，就必须减小磁场的渗透深度，减小涡流损耗。

由渗透深度

$$d = \sqrt{\frac{\rho}{\pi \mu f}}$$

及角频率

$$\omega = \frac{1}{\sqrt{LC}}$$

可知，合理选择放电电感 L 及电容 C 的值，便能减小磁场渗透深度，提高成形效率。

要减小 W_3，就必须选用电阻率小的材料来缠制线圈，同时也可加大导线截面和减小线圈长度。

2.6　变 形 分 析

管坯成形在电磁成形中有比较广泛的应用。管坯胀形的成形极限主要受管坯破裂的限制，管坯的缩径成形极限则受管坯失稳起皱的限制。因此，研究管坯的变形过程及应变分布，对于控制管坯变形、提高成形极限有重要意义。

2.6.1　管坯的变形过程

圆管胀形时，切向变形的均匀性与管坯长度有直接关系。图 2-15 为圆管毛坯胀形变形时切向应变沿轴向分布情况[19]。加工线圈长度较小时，应变分布不均匀；加工线圈长度较大时，应变分布则比较均匀。图 2-16 为圆管毛坯自由胀形时的应变分布情况，切向应变 ε_θ 和径向应变 ε_r 绝对值在数值上近似相等，而轴向应变 ε_z 相比之下较小[20]。

图 2-17 为铝管胀形时，磁场力 P、管坯径向位移 r 及径向速度 v 随时间变化曲线[12]。由图可见，载荷作用时间很短。当磁场力接近最大时，毛坯才开始发生变形，磁场力下降过程中毛坯达到最大径向速度，磁场力消失后，毛坯将吸收的动能转化为塑性变形能，在惯性力的作用下继续变形。在此实验条件下，毛坯变形时间远长于磁场力作用时间。

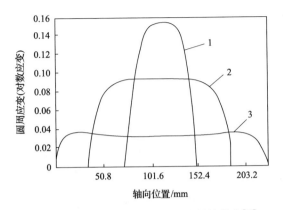

图 2-15　圆管胀形切向应变 ε_θ 沿轴线分布[19]

1-线圈长 76.2mm；2-线圈长 152.4mm；3-线圈长 228.6mm

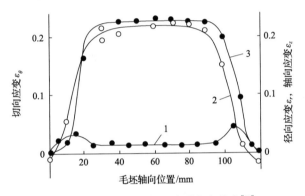

图 2-16　圆管毛坯自由胀形应变分布[20]

1-轴向应变 ε_z；2-切向应变 ε_θ；3-径向应变 ε_r

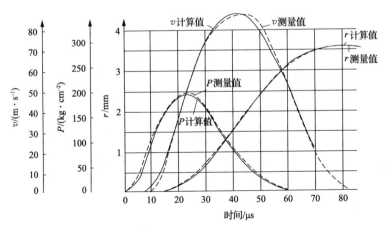

图 2-17　圆管胀形径向位移和径向速度示意图[12]

$V = 5.65\text{kV}$；$C = 180\mu\text{F}$

2.6.2 平板毛坯变形过程

图 2-18 为平板毛坯变形过程中(毛坯外缘由模具固定)不同点的移动情况[21]。由图可知,不同点的运动速度及运动的初始时刻都有很大差别,由于平板线圈磁场力分布不均,其中心部分磁场力最小,半径中部磁场力最大,所以毛坯半径中部的点首先移动,而毛坯中心部分是在半径中部材料的带动下发生变形的,故运动的起始时刻较晚,变形后期,中心部分达到最大变形。

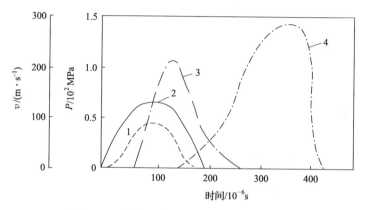

图 2-18　平板毛坯变形时的毛坯位移运动[21]

1-压力波 P 曲线;2-放电电流 I 曲线;3-平板毛坯中部点的速度 v 曲线;4-平板毛坯中心点速度 v 曲线

平板毛坯变形时应变分布如图 2-19 所示[22]。

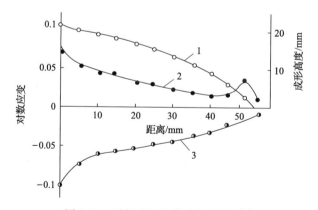

图 2-19　平板毛坯变形时应变分布[22]

1-变形后毛坯的形状;2-径向应变 ε_r;3-厚向应变 ε_t

平板毛坯的变形主要受线圈磁场压力分布控制,而线圈的不同绕制方法将直接影响磁场力的分布。图 2-20 为四种不同绕制方法的线圈及其磁场压力分布图[23]。其共同特点是中心部分磁场力最小,峰值压力位置有所变化,图 2-20(d)有两个压力峰值。图 2-21、图 2-22 为图 2-20(a)、(d)所示线圈的成形毛坯变形过程。两者毛坯变形过程有明显的不同。由于有两个压力峰值,所以图 2-22 变形更均匀。图 2-23 为四种线圈成形零件的最终形状,由图可见,线圈 4 更接近于锥形,线圈 1 的成形高度最大,成形效率最高,线圈 3 的成形效率最差,未能成形为锥形。

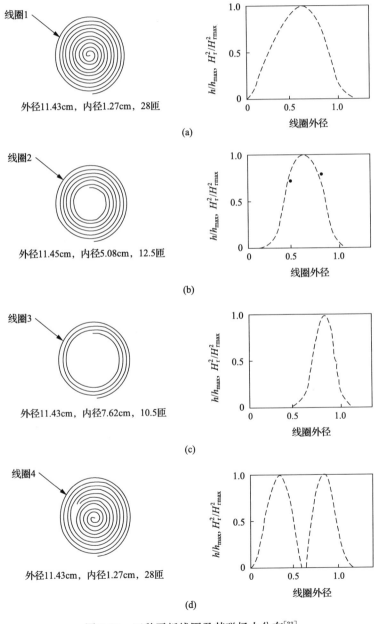

图 2-20　四种平板线圈及其磁场力分布[23]

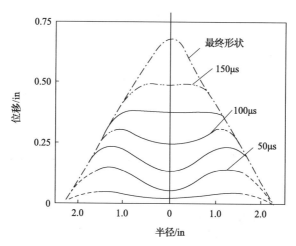

图 2-21　平板毛坯变形过程(对应于图 2-20(a)中线圈)[23]

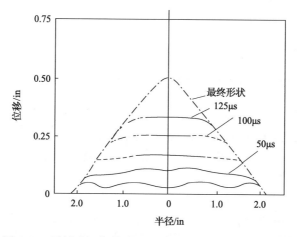

图 2-22　平板毛坯变形过程(对应于图 2-20(d)中线圈)[23]

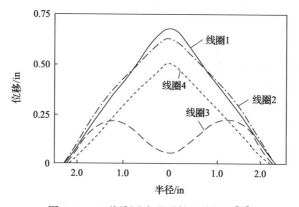

图 2-23　四种线圈成形零件最终轮廓[23]

2.7　电磁成形数值分析方法

　　随着大型通用软件的快速发展,数值模拟方法已成为电磁成形研究的重要手段。电磁成形数值模拟通常涉及电、磁、力、热等物理场及对应物理环境间耦合作用。所谓物理环境是指包含了完整有限元网格、求解设置和载荷传递设置的分析模型。通常忽略掉电和磁的耦合作用,认为成形过程中电参数不发生变化。另外,除了磁脉冲焊接等特殊工艺,或者专门研究线圈等成形工具的产热和散热效果,一般因焦耳热和塑性功产生的热效应不显著,常被忽略。因此,主要分析磁场和变形的相互作用。

　　电磁成形数值模拟中,磁场与工件变形之间的有效耦合是提高模拟精度的关键。所谓"耦合",是指当某一物理场的分析依赖于另一物理场的分析结果时,称这两个物理场分析是耦合的。耦合方法可归纳为一步耦合法、顺序耦合法、直接耦合法和全耦合法等。随着研究的深入,在一些特殊成形分析中,还要考虑温度场的影响。

1. 一步耦合法

　　一步耦合法,又称单向耦合,只是一步电磁场计算,分析结果作为边界条件,再进行一步变形计算。一步耦合首先求解得到工件没有变形时的磁场力,然后调用不同时间点上的磁场力加载到变形分析中,可以实现磁场-变形的耦合模拟。相对于传统的解析过程,这种方法在一定程度上解决了边缘问题和磁漏问题,实现了求解范围的推广,但由于没有考虑工件的变形对磁场的影响,施加在变形毛坯上的磁场力幅值偏大,尤其在变形量较大时,变形分析结果将会明显失真,计算精度偏低。数值模拟计算过程中,载荷传递发生在物理场分析的外部,如图 2-24 所示[24]。因此,该方案适用于电磁成形过程中管坯或板材发生小变形的情况。使用单向耦合法的关键是映射(mapping)技术的使用,即通过节点-节点相似网格界面实现载荷在不同物理环境中的传递。另外,使用该方法一般需要人工干预。

2. 顺序耦合法

　　如果能在电磁场分析中考虑工件变形后几何构形对磁场的影响,则能反应变形和磁场的耦合作用。一般通过离散处理变形时间,在前一时间步长内,变形分析考虑动态磁场的作用;而在后一时间步长内,磁场分析考虑前一时间步内变形毛坯几何构形对磁场的影响。通常把这种方法称为顺序耦合法,又称双向耦合法[25]。在时间回路中的每一步长内,交错回路中重复进行场求解,直至迭代收敛。由于在离散时间步的计算中,交互考虑磁场和变形的交互影响,所以,计算精度相对一步耦合法提高。但当毛坯变形量较大时,磁场分析中的有限元网格重画更新较困难,因此,在复杂形状构件成形数值模拟中有局限性。双向耦合法基本流程如图 2-25

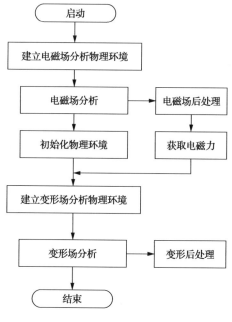

图 2-24　一步耦合法流程示意图

所示,载荷传递发生在物理场分析的内部。双向耦合法的关键是利用好物理环境,通过物理环境明确的传递载荷。目前 ANSYS 多场求解器提供了双向耦合分析的功能,只需定义物理场求解的先后顺序,通过求解器,载荷会自动在不同的网格中传递,无须人工干预。

3. 直接耦合法

鉴于上述不足,有商用软件平台 Ls-dyna 专门开发电磁模块,用于电磁成形过程的仿真分析。耦合场单元包含了所有必要的自由度,通过耦合变量一次求解就可以得到结果,因此,该方法只需进行一次分析即可获得目标过程的全部信息,实现磁场、变形乃至温度场的直接耦合。相比于顺序耦合法,不需要专门设置物理场间参数调用,通过边界元处理空气边界,简化了模型处理。但是,由于采用了边界元,同样模型的计算时间成本明显提高[26]。

4. 全耦合法

所谓全耦合法需要在控制方程中包括电、磁、力、热等物理场因素,能同时把各场对物理参数的影响体现出来,如温度对电、磁和材料性能的影响,变形或几何构形变化对电阻率、系统电感等参数的影响等[27,28]。全耦合法是一种理想的数值求解方案,目前还难以实现。

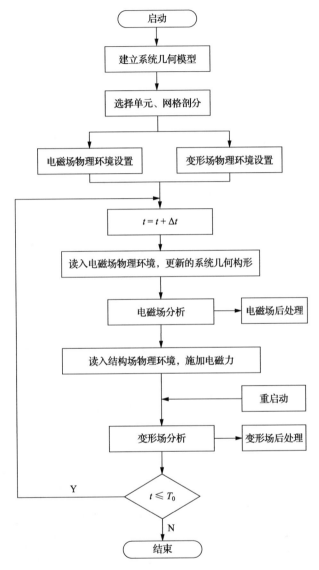

图 2-25　顺序耦合法流程示意图

参 考 文 献

[1] 佐野利男，村越庸一，高桥正春. 电磁力超高速塑性加工法. 常乐，译. 国外金属加工，1988，（2）：
20-25.

[2] Белый И В，Фертик С М，Хименко. Справочник по магнитно импульсной обработке металлов. Харьков：
Издательское обьединение вища школа，1977：19-25.

[3] 黄尚宇，常志华. 管件电磁成形电磁力分布特性分析. 塑性工程学报，2000，7（2）：30-33.

[4] Lee S H. A finite element analysis of electromagnetic forming for tube expansion. Journal of Engineering Materials and Technology, 1994, 116(4): 250-254.

[5] Lee S H, Lee D N. Estimation of magnetic pressure in tube expansion by electromagnetic forming. Journal of Materials Processing Technology, 1996, 57: 311-315.

[6] 周克定. 工程电磁场数值计算的理论方法及应用. 北京: 高等教育出版社, 1994: 2-11.

[7] 冯慈璋. 电磁场. 北京: 高等教育出版社, 1983: 272-282.

[8] 雷银照. 轴对称线圈磁场计算. 北京: 中国计量出版社, 1991: 31-89.

[9] 刘克璋. 苏联的磁脉冲压力加工技术. 锻压技术, 1985, (6): 51-56.

[10] 江洪伟. 管件电磁校形数值模拟与试验研究. 哈尔滨: 哈尔滨工业大学博士学位论文, 2006: 36-38.

[11] 李大明. 磁场的测量. 北京: 机械工业出版社, 1993.

[12] Jansen H, Some measurements of the expansion of a metallic cylinder with electromagnetic pulses. IEEE Transactions on Industry and General Applications, 1968, 4(4), 428-440.

[13] 杨秉信. 大电流测量. 北京: 机械工业出版社, 1986.

[14] 张守彬. 电磁成形胀管过程的研究及工程计算方法. 哈尔滨: 哈尔滨工业大学博士学位论文, 1990.

[15] 邹积岩, 段雄英, 张铁. 罗柯夫斯基线圈测量电流的仿真计算及实验研究. 电工技术学报, 2001, 16(1): 81-84.

[16] American Society for Metals. Metals Handbook. 9th ed. Forming and Forging, 1988, 14.

[17] 美国金属学会. 金属手册: 第 14 卷 成形和锻造. 北京: 机械工业出版社, 1994.

[18] 高能成形编写组. 高能成形. 北京: 国防工业出版社, 1969.

[19] Davies R, Austin E R. Developments in High Speed Metal Forming. New York: The Machinery Publishing Co. Ltd., 1970.

[20] 铃木秀雄, 根岸秀明. 電磁成形法と管の2次加工. 塑性と加工, 1979, 20 (224): 789-795.

[21] Попов и др. Кузнечно—штамповочноепроизводство. 1984, (7): 2-9.

[22] 根岸秀明, 铃木秀雄, 前田祯三. 電磁成形に関する研究-2-ソレノイド形コイルによる平板成形. 塑性と加工, 1977, 18 (192): 16-21.

[23] Al-Hassani S T S, Duncan J L, Johnson W. Techniques for designing electromagnetic forming coils// Proceedings of 2nd International Conference on High Energy Forming, Estes Park, 1969, 6: 5. 1. 2-5. 1. 16.

[24] 于海平, 李春峰, 李忠. 基于 FEM 的电磁缩径耦合场数值模拟. 机械工程学报, 2006, 43(7): 231-234.

[25] Yu H P, Li C F, Deng J H. Sequential coupling simulation for electromagnetic-mechanical tube compression by finite element analysis. Journal of Materials Processing Technology, 2009, 209(2): 707-713.

[26] Eplattenier P L, Ashcraft C, Ulacia I. An MPP version of the electromagnetism module in LS-DYNA for 3D coupled mechanical-thermal-electromagnetic simulations// Proceedings of 4th International Conference on High Speed Forming, Columbus, 2010: 205-263.

[27] El-Azab A, Garnich M, Kapoor A. Modeling of the Electromagnetic Forming of Sheet Metals: State-of-the-Art and Future Needs. Journal of Materials Processing Technology, 2003, 142(3): 744-754.

[28] Psyk V, Risch D, Kinsey B L, et al. Electromagnetic forming: A review. Journal of Materials Processing Technology, 2011, 211: 787-829.

第3章　电磁成形设备

3.1　引　　言

电磁成形设备能在短时间内释放出大量能量,通常以高压脉冲电容器作为储能元件,电容器充电储能后,令其瞬时放电,从而使负载获得很大的功率。可见,电磁成形设备属于高压(几十千伏)、大电流(上百千安)设备,因而,正确的设计与计算选用元器件的参数、完备的保护措施及合理的控制系统对于设备的安全运行就显得尤为重要了。本章中除阐述放电成形设备的各部分组成原理,同时讨论有关元器件参数的选择。

3.1.1　电磁成形设备的发展概况

1958年美国通用电力公司设计的第一台电磁成形机问世[1],1962年,美国的Brower和Harvey首次成功地把这种设备用于金属成形。并对此专用的电磁成形机申请了专利,注册商标命名为Magneform。此后,随着电磁成形技术的发展,在短短的几年后就出现了各种不同规格的成形设备。

20世纪80年代初,电磁成形技术在美国、苏联等获得相当广泛的应用,成形设备已达到系列化生产,可以满足不同的工艺要求。成形设备按工作频率 f 可以分为三种[2]:低频设备 $f=5\sim20\text{kHz}$、中频设备 $f=20\sim50\text{kHz}$、高频设备 $f=50\sim200\text{kHz}$;设备的充电电压则在 $5\sim20\text{kV}$;设备的存储能量在 $0.6\sim240\text{kJ}$,甚至更高;生产率最高可达2400件/h。美国、苏联生产的放电成形设备参数如表3-1和表3-2[3]所示。近年来,电磁成形设备的生产已向专用设备方向发展。

表3-1　美国生产的放电成形设备参数[3]

设备型号	额定电压/kV	额定电容量/μF	最大储能/kJ	最高放电频率/kHz	固有电感/μH
Magneform-1	8.31	180	6	100	0.0145
Magneform-12	8.3	220	12	100	0.0117
Magneform-14	8.3	58	2	60	0.121
Magneform-36	8.3	1044	36		

表 3-2　苏联生产的放电成形设备参数[3]

设备型号	额定电压/kV	最大存储能量/kJ	最高放电频率/kHz	生产率/(件/h)
MHY-6	6	6	20	360
MHY-20/5	20	20	50	360
MHY-30	20	30	50	200
MHY-100	20	100	30	60
MH-0.6/20/1	20	0.6	300	2400
MHY-2.4/20-1	20	2.4	150	600

近年来,我国有关的高校、科研院所进行了大量的设备研发与制作,极大地促进了电磁成形技术的应用与发展[4,5]。哈尔滨工业大学所研制的设备如表 3-3 所示。

表 3-3　哈尔滨工业大学自制电磁成形设备的基本情况

设备型号	额定电压/kV	额定电容/μF	最大储能/kJ	工作频率范围
EMF 6.4/380-IV	0.38	88000	6.4	低频
EMF 20/1-V	1	40000	20	低频
EMF 15/7-IV	7	615	15	中频
EMF50/10-V	10	1000	50	中频
EMF30/15-II	15	280	50	中频
EMF50/18-V	18	300	50	高频

3.1.2　电磁成形设备的组成

电磁成形是冲击大电流的力学效应在金属加工领域的应用[6,7],因而其设备即为冲击大电流发生装置,设备主电路工作原理如图 3-1 所示。它包括两部分:一是由变压器、整流桥、限流电阻和储能电容器组成的充电回路;二是由储能电容器、

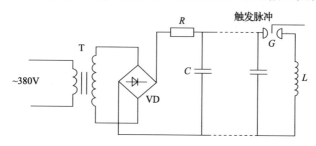

图 3-1　电磁成形设备主电路电气原理图[6]

T—变压器;VD-整流桥;R-限流电阻;C-储能电容器;G-间隙开关;L-加工线圈

间隙开关和加工线圈组成的放电回路。电网电压经变压器 T 升压、整流桥 VD 整流后给高压电容器 C 充电,电压值由控制电路控制,充电结束后,触发回路发出触发脉冲,使间隙开关导通,对负载实施放电,完成一次加工。充电时间为几秒到几分钟,而放电时间为微秒的数量级,这样,在负载(加工线圈)上得到非常大的瞬时功率,使加工工件发生塑性变形。

充电结束后电容器储存能量 W 为

$$W = \frac{1}{2}CU^2 \tag{3-1}$$

式中,C 为储能电容器的容量(单位:μF);U 为储能电容器的电压(单位:V)。

瞬时放电功率 p 为

$$p = \frac{W}{T} = \frac{CU^2}{2T} \tag{3-2}$$

式中,T 为放电时间。

放电时间一般为十几微秒左右,而设备储能一般在几十千焦,由式(3-2)可知,放电瞬时功率可达 10^9 W,有的甚至能达到 10^{10} W,一般的发电厂要发出这样大的功率,其规模和投资是很大的。电磁成形时加工线圈获得的最大电流上升时间为 $1 \sim 50 \mu s$;电流为 $70 \sim 400$ kA;电流上升速度为 $10^6 \sim 10^7$ A/s;线圈与工件之间磁通密度为 $0.01 \sim 1$ T;工件变形速度为 $100 \sim 1000$ m/s。

电磁成形设备通常由六部分构成,其方框图如图 3-2 所示。

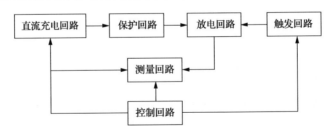

图 3-2 电磁成形设备组成方框图

1. 直流充电回路

除可采用图 3-1 所示的方案(充电方案一)为电容器组充电外,还可采用大功率器件,为电容器组充电[8]。方案一的元器件易于定做,质量易于保证,运行经验多,但当设备工作电压远低于额定电压时,存在充电速度过快,电容器组的充电电压不易控制的缺点。采用大功率半导体器件时,电容器组的充电电压易于控制,体积小,重量轻,其原理框图如图 3-3 和图 3-4 所示。

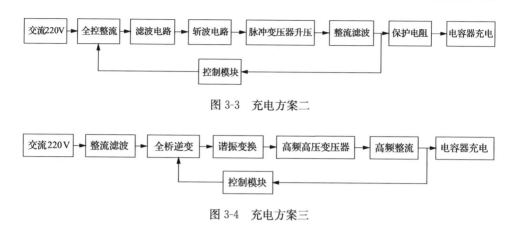

图 3-3 充电方案二

图 3-4 充电方案三

图 3-3 为充电方案二,分为主电路和控制模块等部分。交流电经全控整流桥整流、滤波电路滤波、斩波电路、脉冲变压器升压、整流滤波及保护电阻为电容器充电。控制模块主要完成直流母线上电控制、电容充电电压采集、直流侧过压过流检测,提供整流电路的 PWM 驱动信号。

图 3-4 为充电方案三,分为主电路和控制模块等部分。交流电经整流滤波、全桥逆变、谐振变换、高频高压变压器及高频整流硅堆输出,直接为高压电容器充电。采用串联谐振软开关变换器电路结构,开关管导通时间固定,是一种可变频控制及零电流切换的高压高功率 CCPS(高压大电容器充电电源)。充电电源具有恒流源的特点,输出功率随输出电压的升高而增大。在充电系统工作过程中采用两种控制策略:充电开始阶段采用定宽定频的软开关控制策略;在充电保持阶段采用定频移相调宽的控制方式。该方式可实现充电功率的微小控制,即电压的精确控制。控制系统主要完成直流母线上电控制、电容充电电压采集、直流侧过压过流检测,提供逆变电路的 PWM 驱动信号。

方案一的实现方法是多种多样的,除可采用固定式的升压变压器,还可采用调压器方案;整流部分除可采用桥式整流,还可采用半波整流、全波整流;也可采用并联充电[6]。

采用调压器方案如图 3-5 所示,手动控制设备的充电电流、充电电压十分方便,缺点是自动化程度低。调压器应满足以下几个要求。

(1) 调压器输出电压必须与变压器原边电压相配合。

(2) 从尽可能小的数值到全电压都能平滑地调节。

(3) 电压波形不发生畸变。

目前采用的调压器有自耦式和移圈式两种,自耦式调压器结构虽然简单,容量小,接触碳刷容易损坏,因此在放电成形设备中较少采用。而移圈式调压器的电压可以做得很高,容量可以做得很大,非常适合在放电成形设备中使用。

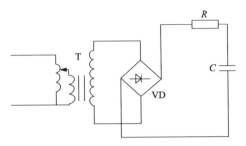

图 3-5　主充电回路调压器方案等效电路图

T-调压器；VD-整流桥；R-限流电阻；C-储能电容器

采用半波整流和全波整流的充电回路原理图如图 3-6 所示。半波整流时只有在变压器输出电压为正时,电容器才充电,因而变压器的利用率低。同时要注意整流元件需要承受的反偏压是桥式整流的 2 倍[9],需要选用性能更好的元件。全波整流虽然在变压器的正负半波均能给电容器充电,但变压器的输出电压是设备额定电压的 2 倍,整流元件承受的反偏压也是桥式整流的 2 倍,而且变压器中间抽头要接地,结构复杂,体积增大[9]。

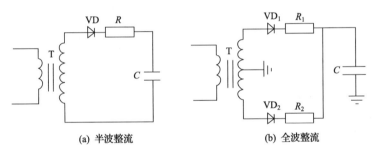

(a) 半波整流　　　　　　　　　　　　(b) 全波整流

图 3-6　其他整流形式等效电路图

T-变压器；VD-整流元件；R-限流电阻；C-储能电容器

成形设备中当充电电流受到整流元件最大允许电流限制时,可采取多只整流元件并联充电的形式来提高充电电流,电路原理图如图 3-7 所示。

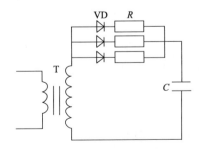

图 3-7　并联充电等效电路图

T-变压器；VD-整流元件；R-限流电阻；C-储能电容器

2. 放电回路

这部分的功能是对工件实施加工,由储能电容器 C,隔离间隙 G,加工线圈 L 等组成。触发回路受控制回路控制,发出触发脉冲,接通放电回路,使已充好电的电容器对负载放电,工件发生变形。

3. 触发回路

它是一个能产生电压为几十千伏触发脉冲的电压发生器,在需要放电时,由控制回路发出信号启动触发回路,触发回路产生脉冲电压,使隔离间隙击穿,接通放电回路。

4. 测量装置

主要是对高压电容器的充电电压进行测量,一般采用电阻分压器或者霍尔传感器测量。由微安表头指示出当前的充电电压值。需要测量加工线圈上的放电电流时,可外加电阻分流器或者罗氏线圈,通过数字记忆示波器记录波形,以供分析。

5. 控制回路

控制回路的主要作用是控制充、放电,可用继电器逻辑阵列组成较简单的控制回路,也可由当前工业控制领域普遍采用的微处理器、PLC 为核心组成控制系统,实现较为复杂的控制功能。放电成形设备属高压、大电流设备,安全性、可靠性要求极高,PLC 的采用对于保证此类设备的安全运行是至关重要的。

6. 保护回路

保护回路包括电容器过流保护、过压保护、卸荷保护、设备断电保护等部分,它安装在电磁成形设备的主机箱内,直接对设备起保护作用。同时,也可由控制系统实现一部分保护功能,如模拟运行、状态自检、故障诊断、容错控制等。

3.2　充　电　回　路

设备的主充放电回路是其最重要的部分,合理的方案以及正确的选择元件与参数至关重要。主回路电气原理图如图 3-1 所示,包括充电回路、放电回路两部分,充电回路决定了设备的充电时间,充电效率。主充电回路如图 3-8 所示。

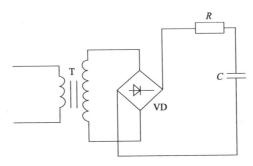

图 3-8　主充电回路等效电路图

T-变压器；VD-整流桥；R-限流电阻；C-储能电容器

　　交流电源经工频变压器 T 升压，然后经整流系统变为脉动直流，通过限流电阻对电容器组充电。当电容器组的电压上升到控制系统给出的预置值时，切断充电回路。限流电阻的作用是为了限制充电起始阶段的充电电流（充电电流过大易造成电容器、整流元件的损害），多采用水电阻，它体积大热容量也大。水电阻在苏联的设备中广泛采用，但在运行过程中需要补充水，要经常维护。现一般采用陶瓷电阻，易于安装、免维护，而且也能够保证工作的可靠性。

　　可通过仿真软件对充电回路建模，获得充电过程的各物理量的变化过程，依此进行元件选择。以充电方案一为例，设定变压器输出电压和限流电阻值后，所获得的充电电流、电容电压随着时间变化曲线如图 3-9 所示。图 3-9(a)为充电电流曲线，将其放大获得图 3-10。

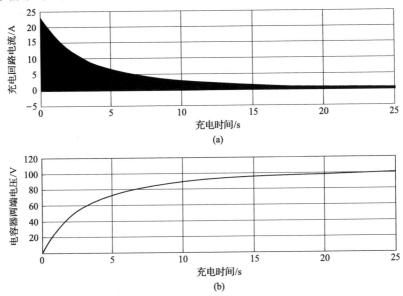

图 3-9　充电时电容电流、电压曲线

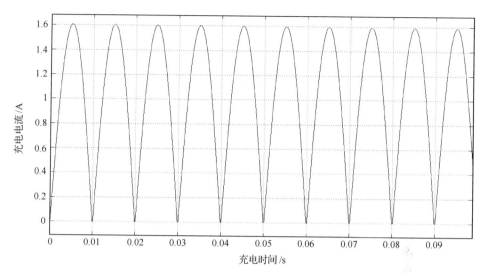

图 3-10　放大的充电电流曲线

　　因为电磁成形设备的放电时间极短,所以充电时间直接影响设备的生产率(单位时间的加工次数)。通过仿真计算可以选择一组满足最大生产率要求的元器件参数[10]。变压器和限流电阻是影响充电时间的两个因素,变压器峰值电压值还应该充分考虑整流系统的压降。不同变压器输出电压和限流电阻时,所获得的电容电压随时间变化曲线如图 3-11 所示。

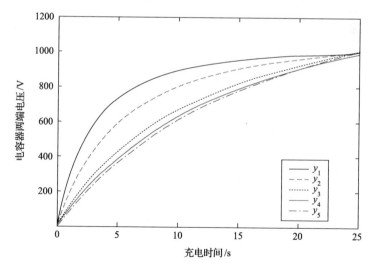

图 3-11　变压器输出电压及限流电阻不同时的电容电压

$y_1 = 44\Omega, y_2 = 80\Omega, y_3 = 172\Omega, y_4 = 214\Omega, y_5 = 255\Omega$

通过仿真分析可确定变压器输出电压及功率、限流电阻值及功率、充电时间等参数,从而完成充电回路的设计。

3.3　放 电 回 路

在电磁成形设备中,首先由充电回路把电网的电能,通过变压器升压,整流元件整流,经限流电阻给电容器充电,由电容器将能量储存起来,这就是电容器长时间充电过程。放电回路的作用,就是在很短的时间内,把电容器储存的能量,释放到负载上去。由于放电时间很短,负载瞬间可以得到很大的能量。放电回路的结构决定了设备的固有电感、固有电阻,从而影响内部能量损耗、放电频率及其他重要参数。

放电回路由电容器、隔离间隙、传输线和加工线圈组成,如图 3-12 所示。电容器组是储存能量的元件;隔离间隙起开关的作用;传输线是连接各元件的连线。放电回路的固有电感,它包括电容器本身的电感、传输线的电感和隔离间隙的电感。放电回路固有电阻,包括传输线的电阻和隔离间隙的电阻。通过电路分析可知:为了得到更大的冲击电流和电流上升陡度,应尽量减小放电回路的固有电感和固有电阻。在设备中一般采用并联电容器组、并联隔离间隙、并联传输线的方法来降低固有电感。

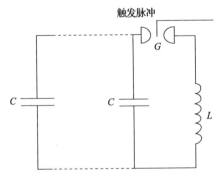

图 3-12　放电回路电气原理图
C-储能电容器;G-间隙开关;L-加工线圈

3.3.1　放电开关

电磁成形设备内部所使用的放电开关可分为间隙开关和晶闸管开关两类,间隙开关一般用于高压设备,晶闸管开关适合低压设备中使用。

1. 间隙开关

间隙开关在放电成形设备中起至关重要的作用,它可以把设备的充电回路和主放电回路隔离开,以保证充电回路能顺利完成对电容器组的充电。当电容器组充好电后,由控制系统给出触发信号,使它迅速地接通放电回路,保证电容器组上储存的能量在很短的时间内(一般在几十纳秒到几十微秒之内)释放出来,在加工线圈上产生很大的冲击电流,使工件成形。

设备不能采用负荷开关和断路器而必须采用间隙开关的原因是[6]:

(1) 电磁成形设备产生的电流非常大,一般几十千安到几百千安。

(2) 电磁成形设备的工作电压一般在几十千伏。

(3) 电磁成形设备要求能连续工作动作比较频繁。

(4) 通过成形线圈的电流上升陡度要求很高,一般在几十纳秒到几微秒的时间内,电流达到最大值,要求开关导通时间短,即开关放电速度快。

为满足上述要求,负荷开关和断路器均难以胜任。断路器虽然能够承受较高的电压和较大的电流,但是它的开关时间比较大,而且不允许连续运行。因而电磁成形设备中多采用间隙开关和晶闸管。

间隙开关除具有一般开关的性能,既能够接通、断开电路外,又有其特殊性,即开关时间短到几个纳秒,可以连续上千次的重复工作,又能够承受较高的电压和较大的电流。

间隙开关在触发脉冲的作用下,由绝缘状态变成导电状态。其触发特性的好坏可用间隙的开关时间(或叫做时延)τ_d 以及开关时间的分散性(或叫做抖动时间)τ_j 两个参数来表示,如图 3-13 所示。从触发脉冲加到间隙上,到间隙全部导通,所用的时间称为间隙的开关时间或时延 τ_d。由于气体放电的分散性,间隙的开关时间每一次都不一样,一般取多次实验的平均值作为开关时间。由于间隙每次开关时间都不一致,它们之间的差别呈现为一条窄带,这条窄带的宽度就是开关时间的分散性或抖动时间 τ_j。触发特性好就是指 τ_d、τ_j 小,尤其是要求 τ_j 小。

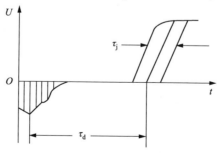

图 3-13　间隙的触发特性

图 3-13 表明,间隙开关时间具有分散性,一台成形设备用多个间隙配合使用时,间隙的同步导通是需要解决的技术关键。

1) 间隙开关的结构及工作原理

间隙开关有球间隙、场畸变间隙、薄膜间隙和激光间隙等几种形式。其中,球间隙以其结构简单,控制方便,运行经验多而在放电成形设备中应用较广。球间隙又称三电极间隙,其结构示意图如图 3-14 所示,在放电回路中的应用如图 3-15 所示。

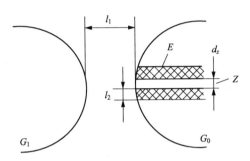

图 3-14　三电极球间隙结构示意图[6]

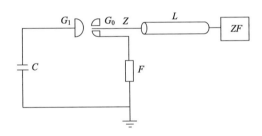

图 3-15　球间隙在放电回路中的应用[6]

在图 3-14 中,G_1 为实心主电极,G_0 为中间有触发针的空心电极,Z 为触发针,其直径为 d_z,E 为绝缘管,其厚度为 l_2,球间隙之间距离为 l_1。图 3-15 中,C 为储能电容器,F 为加工线圈,L 为触发信号传输电缆,ZF 为触发回路。当电容器 C 充有一定电压后,控制回路发出启动信号,触发回路 ZF 发出高压触发脉冲,此脉冲通过电缆加到触发针 Z,在间隙产生火花,进而引起 G_1 和 G_0 之间击穿而接通放电回路,C 向加工线圈 F 放电。这种间隙的击穿过程分为两种:一种为短时间击穿过程;另一种为长时间击穿过程。在电磁成形设备中间隙大多属于短时间击穿,下面对间隙的短时间击穿过程作进一步的阐述[6]。

间隙的短时间击穿过程如图 3-16 所示,当电容器 C 充有一定正电压 U_1 时,因间隙的 G_1 极与电容器的高压端连接在一起,故其电位对地亦为 $+U_1$;G_0 通过负载接地处于零电位。G_1 与 Z 和 G_0 之间的极间距离均为 l_1,Z 通过触发回路接地,也处于零电位。G_0 与 Z 之间的极间距离为 l_2。因此在 G_1 与 Z 之间以及 G_1 与 G_0 之间的电位差均为 $+U_1$；G_0 与 Z 之间的电位差为零。它们之间的电场强度分别为：G_1 与 Z 之间为 $E_1=U_1/l_1$；G_1 与 G_0 之间为 $E_2=U_1/l_1$；G_0 与 Z 之间为 $E_3=0/l_2=0$。当通过触发回路 ZF，给出一个幅度很高、上升陡度很大的负脉冲 $-U_z$，加到 Z 上时，使原来各点之间的电位差和电场强度发生了变化。G_1 与 Z 之间由原来的 $+U_1$ 的电位差，上升为 $(+U_1)-(-U_z)=U_1+U_z$，电场强度上升为 $E_1'=\dfrac{U_1+U_z}{l_1}$，$G_l$ 与 G_0 之间的电位差和电场强度没有变，G_0 与 Z 之间的电位差由 0 上升为 $0-(-U_z)=U_z$，电场强度为 $E_3'=U_z/l_2$。当 E_1' 比 E_3' 大得多时，则 G_l 与 Z 首先击穿。此时 G_l 上原来 $+U_l$ 的电位就加到了 Z 上，使 Z 上的电位突然由 $-U_z$ 变为 $+U_1$。则 Z 与 G_0 之间的电压为 $U_1-0=U_1$，电场强度为 U_1/l_2，只要它大于 Z 与 G_0 之间的击穿场强，Z 与 G_0 也很快击穿．至此，间隙全部导通，这样的击穿过程就是短时间击穿过程。这种过程之所以称为短时间击穿过程，就是因为第一次发生局部击穿是在极间距离较大的 G_1 与 Z 之间，然后才使 G_0 与 G_1 击穿。$l_1\gg l_2$，所以当 G_1 与 Z 击穿以后，G_0 与 G_1（或与 Z）就很容易击穿了，这个击穿过程与长时间击穿过程相比，时间是很短的，一般在几纳秒到几十纳秒。

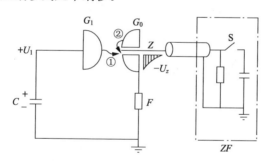

图 3-16　短时间击穿过程示意图[6]

2）间隙开关在成形设备中的使用

间隙开关是成形设备中的一个重要元件，在使用中要注意以下两个问题：一是间隙的电压工作范围；二是单间隙和多间隙并联两种运行方式的选择。

（1）间隙电压工作范围的选择。

在成形设备中，要求间隙的静态击穿电压大于电容器的充电电压，这样才能利用间隙来控制电容器对负载放电而不发生自放电。静态击穿电压与间隙球之间的距离成正比。静态击穿电压与电容器电压之间的电压差太大、太小都不好。太大，会造成间隙不击穿或有时击穿有时不击穿，称为击穿不可靠；太小，周围环境温湿度变化会造成间隙的自放电。实际使用来看，一般间隙的静态击穿电压选择在大于电容器最高充电电压的 20％左右。间隙电压工作范围是指在电容器一定充电电压范围内,加上同一个触发脉冲后都能保证击穿。它决定了设备的最小工作电压,因而在需要工作电压范围较宽的设备中,需要经常改变球间隙之间的距离。

(2) 间隙运行方式的选择。

理论上讲,选择间隙并联运行更为有利。

① 减小了放电回路的固有电感和固有电阻。

由上述可知,在设备中只有降低放电回路的固有电感、固有电阻,才能使加工线圈获得更多的能量。放电回路固有电感是电容器分布电感、间隙开关分布电感和传输线分布电感之和。设备大多采用多台电容器并联工作,这样电容器分布电感变得很小,也使得隔离间隙分布电感在总电感中占有较大的份额。为了降低这部分电感采用多间隙并联无疑是最有效的方法,同时也可降低间隙的分布电阻。

② 增加间隙的寿命。

间隙击穿时有电弧在两个球电极之间燃烧,电弧的强弱与电容器储能有关,电弧越强则电极的烧损越严重。间隙的寿命取决于间隙上通过的能量的大小,一般在使用中令间隙通过的能量小于10kJ。当放电成形设备总能量较大时,可以将其内部电容器分组,使其每组电容器储能小于10kJ,每组都有一个间隙开关,工作时所有的间隙开关同步击穿,对外实施放电。但是,间隙并联运行要求间隙开关时间要短,分散性要小,工作范围要大。使整个开关部分的结构过于复杂。因而,在采用间隙开关的设备中大多采用单间隙,当设备储能远大于10kJ时,在球电极表面镶嵌铜钨合金来减轻电极的烧损。

2. 晶闸管开关

晶闸管(thyristor)是晶体闸流管的简称,又称作可控硅整流器(SCR),以前简称为可控硅。1956年美国贝尔实验室发明了晶闸管,1957年美国通用电气公司开发出了世界上第一款晶闸管产品,并于1958年将其商业化。晶闸管具有硅整流器件的特性,能在高电压、大电流条件下工作,且其工作过程可以控制,因而被广泛应用于可控整流、交流调压、无触点电子开关、逆变及变频等电子电路中。

晶闸管内部是 PNPN 四层半导体结构,分别命名为 P_1、N_1、P_2、N_2 四个区。P_1 区引出阳极 A,N_2 区引出阴极 K,P_2 区引出门极 G。四个区形成 J_1,J_2,J_3 三个 PN 结。其结构图和等效电路图如图 3-17 所示。

晶闸管正常工作时的特性如下。

(1) 当晶闸管承受反向阳极电压时,不论门极是否有触发电流,晶闸管都处于反向阻断状态。

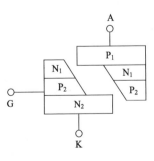

图 3-17　晶闸管等效电路图

（2）当晶闸管承受正向阳极电压时，仅在门极有触发电流的情况下晶闸管才能导通。

（3）晶闸管一旦导通，门极就失去控制作用，不论门极触发电流是否还存在，晶闸管都保持导通。

（4）若要使已导通的晶闸管关断，只能利用外加电压和外电路的作用使流过晶闸管的电流降到接近于零的某一数值以下。

晶闸管的主要参数如下。

1）电压定额

（1）断态重复峰值电压 U_{DRM}。断态重复峰值电压是在门极断路而结温为额定值时，允许重复加在器件上的正向峰值电压。

（2）反向重复峰值电压 U_{RRM}。反向重复峰值电压是在门极断路而结温为额定值时，允许重复加在器件上的反向峰值电压。

（3）通态（峰值）电压 U_{TM}。这是晶闸管通以某一规定倍数的额定通态平均电流时的瞬态峰值电压。

通常取 U_{DRM} 和 U_{RRM} 中较小的标值作为该器件的额定电压。选用时，额定电压要留有一定裕量，一般取额定电压为正常工作时晶闸管所承受峰值电压的 2～3 倍。

2）电流定额

（1）通态平均电流 $I_{T(AV)}$。国标规定通态平均电流为晶闸管在环境温度为 40℃和规定的冷却状态下，稳定结温不超过额定结温时所允许流过的最大工频正弦半波电流的平均值。这也是标称其额定电流的参数。这个参数是按照正向电流造成的器件本身的通态损耗的发热效应来定义的，因此在使用时应按照实际波形的电流与通态平均电流所造成的发热效应相等，即有效值相等的原则来选取晶闸管的此项电流定额，并应留一定的裕量。一般选取其通态平均电流为按此原则所得计算结果的 1.5～2 倍。

（2）维持电流 I_H。维持电流是指晶闸管维持导通所必需的最小电流，一般为几十到几百毫安。I_H 与结温有关，结温越高，则 I_H 越小。

（3）擎住电流 I_L。擎住电流是晶闸管刚从断态转入通态并移除触发信号后，能维持导通所需的最小电流。对同一晶闸管来说，通常 I_L 为 I_H 的 2～4 倍。

（4）浪涌电流 I_{TSM}。浪涌电流是指由于电路异常情况引起的使结温超过额定结温的不重复性最大正向过载电流。浪涌电流有上下两个级，这个参数可用来作为设计保护电路的依据。

3）动态参数

除开通时间和关断时间外，还有

（1）断态电压临界上升率 du/dt。这是指在额定结温和门极开路的情况下，不导致晶闸管从断态到通态转换的外加电压最大上升率。

（2）通态电流临界上升率 di/dt。这是指在规定条件下，晶闸管能承受而无有害影响的最大通态电流上升率。

低压电磁成形设备中一般选用脉冲晶闸管。

3.3.2 传输线

传输线是在放电回路中连接电容器组与成形线圈之间的连线，下面简单讨论关于传输线的要求、种类、结构和电动力。

1. 传输线的要求

在设备中选用传输线时要考虑以下几个问题[8]。

（1）传输线的电阻及分布电感要小。

（2）传输线的绝缘应足以承受设备最高工作电压，要考虑电极之间的击穿和沿绝缘表面的闪络。特别在绝缘有开孔时要防止沿面闪络。为了防止击穿，绝缘层要足够厚；为了防止闪络，绝缘的长度要足够长。

（3）传输线与电容器、间隙开关、加工线圈之间的连接要有良好的接触，尽量减小那里的接触电阻，减小放电时的温升，防止接触点发生氧化或熔焊。

（4）电流流经传输线时，在导线上产生电动力的作用。电流越大，导线之间的距离越近，电动力越大。在结构设计时要注意对传输线的固定与夹紧，防止由于电动力引起设备损坏。

2. 传输线的种类和结构

传输线分为两类，一类是板型的（汇流排）；另一类是同轴的（同轴电缆）。汇流排使用铝板或铜板做导体，中间绝缘起来，结构如图 3-18 所示。因铝板（或铜板）较薄，即便把边缘的直角修圆，那里的电场也较强，容易产生局部放电，有时虽然暂时没有引起击穿和闪络，但是积累久了，可能导致绝缘破坏。一般采用在铝板边缘电场强度大的地方涂半导体漆或喷镀金属膜的方法，改善那里的电场。同轴电缆单位长度分布电感大于汇流排，所以在设备中需谨慎使用。

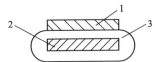

图 3-18　汇流排结构示意图[8]

1-接地电极；2-接高压端电极；3-绝缘膜

在汇流排中为了减小分布电感,要使铝板(或铜板)间的距离小。但另一方面,导体之间的距离小,电动力大。所以,就需要在满足电感的要求下,强化结构,抵抗电动力的破坏作用。

3. 汇流排的电动力

在设计汇流排时,必须考虑电动力的作用,如果力很大,需要采取加固措施。下面以图 3-19 为模型,分析电动力[8]。

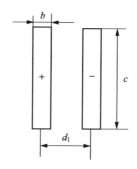

图 3-19　汇流排结构示意图

由相关的电路分析可得,当 $\dfrac{d_1}{c} < 0.1$ 时,单位长度汇流排等效电感 L 为

$$L = \frac{\mu_0}{c}\left(d_1 - b + \frac{2}{m}\,\frac{\mathrm{sh}x - \sin x}{\mathrm{ch}x - \cos x}\right) \tag{3-3}$$

式中,$m = \sqrt{2\omega\mu_0\gamma}$,$x = mb$,$\omega$ 为放电电流角频率;μ_0 为真空磁导率;γ 为汇流排电导率。

当流过的电流峰值为 I 时,两极板之间所受到的电动力 f 为

$$f = \frac{I^2}{2}\,\frac{\mathrm{d}L}{\mathrm{d}d_1} = \frac{I^2}{2}\,\frac{\mu_0}{c} \tag{3-4}$$

可以通过式(3-4)求解电动力,但放电成形设备内汇流排的结构远较模型复杂,要准确计算是非常困难的。同时也应注意到,放电时导线之间的力虽然很大,但它的作用时间短,结构强度和静作用力的情况不同。

3.3.3　放电回路设计的注意事项

(1) 放电回路的结构直接影响到设备的固有电感和固有电阻,在设计放电回路结构时应以降低分布电感作为首要目标。

在放电成形设备中,减小回路固有电感是提高最大冲击电流及冲击电流上升

陡度的关键。回路固有电感 L 为

$$L = L_c + L_x + L_g \tag{3-5}$$

式中, L_c 为电容器组的电感; L_x 为汇流排的电感; L_g 为隔离间隙的电感。

为了减少电容器组的电感, 一是采用低电感的脉冲电容器; 二是采用多个脉冲电容器并联运行[8], 如果每台电容器的内部电感为 L_c, 那么采用 N 台并联运行后, 电容器组的等效电感为

$$L_c' = \frac{L_c}{N} \tag{3-6}$$

间隙开关的结构尺寸影响分布电感, 它取决于所通过的最大能量及静态击穿电压, 受设备的最大储能和最高工作电压的制约, 虽可通过间隙并联来降低分布电感, 但会使结构过于复杂, 现较少采用, 因而其分布电感值难以改变。

汇流排的分布电感值与正负导电极之间的距离有关, 距离越小, 整个传输线的分布电感亦最小, 因而在设备内将正负汇流排紧密压合在一起, 中间夹以绝缘材料, 最大限度地降低其分布电感。

(2) 在电容器布置时应尽量保证每个电容器产生的冲击电流同步[8]。

作用于加工线圈上的冲击电流是每一个电容器产生的冲击电流的叠加, 在布置电容器时, 应遵循使每个电容器到加工线圈的距离相等的原则, 合理设计汇流排的结构。可以考虑让其排列在同一圆周上, 而加工线圈位于圆心。

3.4　保护回路

电磁成形设备属于高压、大电流设备, 可靠的保护措施对其安全使用与推广具有非常重要的意义。保护回路由大容量的机电元件组成, 包括电容器保护、过压保护、卸荷保护、断电保护等, 直接对设备起保护作用。完整的放电成形设备主回路电路原理图[11]如图 3-20 所示。

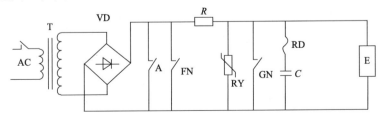

图 3-20　放电成形设备主回路电路原理图[11]

T-升压变压器; VD-整流系统; R-限流电阻; FN-负荷开关; RY-过压保护; A-断电保护开关;
GN-隔离开关; RD-熔断器; C-电容器; E-电压测量单元

3.4.1　电容器过流保护

电容器是设备中的重要元件,它的安全运行就显得尤为重要。在充电过程中,电容器中储存有大量的能量,若其中某台电容器内部的绝缘击穿,其他电容器中所储存的能量将会全部卸放到故障电容器中去,如图 3-21 所示。由于卸放的时间短,能量又很大(一般大于电容器的允许故障能量 20kJ)导致故障电容器中的油迅速分解气化,在电容器外壳中产生很大的压力,有引起电容器爆炸的危险[6]。

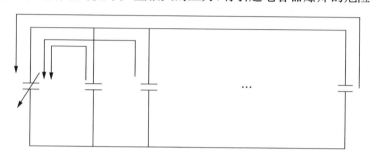

图 3-21　完好电容器向故障电容器放电示意图[6]

因此必须限制流入故障电容器中的能量。可以对每台电容器采用一个间隙开关加装吸能电阻的方法作为电容器的保护,如图 3-22 所示。在每台电容器的出线端串接一个热容量足够大的吸能电阻,其阻值远大于故障电容器的击穿火花通道的电弧电阻。若某台电容器一旦损坏击穿,各台电容器的能量将大部分消耗在吸能电阻上,从而减少了故障电容器爆炸的危险[6]。

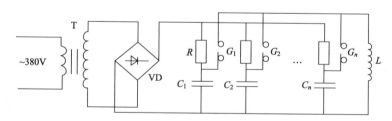

图 3-22　电容器的吸能保护原理图[6]

T-升压变压器;VD-整流系统;R-吸能电阻;G-隔离间隙;C-储能电容器;L-加工线圈

但此方案由于有多间隙导通的同步性难以保证(3.3.1 节)而较少采用。采用一个间隙开关,由熔断器作为短路保护元件的电路原理图如图 3-23 所示,图中熔断器(RD)的功能是当其流过的电流大于整定值时熔断,切断汇流排与电容器的电联系,从而避免电容器的直接短路放电。实际使用中熔断器因过流熔断后,会造成与之相连的电容器无法将残余电荷卸放干净。为此将熔断器设计成如图 3-24 所示结构。当熔断器熔断后,电容器的残余电荷可以通过并联电阻卸放到汇流排上,再经汇流排的接地回路卸放干净[10]。当熔断器未熔断时,电阻值非常小,不影响设备的固有参数。

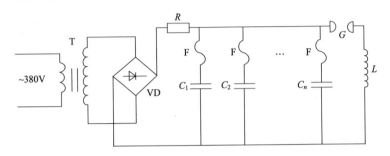

图 3-23　熔断器保护电路原理图[10]

T-变压器；VD-整流系统；R-充电限流电阻；F-熔断器；C-储能电容器；L-负载

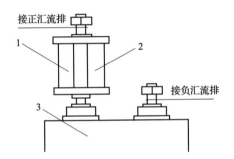

图 3-24　熔断器的外观结构及安装[10]

1-熔体；2-电阻；3-电容器

3.4.2　过压保护

为保证电网波动时设备能正常工作,在设计变压器时高压侧峰值电压高于设备最高工作电压。因此,一旦设备的控制系统失效,电容器最终将充电到变压器峰值电压,超过其额定电压值,会导致设备、元件损坏,因此需要设置过压保护。通常由测量球隙或压敏电阻等构成[10,11]。

1. 测量球隙的过电压保护

均匀电场下空气间隙的放电电压与距离具有一定的关系,可以利用球隙放电来测量电压。测量球隙是由一对相同直径的金属球所构成,两金属球加电压时,球隙间形成稍不均匀电场。当其余条件相同时,球间隙在大气中的击穿电压决定于球间隙的距离[12]。对一定球径,间隙中的电场随距离的增长而越来越不均匀。间隙距离越大,击穿电压越高,要求球径也越大,才能保持稍不均匀的电场。测量球的标准球径为 2cm、5cm、6.25cm、10cm、12.5cm、15cm 等，一般采用黄铜或紫铜制成。表 3-4 为 1960 年国际电工委员会修正的测量球隙放电的标准表。

表 3-4　球隙放电标准表（IEC 1960 年公布）　　　　　（单位:kV）

距离/cm	球直径/cm			
	2	5	6.25	10
0.05	2.8			
0.10	4.7			
0.15	6.4			
0.20	8.0	8.0		
0.25	9.6	9.6		
0.30	11.2	11.2		
0.40	14.4	14.3	14.2	
0.50	17.4	17.4	17.2	16.8

注：大气压力为 1013MPa,温度为 20℃,球隙击穿电压单位为 kV

气体间隙的击穿电压受大气条件的影响，不同环境下击穿电压与标准环境下击穿电压之间的关系为

$$U = kU_h \tag{3-7}$$

式中，U 为实验时大气条件下的放电电压；U_h 为标准大气条件下的放电电压（表 3-3）；k 为修正系数（表 3-5）。

表 3-5　空气相对密度和修正系数的关系

空气相对密度	0.70	0.75	0.80	0.85	0.90	0.95	1.00	1.05	1.10
修正系数 k	0.72	0.77	0.81	0.86	0.91	0.95	1.0	1.05	1.09

设备中一般采用 $\phi 50$mm 的测量球隙作为过压保护的元件，将其安装到图 3-22 中的压敏电阻处。采用内插法调整间隙距离，使球隙击穿电压稍高于电容器额定电压。这样即使设备发生故障，电容器上电压也不会超过球隙击穿电压，对内部元件起到过压保护的作用。

2. 压敏电阻/避雷器过压保护

电磁成形设备中通常采用测量球隙作为过压保护元件，但测量球隙的比例常数（单位空气间隙下的击穿电压）容易受到周围环境（温度、湿度、大气压等）的影响，使得球隙的距离难于确定，而且在使用中要随环境的变化而经常调节。根据设备工作电压的不同也可选择压敏电阻或避雷器实现过压保护。与测量球隙相比，

不仅保护的可靠性大为提高,而且免去了烦琐的调整工作。

MOV(metal oxide voristor)压敏电阻是国外 20 世纪 70 年代末研制成功的多晶半导体非线性元件[13]。当加在 MOV 压敏电阻上的端电压绝对值小于标称电压 V_r(流过 MOV 压敏电阻 1mA 时的端电压)时,MOV 压敏电阻呈高阻状态,漏电流在微安数量级。当所加电压大于 V_r 时,MOV 压敏电阻迅速呈低阻状态(响应时间为毫秒级),电压被钳制在比 V_r 稍大一点的数值上。当所加电压恢复到 V_r 以下时,MOV 压敏电阻又恢复为高阻状态。工作电压低的电磁成形设备可采用压敏电阻作为过压保护元件。

氧化锌避雷器(简称 MOA)是一种新型的避雷器。这种避雷器的阀片以氧化锌(ZnO)为主要原料,附以少量能产生非线性特征的金属氧化物,经高温熔烧而成。ZnO 阀片具有很理想的伏安特性,其非线性系数很小,一般为 $0.01\sim0.04$,当作用在 ZnO 阀片上的电压超过某一值(此值称为动作电压)时,阀片将发生"导通"。

"导通"后 ZnO 阀片上的残压与流过它的电流基本无关,为一定值。在工作电压下,流经 ZnO 阀片的电流很小,仅为 1mA,不会使 ZnO 阀片烧坏,因此 ZnO 避雷器不用串联间隙来隔离工作电压。

工作电压高的电磁成形设备可采用 MOA 作为过压保护元件。具有如下优点。

(1) 无间隙。由于在工作电压下,ZnO 阀片实际上相当于一绝缘体,因而工作电压不会使 ZnO 阀片烧坏,所以可不用串联间隙来隔离工作电压。由于无间隙,所以 MOA 体积小、质量轻、也不存在放电电压不稳定的问题。

(2) 无续流。当作用在 ZnO 阀片上的电压超过阀片的起始动作电压时,将发生导通;其后,ZnO 阀片上的残压受其良好的非线性特性所控制;当过电压过去后,ZnO 阀片导通状态终止,又相当于一片绝缘体,因此不存在工频续流。

(3) 通流容量大。ZnO 阀片的通流容量大,适合于限制过电压。

(4) 性能稳定、抗老化能力强、耐污性能好。

3.4.3　卸荷保护

电磁成形设备因触发回路不可靠或外接负载连线有问题,会使储存在电容器上的能量不能经负载卸放,需要有一套能对电容器组实施安全对地放电的保护回路——卸荷保护[10,11]。

实施卸荷时,要避免电容器直接短路放电,会影响到电容器的使用寿命,因而需要卸荷电阻起限流作用。设备设计时可以把卸荷保护与断电保护用一套电路来实现。

3.4.4 断电保护

在放电成形设备工作过程中,突然发生停电事故,控制系统因断电而不能动作。储存在电容器上的能量不能安全地卸放出来,容易对人身造成危害,因此,在设备中需加设断电保护电路,即发生断电事故时,能够可靠地将电容器上的电荷卸放掉[10]。

断电保护电路结构示意图如图 3-25 所示,其安装位置如图 3-20 所示。设备通电工作时,牵引电磁铁吸合,球隙打开,提供足够的对地绝缘,设备能可靠地工作。当发生停电事故时,牵引电磁铁在回复弹簧的作用下恢复原位,球隙闭合,卸放掉电容器所储存的能量。

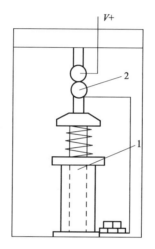

图 3-25 断电保护结构图[10]

1-牵引电磁铁;2-球开关(下球接地;上球接整流桥高压输出端)

3.5 控制及触发回路

控制及触发回路是成形设备不可分割的一部分,触发回路的功能是接收来于控制系统的启动信号,发出幅值很高的高压脉冲,使间隙开关导通。简单控制回路的基本功能是能实现设备的充电、卸荷和发出启动信号;复杂控制回路除能完成上述基本功能,还大大提高了设备电压控制精度,实现了模拟运行、状态自检、容错控制及故障诊断等功能[11]。

3.5.1 控制回路

电磁成形设备控制回路的发展经历了三个发展阶段,前期设备主要采用继电器逻辑阵列构成的控制系统,优点是抗干扰性强、可靠性高,缺点是实现的功能单一,自动化程度不高。其次,是以微处理器核心构成的控制回路,具有电压控制精度高、自动化程度高、功能完善的优点,但它的可靠性稍差,发生故障检修困难。最后,是以可编程控制器(PLC)为核心构成的控制系统,可靠性高、自动化程度高、功能完善。

1. 继电器逻辑阵列构成的控制回路

某台 10kJ/7kV 成形设备的控制回路以继电器逻辑阵列构成,其原理图如图 3-26 所示。

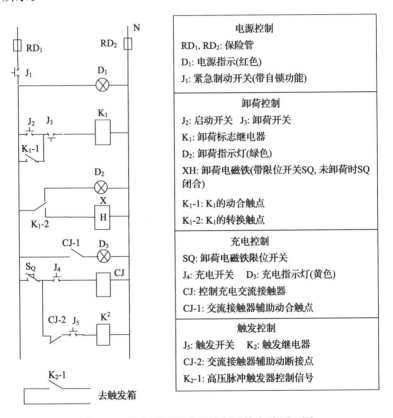

图 3-26　继电器逻辑阵列控制系统电路原理图

2. 以微控制器(MCU)为核心构成的控制回路

控制回路构成的框图如图 3-27 所示,由于 MCU 外围扩展电路种类很多,设计者不同其具体实现方案也大相径庭,故在此只简要讨论其具体功能,而不再论述其具体硬件结构。

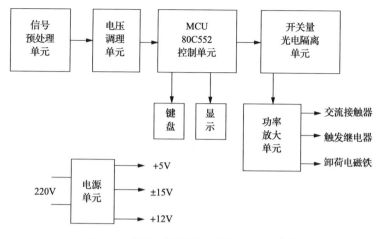

图 3-27 MCU 控制回路硬件原理框图[14]

它所实现的功能有以下几个方面[11]。

（1）预设充电电压。可将预设充电电压通过键盘输入成形设备，充电过程中控制系统检测设备的电压，到达预设值时自动停止充电。

（2）模拟运行。在主充电回路不通电的情况下，用手动调节的电压替代主回路中的测量电压信号，来检验设备的各项控制功能是否正常。

（3）故障诊断。控制回路具有对主要元件自动检测的能力，发现异常能够给出相应的报警指示。

（4）容错控制。通常设备内部只有一套电压监测单元，比较电容器电压与预设电压，做出是否继续充电的判断，是整台设备的"心脏"。一旦内部元件发生故障，后果非常严重。容错控制具有两套监测单元，分别作出逻辑判断后，再经表决单元发出动作信号，表决单元实行"一票否决"。

在设计控制回路时尤其要注意接地问题、被测信号的抗干扰问题和高压的隔离问题，要切实杜绝高压窜入控制回路的可能，保障人身安全。

3. 以 PLC 为核心构成的控制回路

低电压电磁成形设备电气接线示意图如图 3-28 所示。图 3-28 中上面为设备主回路部分，包括充电回路、卸荷回路、放电回路和触发回路；中间部分为控制核心 1766 型号的 PLC，通过输出分别控制主回路中的充电回路、卸荷回路、放电回路。另外具有启动、充电、加工等按钮输入，电源指示、安全指示、充电指示等指示灯输出。还有电压检测、电压预置两个模拟量的输入；最下面是触摸屏，通过网线与 PLC 连接，设有虚拟按键、指示灯、模拟量输入输出等功能，支持远程操作。

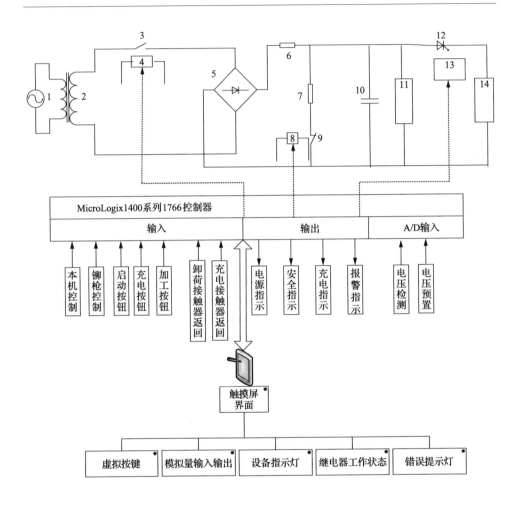

图 3-28 电磁铆接设备电气接线示意图

1-220V电源；2-变压器；3-交流接触器主触头；4-交流接触器线圈；5-整流电路；6-限流电阻；7-卸荷回路保护电阻；8-卸荷电磁铁；9-卸荷电磁铁线圈；10-电容器组；11-电压传感器；12-触发晶闸管；13-触发回路；14-加工线圈

　　系统上电后，电容器电压为零，安全指示(卸荷)灯长亮。在本机控制或远程控制挡位下，按下启动键，电磁铁通电后，卸荷回路打开。用行程开关来监控卸荷回路是否完全打开，只有卸荷回路完全打开后才能给电容器组充电。行程开关由于电磁铁的吸合而带动其闭合后，交流接触器动作，接通充电回路开始给电容器组充电，在充电过程中，用电压传感器检测电容器组的电压，反馈到 PLC 和控制箱面板上。充电过程中也可以直接按下紧急停止按钮使控制系统断电，中止充电。在充放电控制回路之间需加个互锁逻辑，以防止它们同时接通，使电源直接对电感放电而损坏电路。

从充电时刻开始,PLC 中定时器开始计时,当达到预设时间 20s 且没有停止充电时,接通卸荷键并警报(LED 闪烁)。电容器组两端接有电压传感器,检测电容器组两端电压,同样比较电压,当电压达到预设值时,控制充电的交流接触器断开,充电完成。当充电完成时,按下加工按钮,晶闸管开关触发回路动作,开关导通,接通加工工件来完成加工工序。也可以按下卸荷键,进行卸荷,卸荷过程中电容电压高于 40V 安全指示灯闪烁,低于 40V 时恒亮,达到安全指示。流程图如图 3-29 所示。

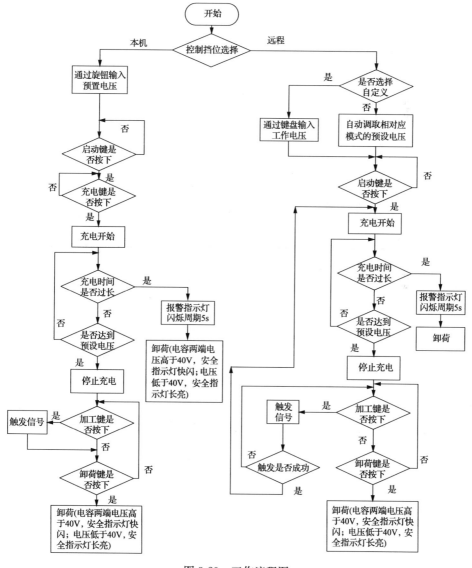

图 3-29　工作流程图

3.5.2　触发回路

触发回路的作用是产生一个脉冲电压去击穿间隙开关,使主回路接通。它所产生的脉冲电压可以用以下三个参数来表示[6]。

(1) 脉冲电压的幅值和上升陡度。脉冲电压的幅值和上升陡度越大,越有利于开关的击穿。脉冲电压幅值与球间隙之间的距离和设备的充电电压有关;上升陡度一般取 $1\sim10\mathrm{kV/ns}$。

(2) 脉冲宽度 τ。脉冲宽度是指脉冲的持续时间,为了保证间隙可靠击穿,要求最小脉冲宽度 $\tau > \tau_{\mathrm{j}} + \tau_{\mathrm{d}}$(图 3-17),否则击穿不可靠。

(3) 脉冲能量。在上面介绍的短时间击穿间隙中,触发脉冲的能量不需很大。

在成形设备中使用的触发回路很多,在此不一一赘述,触发回路示意图如图 3-30 所示。

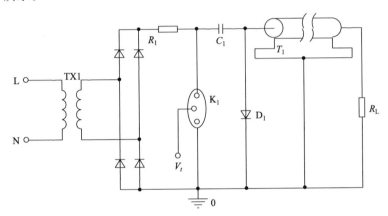

图 3-30　触发回路电路原理图

其主要工作原理为:单相交流输入经高压变压器 TX_1 升压和高压硅堆整流后得到直流高压 V_i,V_i 通过限流电阻 R_1 和硅堆 D_1 对高压储能电容器 C_1 充电。充电完成后,触发电路 V_t 产生高压脉冲触发高压开关 K_1 导通,C_1 通过 K_1 和输出电缆 T_1 对负载 R_L 放电形成高压脉冲。触发回路主要由高压变压器、高压盒、高压开关、脉冲变压器和触发板等单元构成。

参 考 文 献

[1] Попов Е А. Деформирование металла импульсным магнитнымполем. Кузнечно-штамповочное производство, 1966, (5): 1-7.

[2] 刘克璋. 苏联的磁脉冲压力加工技术. 锻压技术, 1985, (6): 51-56.

[3] Белый И В, Фертик С М, Хименко Л Т. Справочник по магнитно-импульсной обработке металлов. Харьков: издательское объединение—Вища школа, 1977.

［4］李硕本，李春峰，张守彬，等. 7200 焦耳电磁成型机的研制. 锻压机械，1989，1：25-26.

［5］訾炳涛，巴启先，崔建中. 电磁成形设备的国内外概况. 锻压机械，1998，(3)：8-10.

［6］清华大学电力系高电压技术专业. 冲击大电流技术. 北京：科学出版社，1978.

［7］佐野利男，村越庸一，高桥正春. 电磁力超高速塑性加工法. 常乐，译. 国外金属加工，1988，(2)：14-19.

［8］华中工学院，上海交通大学. 高电压实验技术. 北京：水利电力出版社，1983.

［9］黄俊. 半导体变流技术. 北京：机械工业出版社，1990.

［10］赵志衡. 电磁成型装置及成形力的研究. 哈尔滨：哈尔滨工业大学硕士学位论文，1997.

［11］李春峰，赵志衡，王永志，等. 电磁成形机二级保护系统的原理及功能. 哈尔滨工业大学学报，1999，(1)：72-75.

［12］张仁豫. 高电压实验技术. 北京：清华大学出版社，1982.

［13］黄育春. MOV 金属氧化物压敏电阻及其应用. 单片机应用文集，1993，(2)：345-348.

［14］张友德. 飞利浦 80C51 系列单片机原理与应用技术手册. 北京：北京航空航天大学出版社，1992.

第4章 管坯电磁胀形

4.1 引 言

管坯电磁胀形时,成形力由内置于工件中的成形线圈或集磁器提供,金属管在内压力的作用下而向外胀形。管坯电磁胀形主要有管坯自由胀形及有模成形、成形凸筋、管端翻边、扩口、翻侧孔、异型管成型等。其典型工艺件如图 4-1 所示[1],图(a)、(b)为饮料罐的成形[2];(c)为在风道工程中,铝管胀形成不同的角度来匹配相应的管件实现管-管的连接[1];(d)为铝管和盒形件的连接[1];(e)为异型管成型,圆管被加工成三角形[1]。

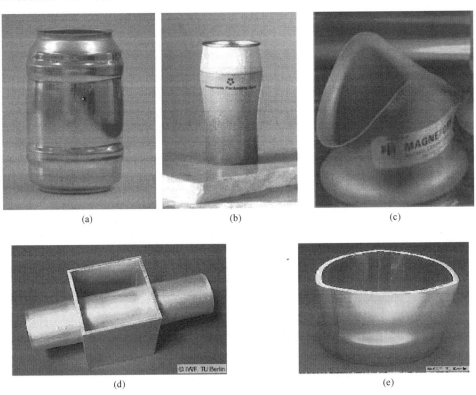

(a)　　　　　　　　　　(b)　　　　　　　　　　(c)

(d)　　　　　　　　　　　　　　(e)

图 4-1　胀管类工艺件

　　电磁成形的理论研究涉及电磁学、电动力学和塑性动力学等学科的内容,由于电磁学、电动力学的复杂性和塑性动力学本身的不完善,特别是由于成形过程中电动力学过程和塑性动力学过程的相互耦合[3-6],使电磁成形的理论研究变得非常复杂而困难,因此电磁成形理论仍有很多问题需要进一步的研究。

　　Baines 等[7]指出当趋肤深度小于管坯厚度时,电磁成形的效率最高,把成形线圈和工件看成变压器电路的一次回路和二次回路,等效电路如图 4-2 所示。管坯被看成一个短路的线圈,其等效电感为 L_2,与电感为 L_1 的成形线圈耦合在一起,它们之间的互感系数为 M,把成形线圈和管坯假设为无限长的平行导体,其间的间隙很小,磁场力沿管坯均匀分布,根据两平行导体间作用力求解磁压力,其表达式为

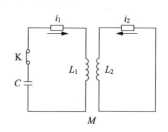

图 4-2　等效变压器电路示意图

$$P = \frac{\mu_0 N_1 i_1 i_2}{2 l_0^2} \tag{4-1}$$

式中, μ_0 为真空磁导率; l_0 为线圈长度; N_1 为线圈匝数。

　　Baines 等的分析没有考虑放电电流的衰减系数的影响,求解结果误差很大。

　　Al-Hassani 等[8]把成形线圈和工件考虑成一个等效电路,等效电感和电阻是线圈和工件参数的函数。在线圈、管坯无限长的假设下求解磁场力,电磁胀形时管坯上的磁场力 P 为

$$P = \frac{\mu_0}{2} \left(\frac{i}{p} \right)^2 \left(\frac{r_i}{r_0} \right)^4 \tag{4-2}$$

式中, i 为放电电流; p 为加工线圈的匝间距; r_i 为线圈的外半径; r_0 为管坯的内半径。

　　Jablonski 和 Winkler[9]在此基础上,通过四阶 Runge-Kutta 法求解一系列的一阶微分方程验证了这种等效电路法的有效性,这些微分方程包括随着工件的变形,线圈和工件中电流关于时间的微分方程。这种方法同样假定线圈和管坯无限长,磁压力沿管坯均匀分布,忽略了线圈端部效应,计算结果有很大的近似性。但是这种方法由于计算简单,应用较多,可以作为电磁成形工件时的磁场力的近似估算[10,11]。

　　Suzuki[12]分别假定磁压力-时间分布分别为梯形、均布、平滑衰减三种形式,用有限元方法分析了在管坯内壁施加脉冲压力时管坯的胀形,得出了位移、速度和应变随时间变化的曲线。但是该方法仍不完善,分析结果与试验结果误差较大。

　　Takatsu 等[13]、Gourdin[14]考虑了在电磁成形中磁场随时间的演化。Gourdin

采用等效电路法研究了电磁胀环的动力响应,Gourdin 假定在薄环的横截面上,电流和应变的分布是均匀的,忽略了磁场的渗透,认为环的胀形是单轴的,因而大大简化了求解的方程。在此基础上,Takatsu 等作了进一步研究。Takatsu 考虑了磁场的渗透,得到板料电磁自由胀形一个较为准确的模型,但是这个模型假定趋肤深度小于板料的厚度,磁场完全屏蔽在线圈和板料之间,趋肤深度与放电电流的频率和成形材料的电阻率有关,因此这个假设在很多情况下与实际不符。

Bendjima 等[15,16]提出一种"移动带"的耦合模型来解决动力磁塑性问题,并用有限元法对电磁成形问题进行了计算。该分析考虑了趋肤效应、涡电流以及电磁成形过程中的运动。如图 4-3 所示,电磁成形中,管坯在脉冲磁场力作用下发生变形、运动。在管坯的移动路径上,用于分析的每个位移时间步长内都要求有新的网格产生,为了避免网格的重新划分,引入了"移动带"技术。这个技术在管坯可能发生运动的路径上创建"位移区",把"位移区"化为若干子区域,并给这些子区域同时指定金属材料和空气的属性,在每个位移时间步根据上一步计算结果给这些子区域指定合适的物理性能。这种方法虽然有效地避免了网格的重新划分,但是假定在变形过程中管坯的母线始终为直线,管坯长度、厚度不变,计算结果具有很大的近似性。与此相似,文献[17]提出结合有限元和采用数值求解的"宏单元"法求解管坯电磁胀形,"宏单元"用来建模管坯和线圈间的空气隙。在管坯胀形过程中,随着变形的发展,管坯和线圈的间隙增大,引起空气隙中的单元翘曲,磁场计算的精度下降,在每个时间步内重新划分网格将使求解变得复杂,增加计算时长。通过"宏单元"求解空气隙,用空气隙区磁场的解析解代替有限元解可以消除有限元单元对网格的敏感性,避免了网格的重新划分,但是该文献并没给出管坯电磁胀形时合理的初始条件和边界值。

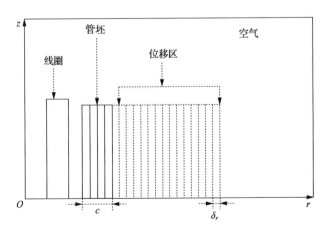

图 4-3　移动带法示意图[16]

Fenton 等克服了 Takatsu 的局限性,完全用 C 语言编写了 CALE(C language arbitrary-Lagrangian-Eulerian)程序,用 Gourdin 的试验结果作验证,程序计算结果和 Gourdin 的试验符合得很好[18]。CALE 程序,可以运行在能量模式(材料的性能参数作为密度和内能的函数)、温度模式(材料的性能参数作为温度的函数)两种模式下。CALE 采用任意拉格朗日-欧拉(ALE)算法,ALE 方法在处理物质点在拉格朗日坐标和欧拉坐标下的网格方面具有很大的灵活性。拉格朗日坐标下物质点和计算网格是一个整体,而在欧拉坐标下,允许网格中的物质点相对于网格运动,所以 CALE 程序在处理各种大变形问题上有很大的优势。但是由于没有商业支持,目前为止,还没有关于该软件进一步应用的报道。

能够完整处理电磁成形电磁-结构-热学模型的有限元软件是 GEM(gridless engine for multiphysics)软件,这种软件采用光顺质点流体动力算法(smooth particle hydrodynamics,SPH)的无网格技术。SPH 算法 1977 年由 Lucy、Gingold 和 Monaghan 发展起来,在天体物理中得到广泛应用。这种算法不采用无网格技术来计算空间导数,用伪粒子插值方法计算质点流体动力算法的变量,因此避免了处理大变形问题时由于网格过度翘曲而产生的计算误差,更容易处理三维计算的问题。这个软件在铝合金冲击焊接、铸造、爆炸冲击下桥梁的塌陷中得到广泛应用,并具用较好的精度,但是在金属塑性成形方面还没有大量应用的实例。Panshikar[19]用 GEM 软件对电磁成形进行了有限元模拟,发现 GEM 软件能够准确地预测 F15 材料的自由胀形轮廓,但是当线圈厚度较大,趋肤深度远小于线圈厚度时,计算的误差较大,另外,关于 GEM 软件原理和数值计算的文献几乎没有。

电磁成形属于高能率成形,和传统加工方法相比最大的优势在于在高速变形条件下,某些材料的塑性远大于低速成形中的塑性,因此很多学者对此现象和高速成形下材料的微观组织进行了研究[20,21]。Gourdin 等[22]对不同材料(铜、锡、铅)的圆环在电磁胀形下放电电流、变形速度进行了研究。研究表明,变形中产生于试件中的热量限制了实际可用的应变速率,以试验中采用的铜环为例,截面为 0.01cm²,当最大应变速率达到 $(27\sim28)\times10^3$ s^{-1},铜环温度达到熔点温度的一半。试验中产生的热量的影响可通过增大试样截面积的办法缓解,但是这必将增大试验和数学求解的困难。最大应变速率随着电阻的增大而单调递减,高电阻率材料的电磁胀形可通过用低电阻率的材料作驱动环来实现。在此基础上,Gourdin 等研究了晶粒尺寸对电磁胀环材料中流动应力的影响。

Hu 等[23]对板料单向动力拉伸和电磁胀环进行了数值模拟,研究了不同的成形速度下材料的成形性能。在较低的成形速度下,材料的延伸率不随速度变化而变化,当变形速度超过某一临界速度,板料单向拉伸的延伸率先是随变形速度的增大而增大,然后当变形速度再增大到某一临界值时材料迅速破裂,这是因为惯性效应可以把变形分配到整个试样上,从而抑制缩颈的发展,增大了材料的延伸率,当超过某一临界值时,材料迅速破裂是因为塑性波不足的传播。由于电磁胀环是在轴对称的成形条件下,没有塑性波的不足传播,所以它的延伸率随成形速度的增加单调递增。这个研究结果表明,在高速成形中,惯性可能是材料成形性能增加的主要原因。Triantafyllidis 等引入热机械耦合模型和 M-K 沟槽理论,发现材料塑性的增强在于材料的速率敏感性[24]。Tamhane 等[25]研究结果表明试样的尺寸和形状强烈影响着材料的高速成形性能。

Ferreira 等[26]对奥氏体不锈钢电磁缩径时的微观组织进行了试验研究,研究表明在高速成形下,接连出现堆垛层错和孪晶结构,并且孪晶的惯习面从一个变成两个,分别为 $(1,\bar{1},1)$ 和 $(1,1,\bar{1})$;随着应变率的增加会相继出现全位错、堆垛层错、孪晶结构,这是因为部分位错在高的应变率下更容易形核,并且由于它们的跳变频率较高,对高的应变率更敏感;由于电磁成形高速变形过程中的绝热增温,抑制了 α-马氏体的形成,ε-马氏体随着应变率的增加而增加。文献[27]也指出高速成形后,试样的位错密度比静态成形的高,晶粒直径比静态成形的小,并且随着变形程度的增加而减小,当变形程度达到一定值时,晶粒的尺寸不再变化。

Imbert 等[28]研究了铝合金板料电磁胀形时,板料和模具相互作用对损伤演化的影响,发现板料有模胀形时材料的成形性能高于自由胀形时的成形性能。在 LSDYNA 中采用 Gurson 本构关系来分析当板料与模具撞击时孔洞体积分数随时间的变化。分析表明,当板料贴膜时,板料经历了弯曲和矫直,这引起复杂的应力状态;撞击模具后板料矫直,在贴近模具的上表面产生压缩弯曲应力(负的静水应力),在下表面板料处于拉伸状态(正的静水应力),这使上表面孔洞体积分数减小,下表面的孔洞体积分数随着变形程度的增加而增加。在自由胀形时,正的静水应力和损伤随着变形的增加而增加,这暗示板料和模具的相互作用引起的应力状态的变化可以抑制损伤的发展,增强了材料的成形性能。

Seth 等[29]对冷轧钢板在高速撞击下的成形性能进行了尝试性研究,试验装置示意图如图 4-4 所示,冲头形状分为两类:轴对称(弹头形状)和楔形,试验中采用

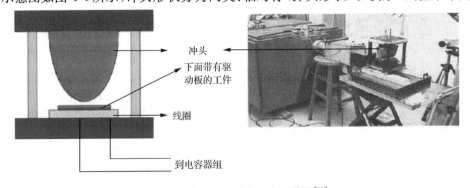

图 4-4　试验装置示意图和工装图[29]

经过不同的热处理工序的低成本的低碳钢和低合金钢,工件在电磁力的驱动下与冲头高速撞击。

　　试验表明,最大成形速度几乎和放电能量成正比,当冲头形状为楔形时,试样基本呈平面应变状态,冲头形状为弹头形状时,试样处于双等拉应变状态。5 种试样在高速撞击下的断裂应变如图 4-5 所示。尽管在准静态成形下,这些试样具用不同的断裂应变,但是在高速撞击下,可获得的最大应变几乎没有很大的区别,5 号试样在常规成形下的断裂应变为 25.6%,在高速下具有更高的断裂应变,但仍处于其他试样的应变点分布范围之内,这表明常规成形条件下的材料的成形性能对其高速撞击下的成形性能影响不大。

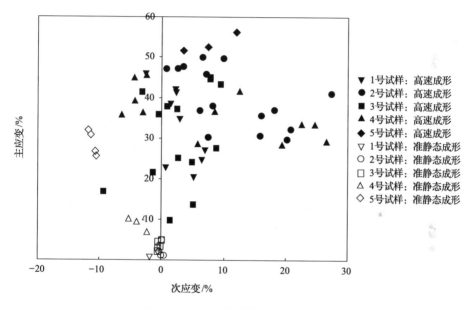

图 4-5　不同试样的断裂应变分布[29]

　　电磁成形的理论研究涉及电磁学、塑性动力学、热力学等学科的内容,并且这些学科在成形过程中相互作用、相互影响,形成动态的实时耦合,因此电磁成形理论研究变得非常困难复杂[30-35]。先前很多学者对电磁成形进行了理论研究,其中大多采用解析的方法计算磁压力,然后把所得的磁压力用于高速变形分析中。用解析计算的方法来研究电磁场,无法准确完整地描述磁压力的时空分布,也就不能准确地计算高速成形过程,只能作为电磁成形过程的一个近似估算。对电磁成形进行准确的数值模拟,对有效的设计加工系统,确定系统参量,指导工艺试验具有重要意义。本章基于 ANSYS/EMAG 和 ANSYS/LSDYNA 模块分别研究电磁成形中的电磁场和结构场,系统分析成形系统的参数对电磁成形的影响。

4.2　直螺线管线圈电磁胀形的数值模拟

4.2.1　模拟结果分析

1. 电磁场模拟结果分析

电磁胀形区别于传统工艺的一个重要特点就是所受磁场力为体积力,管坯中部径向磁场力在管坯壁厚内表面、中部、外表面的分布如图 4-6 所示,径向磁场力由里到外峰值逐渐衰减,到达峰值的时间依次增大分别为 $39\mu s$、$50\mu s$、$57\mu s$,这是由于感生电流的趋肤效应所致。由于电流的趋肤效应,感生电流在管坯中不均匀分布,靠近线圈的内表面峰值最大,从里到外逐渐衰减。

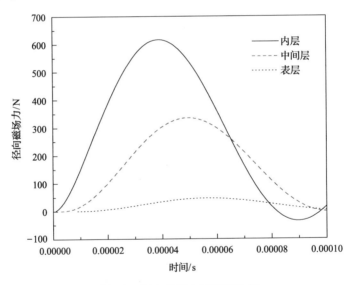

图 4-6　径向磁场力沿厚度分布

由于磁场力沿厚度方向不均匀分布,不易对同一高度的磁场力进行分析。本书通过 ANSYS 参量化设计语言 APDL 编写程序把管坯上同一高度的磁场力沿厚度方向叠加并转化为等效磁压力,今后如无特殊声明,本书中所提磁压力均指这种等效磁压力。

管坯与线圈均为 100mm 时的径向磁压力和轴向磁压力时空分布如图 4-7 所示(其中 x 轴为时间坐标,y 轴为管坯长度方向,原点在管坯中心,轴向磁压力沿图 4-7 中 y 轴的正向为负,反向为正,以下各节均同),磁压力随时间先增大而后减小,磁压力在管坯上不均匀分布,径向磁压力中部区域分布均匀,端部磁压力小于中部磁压力,轴向磁压力仅作用于管坯的端部附近且上端部为正,下端部为负,在管坯中部区域轴向磁压力为零,管坯端部承受轴向压缩的磁压力。

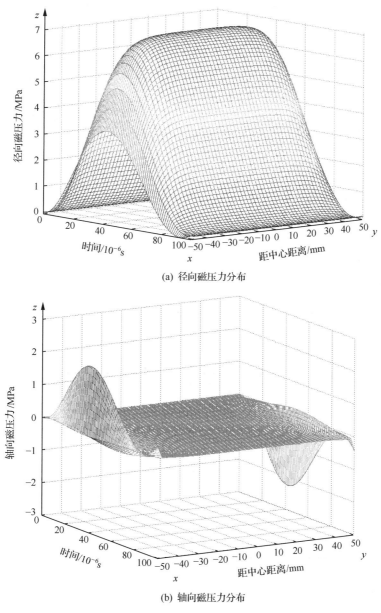

(a) 径向磁压力分布

(b) 轴向磁压力分布

图 4-7 磁压力时空分布

取图 4-7(a) 的 x-z 平面,也就是时间-磁压力平面可得管坯端部和中部的径向磁压力与时间的关系曲线,把二者和放电电流密度时间曲线绘制于图 4-8 中。由图 4-8 可知端部磁压力和中部磁压力到达峰值的时间均小于放电电流达到峰值的时间,这是由于管坯上的磁场是由线圈和管坯产生的磁场叠加产生的。管坯端部径向磁压力的周期略小于中部磁压力,这是因为管坯端部的磁力线不平行于管坯的长度方向,磁压力具有径向和轴向分量,从而使端部径向磁压力的周期发生变化。由图 4-7(a)可知径向磁压力沿管坯不均匀分布,端部磁压力和中部磁压力的差别最大,为了表征这种不均匀性,定义磁压力分布不均匀函数 $S(t,L)$,它是管坯端部径向磁压力与中部径向磁压力的比值,是时间与管坯长度的函数,在管坯100mm 时,其与时间的关系曲线如图 4-9 所示。从图 4-9 中可以看出,端部径向磁

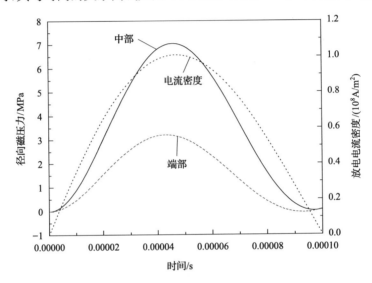

图 4-8　放电电流密度、端部与中部径向磁压力曲线

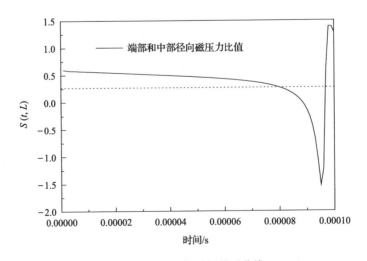

图 4-9　$S(t,L)$ 与时间关系曲线

压力与中部径向磁压力的比值随时间不断变化,0~88μs 期间 $S(t,L)$ 随时间逐渐减小;88~97μs 期间,端部磁压力为负,$S(t,L)$ 的绝对值先增大而后减小;97~100μs 期间端部磁压力进入下一周期,其值为正,随时间增大,本书取放电电流达到峰值时刻的 $S(t,L)$ 值 S 作为径向磁压力分布不均匀系数。S 为 1 时磁压力分布均匀;小于 1 时,其值越小分布越不均匀;大于 1 时,其值越大分布越不均匀。

2. 结构场模拟结果分析

管坯中部的径向磁压力、位移、速度曲线如图 4-10 所示。由图 4-10 可知,管坯中部的径向位移滞后于磁压力,在 50μs 时管坯中部才有较为明显的径向位移(0.5mm),在 127μs 时塑性变形结束,管坯进入相继弹性阶段,也就是弹性卸载阶段。变形开始时的速度为 0.5m/s,在 70μs 时达到最大值 47.43m/s,在这段期间,磁压力所做的功一部分转化为塑性变形能,一部分转化为工件的动能;随后的时间段内(70~96μs),磁压力所做的功和动能共同转化为工件的塑性变形能;在 96~127μs,管坯仅依靠惯性(动能)维持塑性变形。管坯在 50μs、70μs、90μs、130μs 时刻的轮廓如图 4-11 所示,在 50μs 时,管坯的变形量很小;在 90μs 以后变形主要集中于管坯的中部,端部基本不变形,变形后的最终轮廓两端小中部大,这与径向磁压力的分布趋势相同,与轴向磁压力的分布状况关系不大。

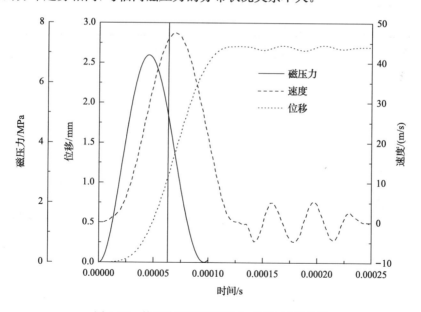

图 4-10　管坯中部径向磁压力、位移、速度曲线

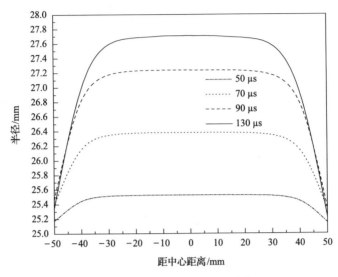

图 4-11　管坯在不同时刻的轮廓

　　管坯中部的主应变随时间演化如图 4-12 所示,随着时间的增加,三个主应变的绝对值增加,变形结束时管坯中部的轴向应变很小,周向应变和厚向应变大致相等,管坯中部处于近平面应变状态。变形后的周向应变和厚度分布如图 4-13 所示,管坯中部的周向应变大于管坯端部,从中部到端部分层递减,这是因为径向磁压力从中部到端部逐渐减少,导致径向变形从中部到端部逐渐减小,周向应变因此呈相同的分布趋势;厚度从中部到端部分层逐渐减少,在管坯中部壁厚的减薄率最大。

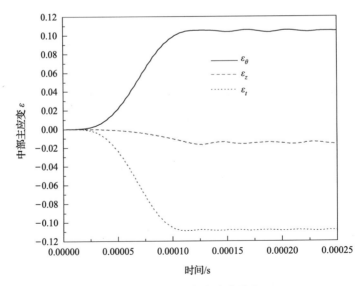

图 4-12　管坯中部主应变分布

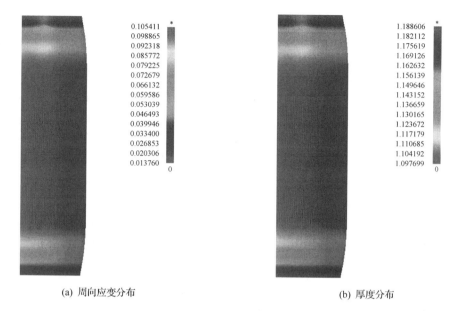

(a) 周向应变分布　　　　　　　　　　　　(b) 厚度分布

图 4-13　周向应变和厚度分布

4.2.2　工艺参数对电磁胀形的影响

本节在 4.2.1 节的基础上,进一步分析工艺参数对电磁胀形的影响,这对了解电磁成形的影响因素,寻求电磁胀形的最佳工艺参数确定最佳的试验方案具有指导意义。

1. 放电电压对电磁胀形的影响

当成形系统参数确定以后,改变放电电压可以改变放电电流进而改变磁压力的幅值,不会影响磁压力的时空分布趋势,磁压力名义幅值近似与放电电压的平方成正比,不同电压下的管坯中部磁压力和径向位移如图 4-14、图 4-15 所示。随着放电电压的增加,管坯中部位移和速度增大,径向位移和速度从 2.4kV 时的 1.6mm、31.8m/s 升至 2.9kV 时的 4.1mm、64.5m/s。随着放电电压的增大,磁压力脉冲结束后的变形在整个成形过程中的比重增大,也就是"惯性成形"的比重加大,放电电压为 2.4kV 时,磁压力结束后,管坯的塑性变形基本完成,放电电压为 2.9kV 时,磁压力作用后管坯仍然继续变形,"惯性成形"的比重增至 17.11%。

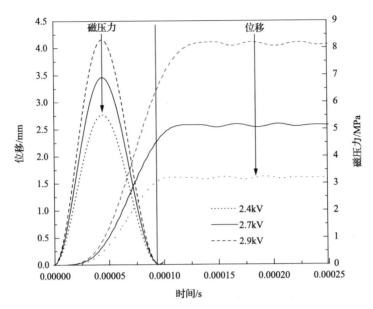

图 4-14 不同电压下的位移和磁压力

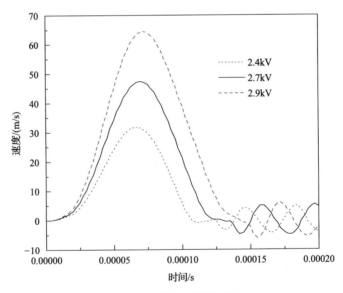

图 4-15 不同电压下的速度

2. 放电频率对电磁胀形的影响

放电能量一定的情况下,放电电流峰值时管坯中部的磁压力与频率关系、磁压力分布不均匀性系数 S 和频率的关系曲线如图 4-16 所示,随着放电频率的增加,

磁压力和 S 开始迅速增大,然后趋于稳定,这是因为当放电频率较低时,趋肤深度较大,磁场在管坯端部、中部均有大量渗透,所以磁压力很小,线圈的端部效应增强,磁压力在管坯中部和端部的分布的不均匀性增加;随着放电频率增加,趋肤深度减小,磁场在管坯中的渗透减弱,因此磁压力增大,同时线圈的端部效应减弱,因此磁场在管坯端部和中部分布的不均匀性减小;当放电频率很高(大于等于30kHz 时),磁场基本集中于线圈和管坯的间隙中,仅在端部有少量发散,因此磁压力和磁压力分布不均匀性系数 S 趋于稳定。

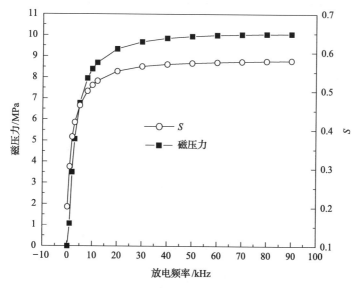

图 4-16　磁压力、S 与放电频率关系曲线

在放电能量一定的情况下,不同频率下的位移和变形中的最大速度如图 4-17 所示,随着放电频率的增加,位移和速度先增加而后减少,频率为 4kHz 时位移最大为 2.83mm,频率 5kHz 时的速度最大为 45.8m/s,从变形的效果看 4kHz 为最佳的放电频率。放电频率对成形过程的影响是复杂的,随着频率的增加,磁压力增加,但力作用时间减小,二者相互作用使"磁冲量"在最优频率下存在一个最大值,在这个频率下管坯获得的平均动能最大,因此转化成为塑性变形能的量也就越大。假定材料为刚塑形材料,"磁冲量"的示意图如图 4-18 所示,其中阴影区的面积为"有用磁冲量"的大小,对阴影区离散成若干个小区域采用梯形积分公式得到不同频率下的"有用磁冲量"的值,其与频率的关系如图 4-19 所示,可知在 4kHz 时,"有用磁冲量"最大,因此径向位移最大。频率为 3kHz,9kHz 时的磁压力和径向位移如图 4-20 所示,可见放电能量一定的情况下随着频率的增加,"惯性成形"的比重增大。综上所述,增大放电能量和放电频率可较大幅度提高"惯性成形"在电磁成形中的比重。

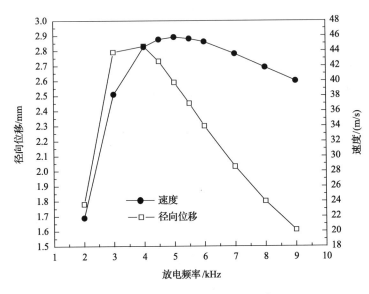

图 4-17 不同频率下的位移、速度

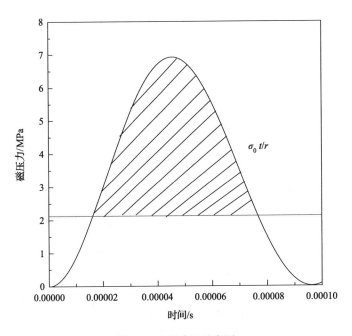

图 4-18 磁冲量示意图

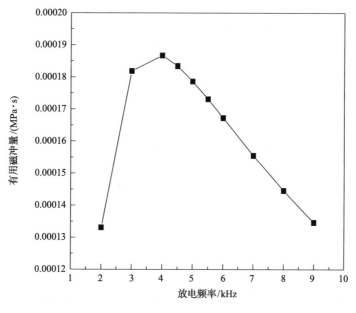

图 4-19　有用磁冲量

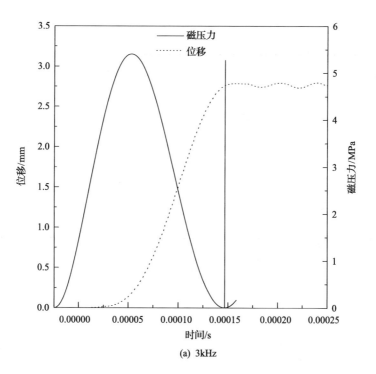

(a) 3kHz

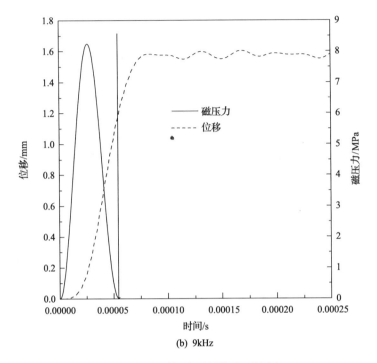

(b) 9kHz

图 4-20　不同频率下的位移、磁压力

　　放电频率对电磁成形的影响比较复杂,本书所做的研究是在频率不高的情况且只研究第一半波的情况下进行的。频率过高成形电路中的阻抗和感抗也会发生变化,从而使电路中的电流发生变化,影响工件的成形。目前 Cui 等[33]对放电电流第二半波对电磁成形的影响进行研究,指出在较高频率的时候放电电流第二波对电磁成形有较大的影响。Otin[34]把电磁成形时变电路简化为谐波电路并在忽略工件变形的条件下对放电最优放电频率的求法进行了说明,计算公式繁杂,不利于工程应用。

　　3. 管坯长度对电磁胀形的影响

　　线圈长度不变,改变管坯的长度,励磁载荷和边界条件不变,建立有限元模型。管坯长度为 80mm、140mm 时磁压力的时空分布如图 4-21、图 4-22 所示,管坯长度为 100mm 时磁压力的时空分布如图 4-7 所示。当管坯长度为 80mm、100mm 时,管坯端部承受轴向压缩力,其值最大,然后迅速减小,管坯中部的轴向磁压力为 0;当管坯长度为 140mm 时,在与线圈等高处承受轴向拉伸力其值最大,向邻近区域逐渐减小,管坯中部和端部的轴向磁压力为 0。轴向磁压力的这种分布特性是由磁力线的分布确定的,当管坯长度为 80mm、100mm 时,在管坯端部磁力线不平行

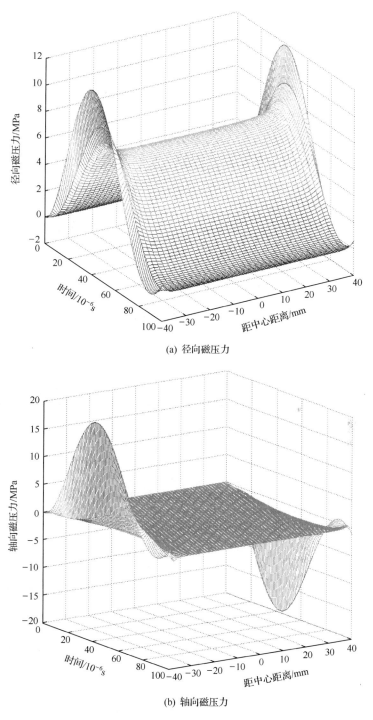

(a) 径向磁压力

(b) 轴向磁压力

图 4-21　管坯长度为 80mm 时的磁压力的时空分布

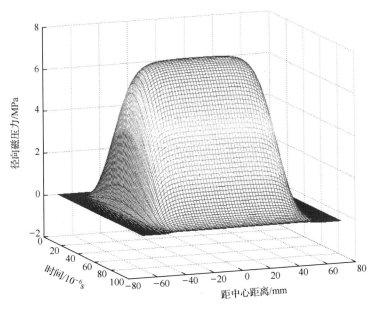

(a) 径向磁压力

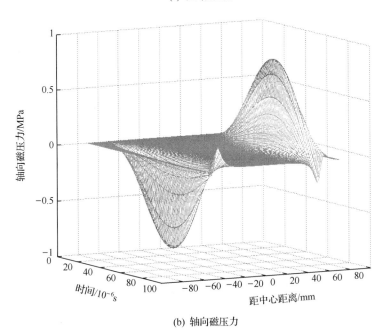

(b) 轴向磁压力

图 4-22 管坯长度为 140mm 时磁压力的时空分布

于管坯长度方向,磁感应强度具有径向分量,而在其他区域磁力线与管坯平行,磁感应强度不具有径向分量,因此管坯端部的轴向磁压力最大;与此类似,当管坯长度为 140mm 时,在与线圈等高处磁感应强度的径向分量很大,此处的轴向磁压力最大。当管坯长度为 80mm 时,径向磁压力在管坯端部最大,然后迅速减小,在管坯中部径向磁压力分布均匀;当管坯长度为 100mm、140mm 时,管坯端部径向磁压力最小,中部径向磁压力最大,中部径向磁压力分布均匀。当线圈长度小于等于管坯长度时端部磁力线的密度小于管坯中部,因此径向磁压力在管坯端部最大,在中部最小;当管坯长度小于线圈长度时,磁力线在管坯端部大量发散,端部的磁力线密度大于中部,因此径向磁压力在管坯端部最大,中部最小。

　　磁压力分布不均匀系数 S 与管坯相对长度的关系如图 4-23 的实线所示,图 4-23 中,相对长度 l 由管坯长度和线圈长度之比获得。临界点 A 处的 S 值趋近 1(S 为 0.989 本书取为临界点),磁压力分布均匀,此处对应的相对长度约 0.92。临界点右侧,随着相对长度的增加 S 趋近 0;临界点左侧,随着相对长度的减小,S 值首先增大,然后逐渐减小,把实线向原点外延,如图中虚线所示,随着相对长度的进一步减小趋近 0,S 趋近 1,径向磁压力的分布变得相对较为均匀。根据 S 值的不同可将图划为 S_1、S_2 两个区间,相对长度位于 S_1 区间,端部径向磁压力大于中部径向磁压力;相对长度位于 S_2 区间,端部径向磁压力小于中部径向磁压力。

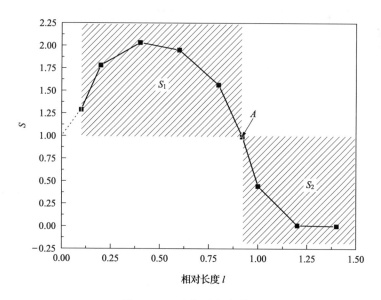

图 4-23　S 和相对长度关系

长度为 80mm、100mm、140mm 的管坯变形后的轮廓如图 4-24 所示,当管坯长度大于等于线圈长度(100mm)时,管坯端部的变形小于中部变形,当管坯长度小于线圈长度时,管坯端部的变形大于中部。这是由于管坯和线圈的相对长度不同,所受磁压力不同。管坯长 100mm、140mm,相对长度分别为 1.0、1.4,在图 4-23 中的位于 S_2 区间,端部径向磁压力小于中部径向磁压力;管坯长 80mm,相对长度为 0.8 位于 S_1 区间,端部径向磁压力大于中部径向磁压力。由图 4-24 还可以看出管坯相对长度位于 S_2 区间,轴向磁压力对变形几乎没有影响;当管坯相对长度位于 S_1 区间,轴向磁压力对变形的影响较大,不考虑轴向磁压力时,80mm 管坯端部的径向位移为 4.6mm,实际端部位移 4.01mm,相对误差为 13%,可见忽略轴向磁压力的影响将引起较大的计算误差。以 80mm 管坯为例,轴向磁压力对管坯端部和中部周向、轴向应变比的影响如图 4-25 所示,轴向磁压力使轴向应变增大,促使管坯应变状态向单拉状态靠近。

当管坯的相对长度为 0.92 时磁压力分布较均匀,变形后不同时刻的管件轮廓如图 4-26 所示,管坯整体同步变形,变形后最大径向位移 2.82mm,最小位移 2.72mm,最大相对差值 3.76%,管坯基本均匀胀形。变形后的管件各主应变沿管坯分布如图 4-27 所示,轴向应变很小,管坯周向主应变的增加主要靠管坯壁厚的减薄来实现,管坯整体处于近平面应变状态。

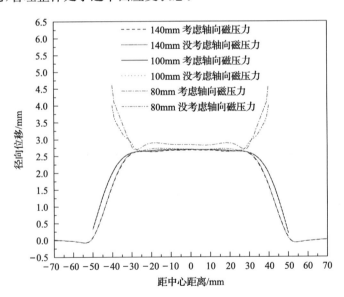

图 4-24　不同长度管坯各点的径向位移

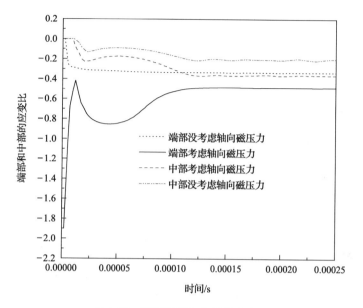

图 4-25　管坯端部和中部的应变比

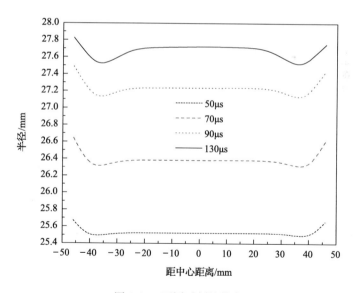

图 4-26　不同时刻的轮廓

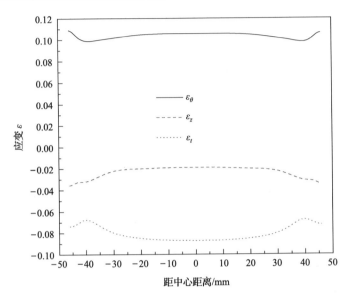

图 4-27　主应变分布

4. 线圈长度对电磁胀形的影响

线圈长度分别为 100mm、80mm、50mm,放电电流峰值时径向磁压力分布如图 4-28 所示,同时改变线圈和管坯长度使线圈与管坯等长,管坯端部的径向磁压力都小于管坯中部的径向磁压力,磁压力分布不均匀,磁压力分布趋势与线圈长 100mm 时类似。磁压力分布不均匀系数 S 与线圈长度关系如图 4-29 所示,随着

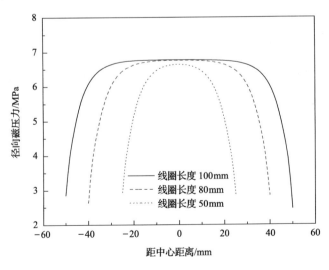

图 4-28　放电电流峰值时的径向磁压力

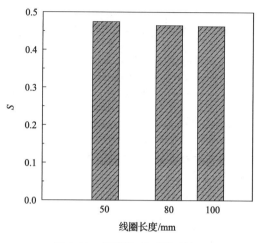

图 4-29　线圈长度不同时的 S

线圈长度的减小，S 值略有增大，因此从管坯端部到中部单位长度上的 S 值增大，这意味着随线圈长度的减小磁压力不均匀分布的梯度增大，因此磁压力沿管坯分布变得"陡峭"起来，如图 4-28 所示。

线圈长度不同时变形后的管坯轮廓如图 4-30 所示，随着线圈长度的减小，管坯中部均匀变形的长度减小，最大径向位移几乎没变，变形梯度增大，变形后的管坯轮廓由两端小、中间大且中部较为平直，变为变形梯度较大中部呈圆弧形状分布的形式，这与磁压力的分布趋势相同。

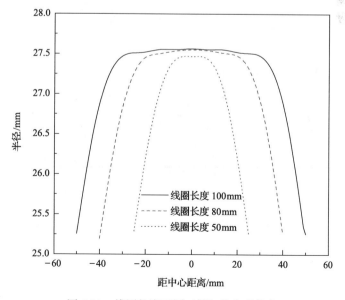

图 4-30　线圈长度不同时管坯的变形轮廓

由前面分析可知,线圈长为 100mm 时,均匀变形的临界相对长度为 0.92,这个相对长度值在线圈长度变化时也随之改变,其与线圈长度的关系如图 4-31 所示,随着线圈长度的增加,临界相对长度增加,线圈长 50mm、80mm、100mm、160mm 时,对应的管坯临界相对长度值分别为 0.84、0.9、0.92、0.95。这是因为当管坯和线圈等长时,磁场主要集中在管坯和线圈的间隙中,由于线圈的端部效应使磁场在管坯端部发散,管坯端部的磁压力小于中部磁压力;当管坯长度小于线圈长度时,磁场在管坯端部大量发散,磁场不局限于线圈和管坯的间隙里。管坯端部的磁场密度大于管坯中部的磁场密度,因此管坯端部磁压力大于中部磁压力;这两个对管坯端部磁场弱化、强化的因素存在一个相对平衡点,就是临界相对长度,随着线圈长度的增加,线圈端部长度在整个线圈中的比例下降,因此这个相对长度值随着线圈长度的增加而增加,当线圈趋近无限长时,临界相对长度就趋近于 1。根据这四个长度的线圈的临界相对长度,采用三次多项式拟和可得公式

$$L_c = 0.61 + 6.725x - 48.75x^2 + 125x^3 \tag{4-3}$$

式中,$0.05 < x < 0.16$,x 为线圈长度,单位为 m。这样就可根据式(4-3)计算不同长度的线圈的临界相对长度,在临界相对长度下,管坯所受磁压力相对均匀,变形也相对均匀,放电电压只影响磁压力的幅值,因此不同电压下临界相对长度不变,临界相对长度对胀管类连接和校形工艺试验具有重要的指导意义。

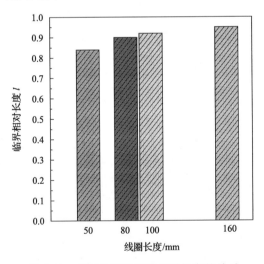

图 4-31　线圈长度和临界相对长度的关系

5. 线圈与管坯相对位置对电磁胀形的影响

管坯和线圈的相对位置是指管坯与线圈等长,管坯上端部距线圈上端部距离 d,示意图如图 4-32 所示。

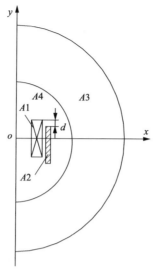

图 4-32　相对位置示意图

相对位置 10mm 时磁压力的时空分布如图 4-33 所示，径向磁压力在管坯上端部最大，然后向邻近区域迅速减小，管坯中部磁压力均匀分布，管坯下端部径向磁压力基本为零；轴向磁压力在管坯上端部绝对值最大，其值为负，管坯上端部受轴向压缩力，其他区域磁压力很小，基本为零（在距管坯下端部 10mm 处，轴向磁压力的绝对值略有增大）。对比图 4-33 和图 4-7 可知，在相对位置 0～10mm 存在一个临界位置使上端部的径向磁压力和中部区域的径向磁压力近似相同。

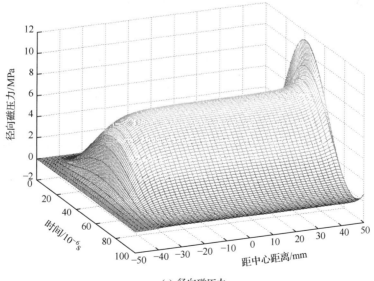

(a) 径向磁压力

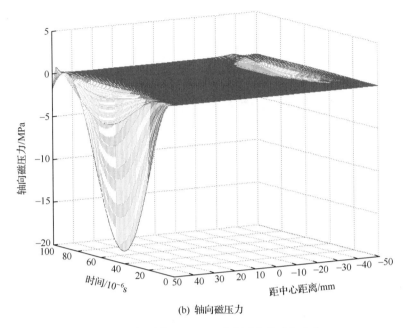

(b) 轴向磁压力

图 4-33　相对位置 10mm 时磁压力的时空分布

相对位置为 0mm、2mm、4mm、10mm 时,变形后管坯的轮廓如图 4-34 所示,当相对位置为 0 时,变形后的管坯轮廓两头小,中间大关于管坯长度中心对称,中

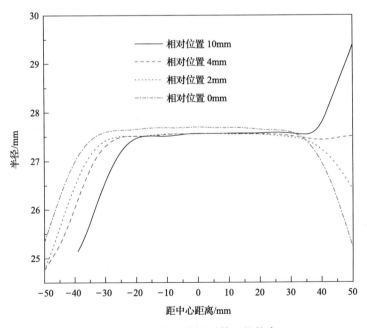

图 4-34　不同相对位置时管坯的轮廓

部较为平直;当相对位置为 2mm 时,中部变形最大且较为平直,上端部变形大于下端部而小于中部,端部变形关于长度中心不对称;当相对位置为 4mm 时(临界位置),管坯中上部的磁压力分布较为均匀,中上部变形最大且变形较为均匀,变形后的管坯中上部平直分布,下端部基本不变形;当相对位置为 10mm 时,管坯上端部变形最大,中部变形均匀,下端部变形最小,变形后的管坯呈上端部翻边中部平直的形状。

管坯上端部径向磁压力与管坯相对位置的关系如图 4-35 所示,随着相对位置的增加,径向磁压力增大,当相对位置大于等于 30mm 时,径向磁压力趋于稳定,因此相对位置 30～50mm 处为管坯电磁翻边的最佳位置。

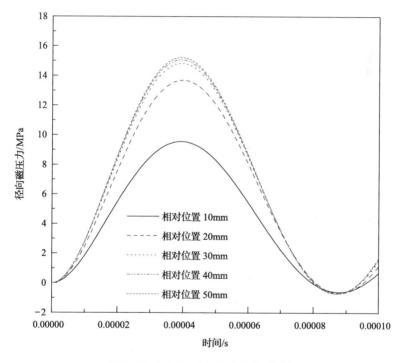

图 4-35　不同相对位置的径向磁压力

4.3　异型线圈电磁胀形分析

用电磁成形工艺成形工件,指导工艺试验一个很重要的方面就是磁压力的分布形式与待成形工件是否匹配,如平板线圈成形工件时,常常会使对应线圈中心部分的板料出现冲压不足的情况,实际上平板线圈加工时常常采用驱动块和弹性传压介质来改善这种状况,这也可通过改变线圈结构来实现[32,33]。通过改变线圈的结构,可以控制磁压力的分布,进而控制毛坯的变形分布。本节采用松散耦合的方法,研究了阶梯线圈、组合线圈(两个串联线圈)的电磁成形过程,分析了结构参数对电磁胀形的影响,这对研究线圈结构对磁压力分布的影响,进而实现电磁无模成形具有重要意义。

4.3.1　阶梯形线圈电磁胀形的数值模拟

阶梯形线圈的不同位置与管坯的间隙不同,因此磁压力的分布也随之变化。为论述方便,根据阶梯线圈与对应管坯的不同间隙,可将线圈-管坯系统大致划分为小径区、过渡区和大径区三部分,划分示意图如图 4-36 所示。

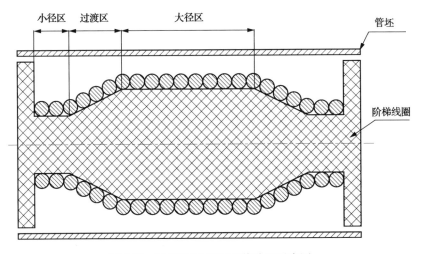

图 4-36　阶梯线圈-管坯系统分区示意图

阶梯线圈 EC4 电磁胀形时,管坯上磁压力的时空分布如图 4-37 所示,磁压力达到峰值的时间小于放电电流达到峰值的时间,周期小于放电电流第一波的时间;径向磁压力在大径区最大,在过渡区迅速减小,小径区的磁压力很小;轴向磁压力在大径区和过渡区交界处最大,向邻近的区域递减,在小径区和大径区的中部轴向磁压力为零,这与管坯长度大于线圈长度的直螺线管线圈胀形时磁压力的分布情况类似。

从图 4-37 还可以看出,径向磁压力峰值时,磁压力的最大值出现在大径区两端附近,磁压力呈"驼峰"状分布,取不同时刻的 y-z 平面,可得图 4-38,径向磁压力在 71μs 时达到最大值,小于放电电流达到峰值的时间(122μs)。

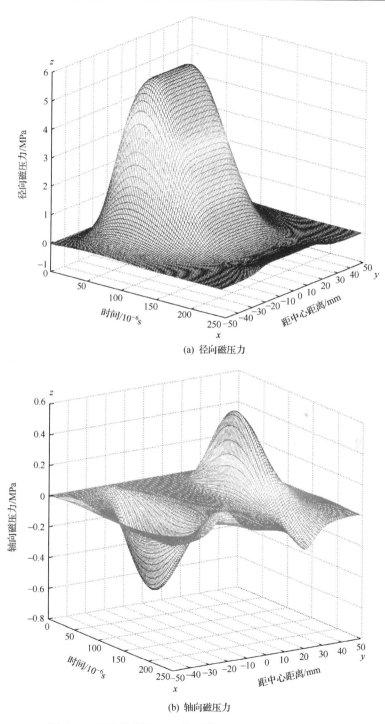

(a) 径向磁压力

(b) 轴向磁压力

图 4-37　用阶梯线圈 EC4 胀形管坯上磁压力的时空分布

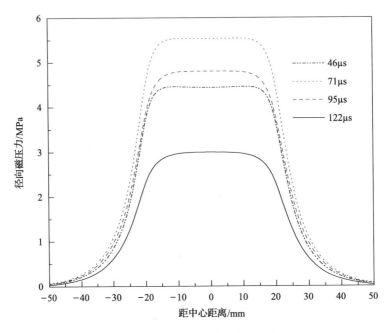

图 4-38　不同时刻的径向磁压力

大径区(管坯中部)、过渡区(距管坯中部 25mm)、小径区(距管坯中部 40mm)的径向位移、速度曲线如图 4-39 所示。大径区的变形最大,最大径向位移为 4.2mm,最大变形速度为 45.73m/s;过渡区的变形较小,小径区没有明显的塑性变形。变形后的各主应变分布如图 4-40 所示,大径区的周向、轴向、厚向主应变绝对值最大,且轴向应变相对较小,周向主应变与厚向主应变绝对值大致相同,管坯中部处于近平面应变状态;过渡区的各主应变都较小,这与径向磁压力的分布趋势类似。

以下分析结构参数对电磁胀形的影响。阶梯线圈结构如图 4-36 所示,阶梯线圈的结构参数主要有相对直径 $\dfrac{D2}{D1}$ (小径区直径和大径区直径的比值)、相对长度 $\dfrac{L_1}{70}$ (L_1 为大径区长度,70 为整个线圈的长度),线圈结构的变化,会影响磁压力的分布进而影响管坯的变形,因此研究相对直径、相对长度对管坯电磁胀形的影响,对进一步研究电磁无模胀形具有重要意义。

1. 相对直径对电磁胀形的影响

选用 EC1、EC2、EC3 线圈,相对直径分别为 16/36、26/36、32/36,相对长度均为 30/70,模拟得到管坯所受径向磁压力在放电电流峰值时刻的分布如图 4-41 所示。大径区的磁压力基本相等,管坯中部的磁压力均匀分布,在大径区与过渡区交

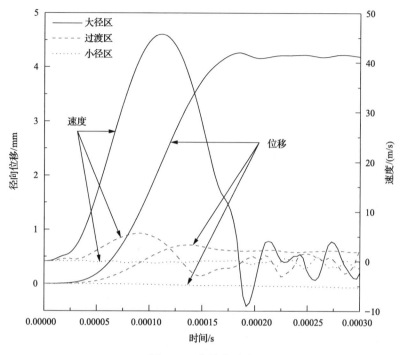

图 4-39　位移和速度

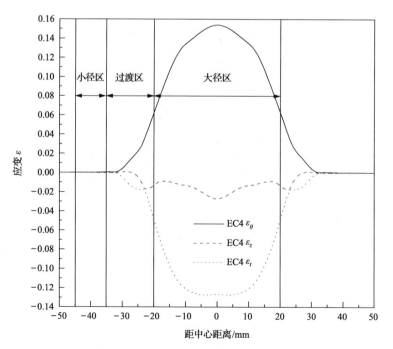

图 4-40　主应变分布

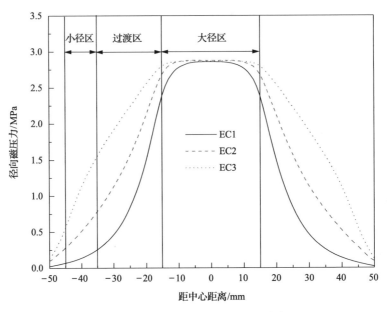

图 4-41　不同相对直径下磁压力分布

界处,磁压力略有下降,随着相对直径的增加,磁压力均匀分布区的长度趋近大径区的长度,且在大径区临近过渡区处出现磁压力的极值,大径区磁压力略呈"驼峰"状分布;在过渡区磁压力随着相对直径的增加而增加,且磁压力分布的梯度变缓;小径区的磁压力随相对直径的增加而增加,磁压力的分布梯度增大。这是因为随着相对直径的增加,小径区线圈和管坯的间隙减小,因此小径区的磁压力增大,大径区的磁压力基本不变,过渡区的磁压力梯度减缓;小径区临近管坯端部的磁压力略有增加,但仍很小,小径区的磁压力分布梯度增大;随着相对直径的增加,过渡区和小径区线圈与管坯的间隙减小,过渡区线圈结构变化梯度减小,此处磁力线分布的空间变小,在过渡区磁力线弯曲现象减弱,因此在大径区与过渡区临近的地方磁力线基本与线圈轮廓平行,磁力线在此汇聚,出现极值,且磁压力均匀分布区的长度趋近大径区的长度。磁通密度方向为磁力线切向方向,相对直径为 16/36、32/36 时的磁通密度分布如图 4-42 所示。

变形后的工件仿真图如图 4-43 所示,从左到右依次为采用 EC1、EC2、EC3 阶梯线圈。不同相对直径下管坯的径向位移分布如图 4-44 所示,大径区的变形最大,且分布相对均匀,小径区几乎没有明显的塑性变形。随着相对直径的增加,管坯中部均匀变形区增加,当相对直径为 32/36 时,大径区的径向位移分布呈较为明显的"驼峰"状分布,过渡区的变形随着相对直径的增加而增大,变形梯度略有增大;小径区基本不发生塑性变形,当相对直径为 32/36 时,小径区临近过渡区处才有很小的变形,径向位移的分布与磁压力的分布趋势基本相同。

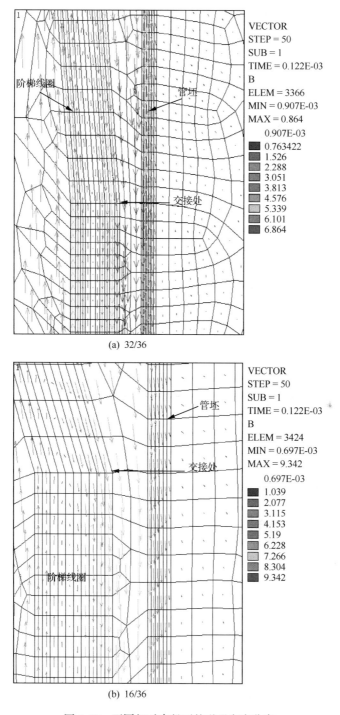

图 4-42　不同相对直径下的磁通密度分布

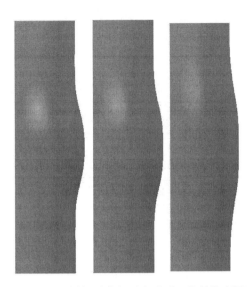

图 4-43　不同相对直径下变形后工件的仿真图

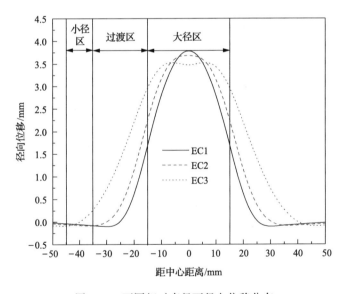

图 4-44　不同相对直径下径向位移分布

2. 相对长度对电磁胀形的影响

阶梯形线圈选用 EC5、EC1、EC4,相对长度分别为 20/70、30/70、40/70,相对直径均为 16/36,模拟得到管坯所受径向磁压力如图 4-45 所示。由图 4-45 可知,小径区的磁压力基本不变,大径区中部的磁压力分布较均匀,均匀分布区的长度小于大径区的长度,大径区临近过渡区处磁压力略有下降。随着相对长度的增加,大径区的磁压力增大,过渡区的磁压力分布梯度增大,这是因为线圈相对长度越大,线圈电感越大,磁场能越大,同时管坯上的强感应电流区越长,感应电流的作用也越强,即产生的磁场越强,感应电流产生的磁场与线圈产生的磁场线性叠加,使作用于线圈、管坯之间的磁场大大加强,从而使管坯受到的磁压力也增大[30]。相对长度越大,过渡区越小,而管坯小径区磁压力又基本不变,因而管坯过渡区的磁压力梯度增大。

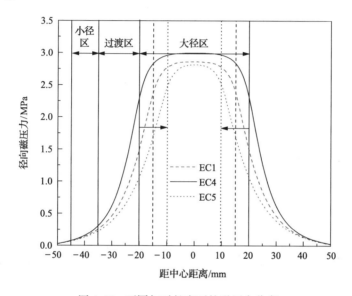

图 4-45 不同相对长度下的磁压力分布

不同相对长度下变形工件的仿真图如图 4-46 所示,从左到右依次为 EC5、EC1、EC4,径向位移分布如图 4-47 所示,小径区基本不变形,管坯中部的变形最大。随着相对长度的增加,管坯中部的径向位移增大,且大径区变形分布相对均匀区的长度增加,均匀变形区的长度小于磁压力均匀分布区的长度,大径区的变形轮廓由"鼓"状逐渐变为"纺锤"状,过渡区的变形梯度略有增大。

4.3.2 组合线圈电磁胀形的数值模拟

上面和 4.2 节详细讨论了各个因素对单个线圈电磁胀形的影响,实际上,对于在复杂成形的条件下可能需要同时运用多个线圈成形。本节对线圈匝数、线圈间距两个结构参数对组合线圈电磁胀形的影响规律进行了初步研究。

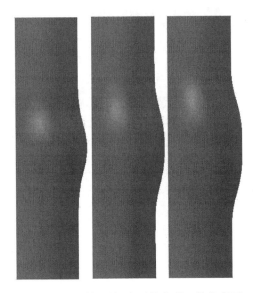

图 4-46　不同相对长度下的变形工件仿真图

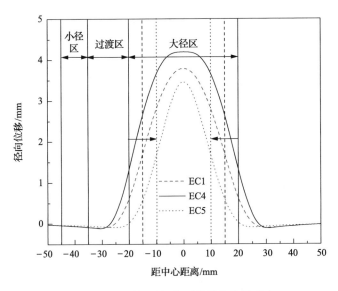

图 4-47　不同相对长度下的径向位移分布

1. 线圈模型

组合线圈电磁胀形示意图如图 4-48 所示，线圈与管坯的间隙为 0.5mm，单个线圈匝数与尺寸关系如表 4-1 所示。

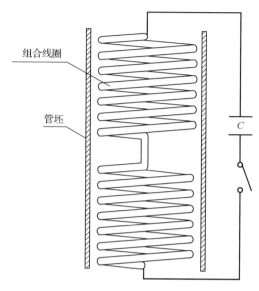

图 4-48　组合线圈成形示意图

表 4-1　线圈匝数与长度关系

单个线圈匝数	9	12	15	18
单个线圈长度/mm	30	40	50	60

2. 模拟结果分析

单个线圈匝数为 15,相距为 4mm 时,模拟得到作用在管坯上磁压力的时空分布如图 4-49 所示,径向磁压力出现两个峰值,最大值分别对应于相应线圈的中部附近,轴向磁压力出现两个正的峰值、两个负的峰值,峰值出现在线圈和管坯分离处,对应于线圈上端部的位置轴向磁压力为正,对应于线圈下端部的位置轴向磁压力为负,管坯整体承受轴向拉伸的磁压力。径向磁压力在管坯中部较小且均匀分布,这是由于管坯中部远离线圈中部,所以径向磁压力小于径向磁压力的最大值,由于两个线圈相距较近,磁场在这里叠加使磁压力分布均匀。

为了清晰地看出线圈相邻部分磁场的叠加效果,把管坯中部 o 点和它的对称点即距第一个线圈上端部 2mm 处的 o' 点(对称点定义示意图如图 4-50 所示,线圈间距 d,此处为 4mm)处径向磁压力绘于图 4-51 中,由图 4-51 可见,管坯中部的径向磁压力大于其对称点处的磁压力,且达到峰值的时间略有滞后,由于磁场基本集中在线圈和管坯的间隙中,管坯中部的磁场强度很小,所以叠加后的磁压力仍小于最大径向磁压力。

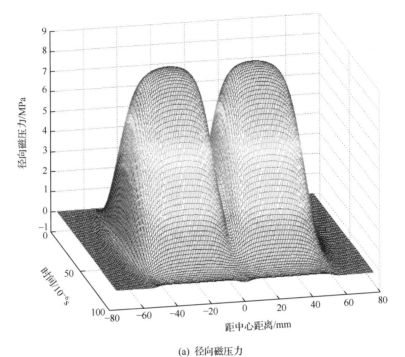

(a) 径向磁压力

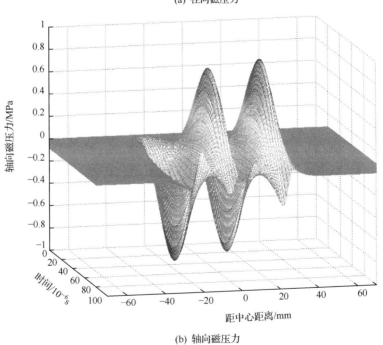

(b) 轴向磁压力

图 4-49　组合线圈磁压力时空分布图

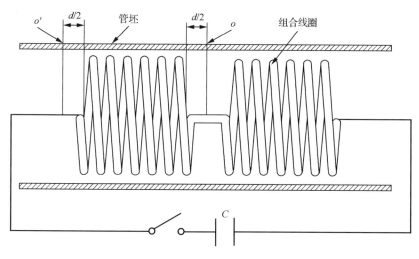

图 4-50　管坯中部关于线圈对称点示意图

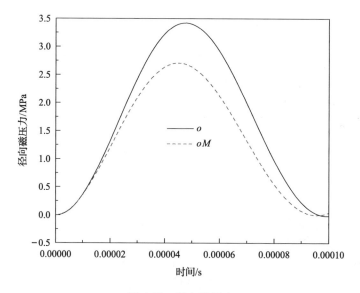

图 4-51　径向磁压力

　　放电电流峰值时刻的径向磁压力和胀形后管坯径向位移分布如图 4-52 所示，变形后管坯径向位移分布呈相连的山峰形状，距管坯中部 26mm 处的径向位移最大，这与磁压力的分布趋势一致，径向磁压力的最大值并没有出现在距管坯中部 27mm 处（对应于单个线圈中部），这说明当线圈间距较小时，两个线圈产生的磁场相互影响，使最大磁压力略向管坯中部偏移，所以管坯中部 o 点的径向位移大于对称点 o' 点的径向位移。

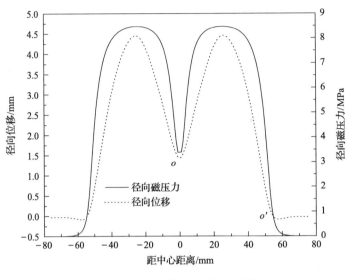

图 4-52　径向位移和磁压力分布

3. 结构参数对电磁胀形的影响

组合线圈的结构参数主要有线圈间距、线圈匝数两个参量,本书对这两个参量对电磁胀形的影响规律进行初步研究。

1) 线圈间距对电磁胀形的影响

线圈间距越远,两个线圈相互影响越小,管坯中部和其关于线圈的对称点处的径向磁压力近似相同,则可以认为,两个线圈产生的磁场独立作用,没有相互影响。管坯中部和它的对称点处的径向磁压力随线圈间距的变化如图 4-53 所示,管坯中部和对称点处的径向磁压力随线圈间距的增大而减小,当线圈间距为 20mm 时,这两处的径向磁压力近似相同,且仅为最大径向磁压力的 1.4%,因此这时可以认为两个线圈的产生的磁场基本独立作用,几乎没有相互影响。

线圈间距不同时的变形工件仿真图如图 4-54 所示,从左到右线圈间距依次为4mm、6mm、10mm、20mm,变形后管坯的径向位移分布如图 4-55 所示,管坯的最大径向位移基本相同,管坯中部变形很小。随着线圈间距的增大,径向位移的分布由相连两个山峰变为分离的两个山峰,最大径向位移处与管坯中部距离增大且最大值基本不变,管坯中部的径向位移减小,当线圈间距达到 10mm 后管坯中部的径向位移基本不变;相应于线圈间距的变化,管坯的最大径向位移依次出现在距管坯中部 26mm、27mm、29mm、35mm 处,线圈间距小于等于 10mm 时,最大位移不

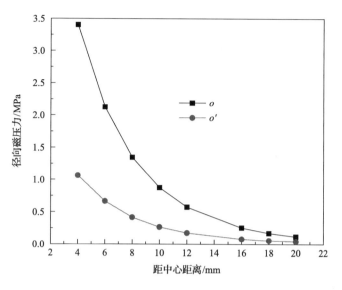

图 4-53　管坯中部和对称点处的径向磁压力

是在对应线圈中部的位置而是略向管坯中部偏移,当线圈间距为 20mm 时,管坯的最大径向位移处对应于相应线圈的中部,这说明此时两个串联线圈产生的磁压力独立使管坯变形。

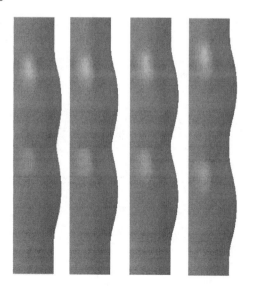

图 4-54　线圈间距不同时的变形工件仿真图

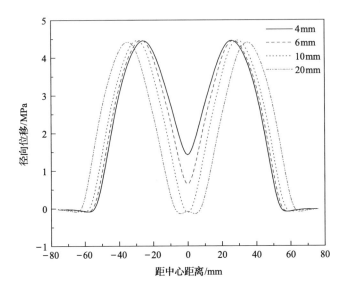

图 4-55　线圈间距不同时管坯的径向位移分布

2) 线圈匝数对电磁胀形的影响

线圈间距为 4mm,单个线圈匝数分别选取 9、12、15、18,模拟得到放电电流峰值时刻的径向磁压力如图 4-56 所示,对应线圈中部的管坯附近径向磁压力最大,管坯中部的磁压力较小,管坯端部远离线圈磁压力为零。随着线圈匝数的增大,最

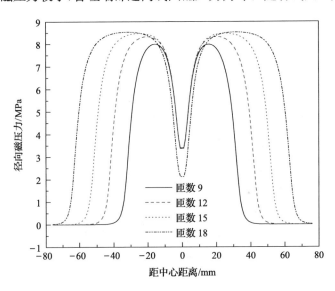

图 4-56　匝数不同时的径向磁压力分布

大径向磁压力增大,径向磁压力沿轴向分布长度增加。由于线圈间距很小,两个线圈产生的磁场相互影响,最大径向磁压力没有出现在线圈中部而是略向管坯中部偏移,当线圈匝数为 18 时,最大径向磁压力出现在线圈中部位置;管坯中部的径向磁压力在匝数为 9、12、15 时基本不变,匝数为 18 时,管坯中部径向磁压力下降,这是由于匝数增大,线圈长度增加,磁压力分布不均匀系数 S 减小,线圈端部磁场发散增大,因此叠加后管坯中部的磁场减弱,两个线圈的相互影响减弱,管坯径向磁压力减小,最大径向磁压力出现在线圈中部。

线圈匝数不同时的变形工件仿真图如图 4-57 所示,从左到右线圈匝数依次为 9、12、15、18,管坯变形后的径向位移分布如图 4-58 所示,对应于线圈中部区域的径向位移分布较均匀,趋于平直分布,但是最大径向位移向管坯中部偏移,这与磁压力的分布趋势大致相同。随着线圈匝数的增大,管坯变形区的长度增加,管坯中部变形梯度增大,最大径向位移随着匝数的增大而增大;当单个线圈匝数为 18 时,管坯中部的径向位移很小,基本没发生塑性变形,这与磁压力的分布趋势也是一致的。

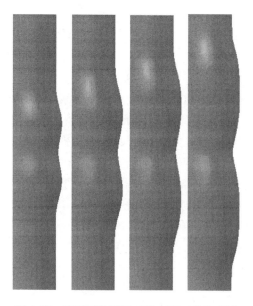

图 4-57　线圈匝数不同时的变形工件仿真图

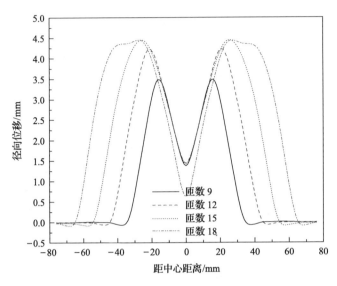

图 4-58　匝数不同时的径向位移分布

4.4　管坯电磁胀形试验分析

铝合金在电磁成形条件下具有较高的成形性能,随着汽车工业的发展和环保法规对废气排放的严格限制,电磁成形工艺必然在汽车、航天航空制造业中得到更加广泛的应用。管坯电磁胀形是电磁成形工艺的典型应用之一,主要应用在管坯自由胀形、有模成形、成形凸筋、管端翻边、扩孔、翻侧孔、异型管成形等,管坯的电磁校形和连接就变形性质而言有时也属于管坯胀形。管坯自由电磁胀形是电磁成形中比较简单的一种工艺应用,对它进行理论和试验研究有助于进一步理解电磁成形的机理,促进电磁成形理论的逐步完善。为此,进行了管坯自由胀形试验研究,这为验证松散耦合方法数值计算的有效准确性,确定工艺参数对电磁胀形的影响规律提供了试验上的论据;对阶梯形线圈电磁胀形进行了试验研究,这为探索电磁无模胀形进行了有益的尝试。

4.4.1　直螺线管线圈自由电磁胀形

1. 放电电压对变形的影响

放电电容为 $768\mu F$,放电电压分别为 $2.75kV$、$3.0kV$、$3.25kV$,变形后的工件如图 4-59 所示,管坯中部和端部的径向位移随放电能量的变化如图 4-60 所示,随着放电能量的增加,更多的能量转化为管坯的塑性变形能,因此管坯中部和端部的径向位移随放电能量的增加而增大,管坯端部的变形较小,这是由于线圈和管坯等长时由于线圈的端部效应,端部磁压力小于管坯中部磁压力所致。

图 4-59　不同电压下变形后的工件

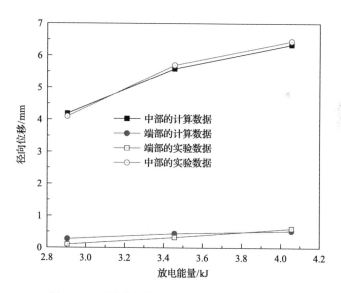

图 4-60　不同放电能量下端部和中部的径向位移

不同放电电压下管坯的应变分布如图 4-61 所示,在管坯中部周向应变较大且均匀分布,管坯端部变形很小;轴向主应变分布相对均匀与周向应变相比其值很小,管坯整体处于近平面应变状态,管坯中部壁厚减薄严重。随放电电压的增大,周向应变和轴向应变(绝对值)增大,管坯中部周向与轴向主应变比值在−0.15～

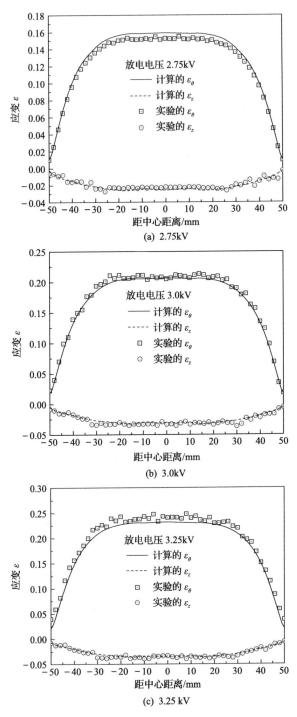

(a) 2.75kV

(b) 3.0kV

(c) 3.25 kV

图 4-61 不同电压下的应变分布

－0.10,始终处于近平面应变状态。由图 4-61 可知,理论计算的结果和试验数据吻合得很好,说明采用松散耦合的方法研究管坯电磁成形是实际可行的,可以对工艺试验和设计提供有效的指导。

2. 放电频率对变形的影响

在管坯、线圈确定以后,电磁成形系统的电感确定,放电频率主要取决于电磁成形机的电容值。在保证放电能量 3.456kJ 一定的条件下,改变成形系统的电容值,可以考察放电频率对电磁成形的影响。试验中成形设备的电容值和相应的放电频率如表 4-2 所示。整个成形系统的等效电感值为 4.38μH,成形设备的最小电容值为 192μF,在放电能量不变的情况下,此时放电频率为 5.488kHz,放电电压为 6kV,大于电容器理论最大耐压值 5kV,从设备安全的角度来选择,试验中最小电容值选取 768μF(本试验均采用此电容值)采用,因此试验中最高放电频率为 2.744kHz,最低放电频率为 1.584kHz。

表 4-2　电容值和放电频率

电容值/μF	768	960	1152	1344	1728	1920	2304
放电频率/kHz	2.744	2.454	2.241	2.074	1.829	1.736	1.584

管坯中部的径向位移和放电频率的关系如图 4-62 所示,在放电能量一定的情况下,随着放电频率的增加管坯中部的径向位移增加。由 4.2 节的分析可知试验中的放电频率小于最优放电频率 4kHz,因此试验中的数据点只能做到最优频率的左侧,随着放电频率的增加管坯所受磁压力增大,"有用磁冲量"增大,管坯中部的径向位移因而增大。

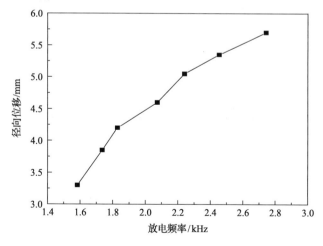

图 4-62　管坯中部的径向位移和放电频率关系曲线

3. 管坯长度对变形的影响

管坯长度(高度)分别为 2mm、4mm、60mm、100mm、120mm 时变形后的工件如图 4-63 所示。

图 4-63　不同长度时变形后的工件

管坯长度为 2mm、4mm 时,变形后的管坯母线呈直线;当管坯长度为 60mm 时,管坯端部变形大于中部呈"喇叭口"形状;当管坯长度为 100mm、120mm 时,管坯端部变形大于中部变形呈"纺锤状"。由 4.2 节分析可知,变形后管坯轮廓随管坯长度变化,这是由于管坯的相对长度不同因此所受径向磁压力的分布也不相同,管坯长为 100mm、120mm 时相对长度分别为 1、1.2,位于图 4-23 中的 S_2 区间,管坯端部径向磁压力小于管坯中部径向磁压力;但管坯长为 60mm 时,相对长度 0.6 位于图 4-23 中的 S_1 区间,管坯端部径向磁压力大于管坯中部径向磁压力;当管坯长度为 2mm、4mm 时,相对长度分别为 0.02、0.04,趋近 0,磁场发散严重,管坯端部径向磁压力和中部磁压力近似相同。

放电电压 3.25kV,管坯长为 60mm、120mm 时,变形后工件的应变分布如图 4-64 所示,管坯长 100mm 时的应变分布如图 4-61(c)所示。管坯长 60mm 时,周向应变和轴向应变在管坯中部均匀分布,管坯端部的应变的绝对值最大;管坯长 100mm、120mm 时,周向应变和轴向应变在管坯中部分布均匀,管坯端部应变的绝对值最小,其中管坯 120mm 长时,管坯端部不变形,在线圈与管坯等长附近轴向应变的绝对值大于邻近区域,这是因为此处管坯处于近单拉应变状态,轴向应变与厚向应变大致相同,大于近平面应变状态时的轴向应变。

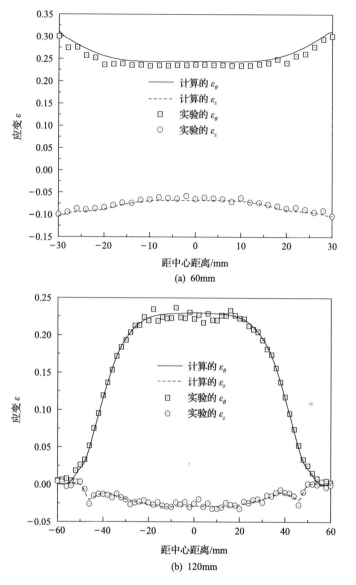

图 4-64　不同管坯长度下的应变分布

　　由图 4-23 可知,管坯相对长度为 0.92 时,管坯端部磁压力与中部磁压力趋近相同,因此管坯变形也就相对均匀。线圈长 100mm,管坯长分别为 91mm、92mm、93mm,进行管坯电磁胀形"均匀成形"试验,放电电压为 2.25kV,以管坯最大径向位移与最小径向位移之差比上最大径向位移的比值作为管坯均匀成形的度量。不同长度的管坯变形后径向位移如图 4-65 所示,管坯长 91mm、92mm 时管坯端部位移大于中部位移,其中 92mm 长的比率为 11.2%,小于 91mm 时的比率为 13.5%,变形更加均匀;管坯 93mm 长时端部位移小于中部位移,均匀成形比率为 27.3%,由此可知 92mm 为管坯均匀成形的临界点,在这个点附近变形相对均匀。变形后的管坯如图 4-66 所示,从左至右依次为 91mm、92mm、93mm。

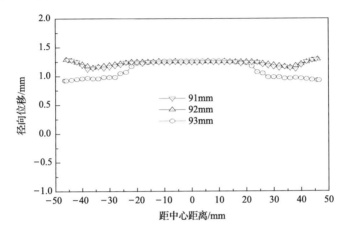

图 4-65　均匀性成形

图 4-66　均匀胀形后的管坯

4. 线圈与管坯相对位置对变形的影响

改变线圈和管坯的相对位置也会影响到磁压力的分布,从而使管坯产生不同的变形行为。线圈和管坯的相对位置分别为 0mm、4mm、20mm、50mm,放电电压为 3.0kV,变形后管坯的径向位移如图 4-67 所示,随着相对位置的增大管坯上端部径向位移增大。这是由于随着相对位置的增大,管坯端部所受径向磁压力增大,所以管坯电磁翻边工艺通常使管坯端部置于成形线圈的中部,以便在同样放电能量下获得最大的磁压力,使翻边操作一次完成。变形后的管坯轮廓由纺锤状向酒杯状转变,相对位置为 4mm 时,管坯上端部径向位移和管坯中部径向位移的差值比上管坯中部径向位移的比率为 12.9%,管坯上端部轮廓相对"平直",这与 4.2 节模拟的趋势是一致的,变形后工件如图 4-68 所示,从左到右相对位置依次为 0mm、4mm、10mm、50mm。

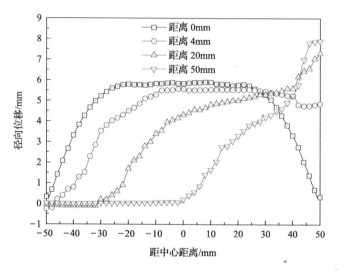

图 4-67 相对位置不同时的径向位移

图 4-68 相对位置不同时的工件

5. 线圈长度对变形的影响

线圈长度分别为 100mm、80mm、50mm，标号分别为 C_1、C_2、C_3 放电电压为 3.0kV，同时改变线圈和管坯长度使线圈和管坯等长的情况下，考察线圈长度对电磁成形的影响。变形后的工件如图 4-69 所示，随着线圈长度的减小，管坯中部的径向位移增大从 5.7mm 增至 10.35mm，这是因为整个成形系统的等效电感随着线圈长度的减小而减小，在同样放电电压作用下，激励电流增强，作用在管坯中部的磁压力增大；整个工件的变形梯度随线圈长度的减小而增大，变形后的管件由纺锤形向鼓形转变，由 4.2 节的分析可知，随着线圈长度的减小，磁场不均匀分布的梯度增大，因此管坯的变形梯度增大。

图 4-69　线圈长度不同时的变形工件

线圈长度不同时的应变分布如图 4-70 所示，随着线圈长度的减小，管坯中部周向、轴向主应变的绝对值增大；线圈长 100mm、80mm 时，主应变在管坯中部均匀分布，线圈长 50mm 时，主应变分布梯度增大，这与径向位移的分布趋势相同。

由 4.2 节的分析可知磁压力均匀分布的临界点随线圈长度的改变发生变化。对 C_2 线圈分别选取 71mm、72mm、73mm 长的管坯，对 C_3 线圈分别选取 41mm、42mm、43mm 长的管坯，放电电压分别为 2.1kV、1.8kV。变形后管坯的径向位移分布如图 4-71 所示。线圈长 80mm 时，73mm 长的管坯均匀变形的比率为 21.3%，变形分布不均匀；管坯长度为 71mm、72mm 的径向位移分布较均匀，均匀变形的比率分别为 11.5%、12.5%，这两种长度的管坯径向位移分布趋势相同，端部径向位移都大于中部，虽然 71mm 长的管坯均匀变形的比率略小，但大于 72mm 长的管坯径向位移分布趋势发生改变，因此 72mm 作为临界点。同理可得线圈长

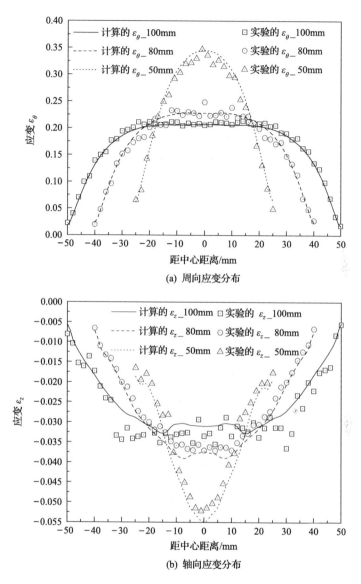

图 4-70　线圈长度不同时的应变分布

50mm 时,磁压力相对均匀分布的临界点为 42mm。结合图 4-65,将临界管坯长度代入到式(4-3)中,与公式吻合很好。随着线圈长度的增加,临界管坯长度增大,线圈长度在 50～160mm,临界管坯长度可由式(4-2)来计算,求得线圈长度不同时管坯相对均匀变形的临界点。

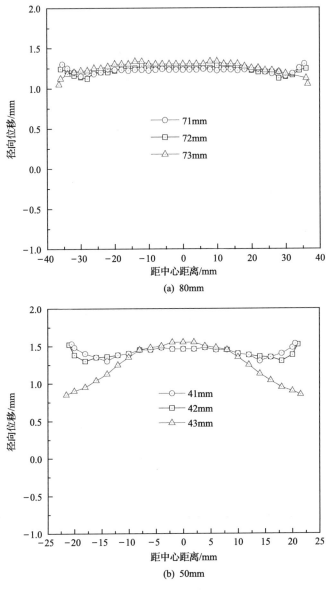

图 4-71　不同线圈长度下的均匀成形

4.4.2　阶梯线圈自由电磁胀形

1. 相对直径对变形的影响

选用 EC1、EC2、EC3 线圈，变形后的工件如图 4-72 所示，从左到右阶梯线圈的相对直径分别为 16/36、26/36、32/36，相对长度均为 30/70。变形后的工件应变分布如图 4-73 所示,大径区周向应变较大,过渡区的周向应变较小,在过渡区临近小径区处管坯基本不变形(相对直径 32/36 除外),这是由于线圈和管坯的间隙从大径区到小径区依次增大,对应位置的管坯所受的磁压力也依次减小。随着相对直径的增大,大径区的应变梯度减小,管坯中部的应变分布趋于均匀;过渡区应变增大且变形梯度略有增大;小径区在相对直径为 32/36 时才有明显的塑性应变分布。图 4-73 中 EC3 线圈上端部的计算值和试验值差别较大,这是由于线圈绕制过程中人为因素使线圈不对称所致。

图 4-72　不同相对直径下的变形工件

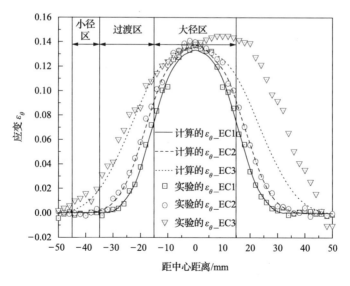

图 4-73　不同相对直径下的周向应变分布

2. 相对长度对变形的影响

4.3 节阶梯形线圈中 EC5、EC1、EC4，变形后的工件如图 4-74 所示，阶梯形线圈的相对长度分别为 20/70、30/70、40/70，相对直径均为 16/36。变形后工件的周向应变分布如图 4-75 所示，塑性变形主要集中在管坯中部，小径区没有明显的塑性应变分布，过渡区临近大径区处，有较为明显的塑性应变分布。随着相对长度的增大，管坯中部相对均匀变形区间增大，工件中部周向应变增大，由 4.3 节的分析

图 4-74　不同相对长度下的变形管件

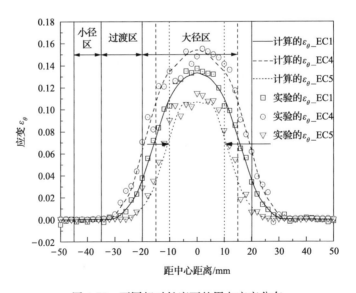

图 4-75　不同相对长度下的周向应变分布

可知,这是因为随着线圈相对长度的增大,线圈电感越大存储磁场能越大,磁场能转化的塑性变形能越多,管坯中部变形增大,主应变相应增大;过渡区的应变梯度随相对长度的增大而增大。

4.5　展　　望

综上所述,电磁成形理论研究从 20 世纪六七十年代至今,经历了长远的发展,由经过简化的解析公式到如今的松散耦合计算。而今随着计算技术的进一步发展,在不远的将来实现结构场、温度场、电磁场的实时全耦合计算也将成为可能。

目前燃料和原材料成本的原因及环保法规对废气排放的严格限制,使汽车结构的轻量化显得日益重要。除了采用轻体材料,减轻重量的另一个重要途径就是在结构上采用以空代实和变截面等强构件,即对于承受以弯曲或扭转载荷为主的构件,采用空心结构既可以减轻重量、节约材料,又可以充分利用材料的强度和刚度。铝合金管件的电磁成形正是在这样的背景下开发出来的一种制造空心轻体构件的先进制造技术。通过展开铝合金管件电磁自由成形和电磁有模成形的技术研究可以扩展电磁成形技术在航空、航天、汽车制造领域的应用,此外通过管件电磁冲裁、电磁管-管连接的理论研究和试验工作可以开辟电磁成形应用的新领域。

总之,随着计算技术和试验技术的发展,以及有志于从事电磁成形技术研究的塑性加工同仁的努力,电磁成形必将在越来越多的工业领域得到广泛的应用。

参 考 文 献

[1] Batygin Y V, Daehn G S. The Pulse Magnetic Fields for Progressive Technologies. Columbus: Ohio State University, 1999.

[2] Motoasca T E. Electrodynamics in Deformable Solids for Electromagnetic Forming. Delft: Delft University of Technology, 2003: 12-20.

[3] Manea T E, Verweij M D. Electromagnetic Forming of Thin Steel Beverage Cans. Journal de Physics IV, 2003, (11): 403-412.

[4] El-Azab A, Garnich M, Kapoor A. Modeling of the electromagnetic forming of sheet metals: State of the art and future needs. Journal of Materials Processing Technology, 2003, 142: 744-754.

[5] Oliveira D A, Worswick M J, Finn M, et al. Electromagnetic forming of aluminum alloy sheet: Free-form and cavity fill experiments and model. Journal of Materials Processing Technology, 2005, 170: 350-362.

[6] Oliveira D A, Worswick M. Electromagnetic forming of aluminium alloy sheet. Journal de Physics IV, 2003, 110: 293-298.

[7] Baines K, Duncan J L, Johnson W. Electromagnetic metal forming//Proceedings of the Institution of Mechanical Engineering, 1965, 180: 348-362.

[8] Al-Hassani S T S, Duncan J L, Johnson W. On the parameters of the magnetic forming process. Journal

of Mechanical Engineering Science, 1974, 16(1): 1-9.

[9] Jablonski J, Winkler R. Analysis of the electromagnetic forming process. International Journal of Mechanical Sciences, 1978, 20(5): 315-325.

[10] 佐野利男, 村越庸一, 高橋正春. 電磁力による超高速塑性加工法. 機械の研究, 1984, 36(3): 362-368.

[11] 根岸秀明. 衝撃電磁力による塑性加工技術. 機械の研究, 1986, 38(11): 1219-1224.

[12] Suzuki H. Finite element analysis of tube deformation under impulsive internal pressure. Journal of Japanese Society for Technology of Plasticity, 1986, 27(310): 1254-1260.

[13] Takatsu N, Kato M, Sato K, et al. High-speed forming of metal sheets by electromagnetic force. Journal of Japan Society of Mechanical Engineers, 1988, 31 (1): 142-148.

[14] Gourdin W H. Analysis and assessment of electromagnetic ring expansion as a high-strain-rate test. Journal of Applied Physics, 1989, 65(2): 411-422.

[15] Bendjima B, Féliachi M. Finite element analysis of transient phenomena in electromagnetic forming system//3rd International Conference on Computation in Electromagnetics, UK, 1996: 113-116.

[16] Bendjima B, Srairi K, Féliachi M. A coupling model for analyzing dynamical behaviours of an electromagnetic forming system. IEEE Transactions on Magnetics, 1997, 33(2): 1638-1641.

[17] Azzouz F, Bendjima B, Féliachi M. Application of macro-element and element coupling for the behaviour analysis of magnetoforming system. IEEE Transactions on Magnetics, 1999, 35(2): 1845-1848.

[18] Fenton G K, Daehn G S. Modeling of electromagnetically formed sheet metal. Journal of Materials Processing Technology, 1998, 75: 6-16.

[19] Panshikar H M. Computer modeling of Electromagnetic Forming and Impact Welding. Columbus: Ohio State University, 2000: 20-21.

[20] Grady D E, Benson D A. Fragmentation of metal rings by electromagnetic loading. Experimental Mechanics, 1983, 12: 393-400.

[21] Pandolfi A, Krysl P. Finite element simulation of ring expansion and fragmentation: The capturing of length and time scales through cohesive models of fracture. International Journal of Fracture, 1999, 95: 279-297.

[22] Gourdin W H, Weinland S L, Boling R M. Development of the electromagnetically launched expanding ring as a high-strain-rate test technique. Review of Scientific Instrument, 1989, 60(3): 427-432.

[23] Hu X Y, Daehn G S. Effect of velocity on flow localization in tension. Acta Materialia, 1996, 44(3): 1021-1033.

[24] Triantafyllidis N, Waldenmyer J R. Onset of necking in electro-magnetically formed rings. Journal of the Mechanics and Physics of Solids, 2004, 52: 2127-2148.

[25] Tamhane A A, Altynova M M, Daehn G S. Effect of sample size on ductility in electromagnetic ring expansion. Scripta Metallurgica, 1996, 34: 1345-1350.

[26] Ferreira P J, Vander S J B, Amaral F M. Microstructure development during high-velocity deformation. Metallurgical and Materials Transactions, 2004, 35A(10): 3091-3101.

[27] Bach F W, Walden L, Microstructure and mechanical properties of copper sheet after electromagnetic forming. ZWF Zeitschrift fur Wirtschaftlichen Fabrikbetrieb, 2005, 100(7-8): 430-434.

[28] Imbert J M, Winkler S L, Worswick M J, et al. The effect of tool-sheet interaction on damage evolution in electromagnetic forming of aluminum alloy sheet. Journal of Engineering Materials and Technology,

2005，27：127-153.

[29] Seth M, Vohnout V J, Daehn G S. Formability of steel sheet in high velocity impact. Journal of Materials Processing Technology, 2005, 168: 390-400.

[30] Li C F, Zhao Z H, Li J, et al. Numerical simulation of the magnetic pressure in tube electromagnetic bulging. Journal of Materials Processing Technology, 2002, 123: 225-228.

[31] Kamal M. A Uniform Pressure Electromagnetic Actuator for Forming Flat Sheets. Columbus: Ohio State University, 2005: 25-41.

[32] 初红艳，费仁元，吴海波，等. 椭圆线圈在平板电磁成形中的应用研究. 锻压技术，2002，(5)：38-41.

[33] Cui X H, Mo J H, Li J J, et al. Effect of second current pulse and different algorithms on simulation accuracy for electromagnetic sheet forming. International Journal of Advanced Manufacturing Technology, 2013, 68: 1137-1146.

[34] Otin R. A numerical model for the search of the optimum frequency in electromagnetic metal forming. International Journal of Solids and Structures, 2013, 50: 1605-1612.

[35] Cui X H, Mo J H, Han F. 3D Multi-physics field simulation of electromagnetic tube forming. International Journal of Advanced Manufacturing Technology, 2012, 59: 521-529.

第5章 管坯电磁缩径

5.1 引 言

管坯电磁缩径属于电磁成形典型工艺。当管坯外置于螺线管线圈(简称线圈),受径向脉冲磁场力作用,易实现管坯的缩径变形,可完成局部缩径、管端缩口、成形内肋等。另外,从变形性质来说,外置线圈的连接也是缩径变形。管坯电磁缩径工艺原理如图 1-2 所示,包括无模缩径和有模缩径两种形式。

管坯电磁缩径与常规钢模缩径不同,前者变形区受径向载荷作用产生缩径变形,载荷分布具有轴对称属性,成形极限受变形区失稳起皱限制;后者多受轴向载荷,成形极限受传力区或变形区失稳起皱限制,亦有受径向加载的情况,如分瓣钢模,载荷和变形不均匀,多用于缩径装配。管坯电磁缩径成形极限主要受管坯壁厚、直径、长度及放电能量等因素影响,如何抑制起皱是提高缩径成形极限的主要途径,其中,内置芯轴是常用方法之一。

本章内容主要包括两部分:基于动力学理论,建立管坯电磁缩径失稳条件,为稳定缩径变形量及缩径连接间隙预设提供指导;系统介绍管坯磁脉冲缩径稳定变形规律、主要工艺参数对屈曲失稳临界条件的影响等。

5.2 管坯径向动态加载屈曲

5.2.1 动态屈曲问题的特点

圆柱壳的动态塑性屈曲问题已被广泛研究[1]。一般而言,较厚的壳体会发生塑性动态屈曲 (a/h<100,其中 a、h 分别为半径和工件壁厚),较薄的壳体发生弹性动态屈曲 (a/h>400),这两种情况可以用近似的解析法分析。对于 100<a/h<400 范围内的壳体通常呈现弹塑性动态屈曲,一般只能用数值法求解[2]。

相对于静态屈曲问题,动态屈曲问题主要具有如下特点[3,4]。

(1) 动态载荷 $P(t)$。由于动态载荷通常要和结构变形耦合且不易精确测定,所以一般冲击屈曲中冲击载荷的形式为理想脉冲载荷、阶跃载荷和两参数载荷(矩形脉冲载荷)。

(2) 冲击屈曲不仅和载荷分布有关,而且依赖于所加载荷的大小,在动态载荷作用下有多种模态可能被激发。

（3）载荷持续时间对动态屈曲行为有显著影响，一般而言，短时脉冲载荷作用下的屈曲需要较高的载荷幅值，且呈现出高阶模态，阶跃载荷作用下的屈曲则需要较低的载荷幅值，模态数也和静态屈曲模态相近。

（4）动态屈曲有时必须考虑材料的动态本构关系。

（5）屈曲发生具有局部性特征，有时需要考虑应力波传播对动态屈曲的影响。

在结构的动态屈曲问题中，无论在理论上还是实际中，最令人关心的几个特征量是屈曲模态、临界载荷和屈曲时间[3]。

（1）屈曲模态。结构屈曲时的几何构形，在屈曲过程中，这种构形是不断变化的，人们主要关注初发模态和最终残余模态。

（2）临界载荷。结构发生屈曲时所需的最小冲量载荷，在工程实际中有重要意义。

（3）屈曲时间。从冲击开始到结构发生屈曲的一段时间，与屈曲判别准则密切相关。

5.2.2　动态冲击屈曲判别准则

对于一个动力学系统而言，一般的稳定性是指一个系统受到一个任意微小的扰动之后，若始终在原始形态附近的一个有界邻域内运动，则系统是稳定的，使之丧失这一性质的载荷为临界载荷。对于冲击屈曲问题而言，首要的是合理的、实用的屈曲准则。从 20 世纪六七十年代开始，人们提出了大量的冲击载荷下结构的稳定性的定义和准则及相应的研究途径和方法[5-7]。其中包括三个主要准则：B-R 运动准则、放大函数法和王仁能量准则。

（1）B-R 运动准则[7]。该准则认为：如果所加载荷的微小增量可以导致结构响应的一个巨大变化，则所对应的载荷便是临界载荷。B-R 运动准则实质上是对结构进行非线性动力响应分析，进而确定 P-Y 曲线的性态，这里 P 为载荷参数，Y 为动力响应特征参数。

对于后屈曲路径不稳定的情形，无疑准则是成立的，而且一般地可给出较为准确的临界载荷值。然而，如果后屈曲路径是稳定的，则准则的应用尚有一定的困难。另外，当 P-Y 曲线呈线性关系时 B-R 准则不再有意义。同时，B-R 准则的应用需要合理地选取动力响应特征参数。

（2）放大函数法[1]。假定结构具有某种形式的初始缺陷，这种初始缺陷可以是结构的几何不完善或所加载荷不对称造成的，然后将初始缺陷按振动模态展开成级数形式。通过运动方程的求解，可以得到未扰动部分解的具体形式，当初始缺陷放大到规定值时，所对应的载荷即为临界屈曲载荷。使用该准则可以方便地得到发展最快的占优模态(即屈曲模态),适用于短时超强载荷,对具有稳定后屈曲路径的结构也同样适用,但放大函数中必须至少有一个具有双曲函数的形式,若不能给出按指数形式增长的解,则该准则失效。

(3) 王仁能量准则[5,6,8]。基本思想是:在一定冲击载荷作用下,若对于它所处基本运动的任何一个几何可能偏离,都必将使系统在此偏离过程中所吸收的能量大于载荷所做的功,则它的基本运动是稳定的,或者说对任何导致屈曲的相对于前屈曲运动的任何偏离,都将违背能量关系,则屈曲不发生。

王仁能量准则给出了稳定性判断的充分条件,克服了放大函数法中人为因素的不足,可用于处理非保守系统的动力稳定性问题,特别是可用来讨论短时超强载荷作用下结构的塑性动态屈曲问题,具有较明确的物理意义。

5.2.3　管坯电磁缩径屈曲研究进展

在 20 世纪六七十年代,人们研究径向脉冲载荷作用下圆柱壳的动态稳定性问题时,大多使用板状炸药获得动态冲击载荷。由于爆炸不是同时发生的,所以这种方式获得的载荷在工件的表面上不是同时加载的。而电磁缩径变形过程可以克服这一缺点。管坯电磁缩径成形过程中,工件受到沿周向均匀分布的衰减振荡的脉冲磁压力作用产生缩径变形,其成形极限主要受冲击失稳起皱限制[9-12]。

Bhattacharyya 于 1975 年最早对电磁缩管变形进行了分析,实验获得了起皱数目,通过计算预测了工件的最终形状[12]。Al-Hassani 将弹性屈曲理论应用到管坯电磁缩径分析中[13]。对磁脉冲作用下的管坯径向位移进行了理论分析和实验研究,发现起皱波数随管长和直径的增加而增加;周向应变相同、几何形状相似的管坯会产生波数相同的皱曲形状。Sano 等的电磁缩径实验研究发现,径向变形量达到 5% 时开始起皱,并且皱数随着变形的增加而增加[14]。

为描述整体缩径成形过程,1993 年 Min 和 Winkim 采用等效公式表达的磁压力载荷,通过三维弹塑性有限元法模拟分析了电磁管坯缩径过程中管壁的起皱现象[15]。另外,实验发现磁脉冲载荷作用下 Al 1050 管坯的起皱波数 n_c 和管坯径厚比 a/h 呈近似线性关系。

2006 年,于海平通过电动力学理论分析,基于王仁能量准则,建立了管坯电磁缩径由稳定塑性变形向失稳起皱转变临界条件,给出了管坯电磁缩径成形系统多因素对临界条件的影响规律。为实现电磁成形参数逆向设计,于海平等通过基于耦合场有限元数值模拟的最优化设计方法,实现了管坯电磁成形工艺参数预测和管件均匀径向变形优化设计[16]。

5.3　管坯电磁缩径压缩失稳临界条件

5.3.1　管坯电磁缩径电动力学分析

放电回路参数及放电电流的理论计算是研究电磁成形过程的基础,由于放电过程中电磁学和动力学过程交互影响,故放电回路理论计算比较困难,通常采用放电回路的等效处理方法。

1. 电动力学方程

管坯电磁缩径成形放电回路及其等效放电电路示意图如图 5-1 所示。由此,长为 l、壁厚为 h、中半径为 a 的高导电率管坯受到径向磁压力 P 作用,如图 5-2 所示,其中 x、θ 和 z 分别表示纵向、周向和径向坐标。

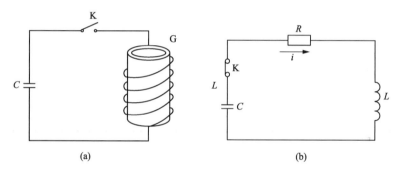

图 5-1　电磁缩径放电回路及其等效电路示意图

C-储能电容器;K-间隙开关;L-加工线圈(等效电感);G-工件;R-等效电阻

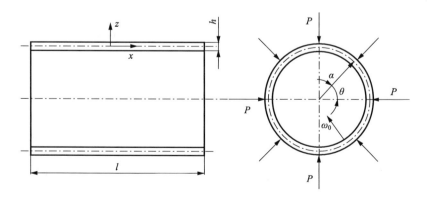

图 5-2　圆柱壳的坐标和尺寸

放电过程中的功率平衡方程和电压平衡方程为

$$\frac{\mathrm{d}}{\mathrm{d}t}\left(\frac{1}{2}Li^2+\frac{Q^2}{2C}\right)+i^2R+\dot{W}=0 \tag{5-1}$$

$$\frac{\mathrm{d}}{\mathrm{d}t}(Li)+\frac{Q}{C}+iR=0 \tag{5-2}$$

式中,Q 为电容器储存的电荷(单位:C);$\dot{W}$ 为使回路几何尺寸发生改变的机械功率(单位:W);t 为时间(单位:s)。

从机械功的角度考虑,长为 l、中半径为 a 的中厚壁管坯,在磁压力 P 的作用下,以径向速度 $\dot{\omega}_0$ 运动。因此,假定除回路中管坯,其余部分均不动,那么机械功率为

$$\dot{W}=2\pi alP\frac{\mathrm{d}a}{\mathrm{d}t}=\frac{i^2}{2}\frac{\mathrm{d}L}{\mathrm{d}t} \tag{5-3}$$

上式充分说明系统参数变化与工件变形的相互影响、相辅相成的关系。

如果把缩径线圈和管坯处理为同轴放置的圆柱线圈,则等效磁压力可表示为

$$P=\frac{1}{2}\lambda\mu_0 i^2 T^2 \tag{5-4}$$

式中,μ_0 为真空磁导率(单位:H/m);λ 为长冈系数,可查表;T 为线圈单位长度上的匝数。

2. 均匀径向变形

假定缩径管坯壁厚足够大且远大于其集肤深度,并且,虽然总的变形中包括均匀径向运动和扰动变形,但前者是主要的。由于扰动变形不影响线圈和管坯之间电磁耦合,所以可独立地考虑两种运动形式。管壁单元受力分析如图 5-3 所示。

忽略弯矩,图 5-3 所示的单元纯粹的径向运动方程为

$$P+\frac{N_\theta}{a}=\gamma h\ddot{\omega}_0 \tag{5-5}$$

式中,N_θ 为周向力(单位:N/m),$N_\theta=\int_{-\frac{h}{2}}^{\frac{h}{2}}\sigma_\theta\mathrm{d}z$;$\gamma$ 为管坯材料密度(单位:kg/m³)。

显然,很难获得式(5-1)~式(5-5)的精确解。由于是磁压力脉冲第一波对变形起主要作用,而在此期间,放电回路的等效电感变化很小,忽略等效电感的变化对计算精度不会产生大的影响。因此,不考虑电感变化求解方程(5-2),得到线圈电流为

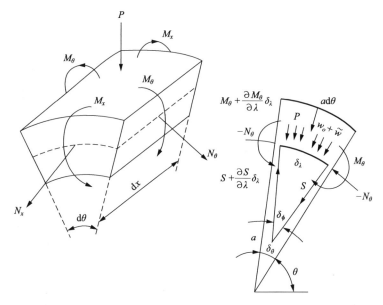

图 5-3　作用于单元体的力和弯矩

$$i = U \sqrt{\frac{C}{L}} \mathrm{e}^{-\beta t} \sin(\omega t) \tag{5-6}$$

式中，$\beta = \dfrac{R}{2L}, \omega = \sqrt{\dfrac{1}{LC} - \dfrac{R^2}{4L^2}}$。

把式(5-6)代入式(5-4)中，再令 $P_0 = \lambda \dfrac{\mu_0 T^2}{L} J_0$，$J_0 = \dfrac{1}{2} U^2 C$，得到等效脉冲磁压力 P 为

$$P = P_0 \mathrm{e}^{-2\beta t} \sin^2(\omega t) \tag{5-7}$$

取管坯流动应力 P_y[13]：

$$P_y = \frac{(2-k)\bar{\sigma}h}{ak_2} = \frac{-N_\theta}{a} \tag{5-8}$$

把式(5-8)代入式(5-5)中，得

$$P - P_y = \gamma h \ddot{w}_0 \tag{5-9}$$

上面两式中，$\bar{\sigma}$ 为 σ^0 的平均值(单位：Pa)，σ^0 为等效应力(单位：Pa)，$\sigma^0 = \sigma_0 + 2E_h k_2 w_0/(3a)$，$\sigma_0$ 为 Mises 椭圆的初始等效应力(单位：Pa)；$k = 0.5\exp[-l/(2D)]$，$k_1 = 2(1-k+k^2)$，$k_2 = (3k_1/2)^{0.5}$，k、k_1 和 k_2 为管坯长径比对流动应力的影响因子，D 为管坯直径。

对于 k、k_1、k_2 分以下三种情况。

（1）如果管长很小，则 $k = 0.5$，$k_1 = 1.5$，$k_2 = 1.5$，$P_y = \dfrac{\overline{\sigma} h}{a}$，此时管坯为圆环件。

（2）如果为无限长柱壳，则 $k = 0$，$k_1 = 2$，$k_2 = \sqrt{3}$，$P_y = \dfrac{2\overline{\sigma} h}{\sqrt{3} a}$，该结果与文献[17]的假设条件相同，为平面应力状态。

（3）如果为有限长管坯，则流动应力如式(5-8)所示。

图 5-4 所示为典型的磁脉冲压力-时间曲线。假定管坯为理想刚塑性材料，则其流动应力 P_y 与时间无关，在图中为常数，是平行于时间轴的一条线，与磁压力曲线交于 t_1、t_3。则运动始于 t_1，峰值压力发生于 t_2[13]。

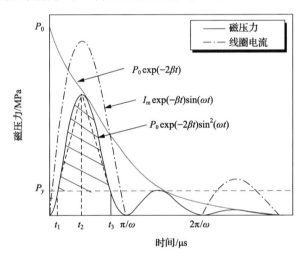

图 5-4　磁脉冲压力-时间曲线

忽略了 h、k、k_2 和 $\overline{\sigma}$ 的变化，对式(5-9)进行积分，由初始条件 $\dot{\omega}_0(0) = 0$，简化计算得

$$\int_{t_1}^{t_3} P \mathrm{d}t - P_y(t_3 - t_1) = \frac{1}{2}\left(P_0 \mathrm{e}^{\frac{\beta\pi}{\omega}} - P_y\right)\left(\frac{\pi}{\omega} - 2t_1\right) \tag{5-10}$$

当 $t = t_1$ 时，$\ddot{\omega}_0 = 0$，由式(5-9)得

$$P_0 \mathrm{e}^{-2\beta t} \sin^2(\omega t) = P_y,\ P_y/P_0 = \alpha,\ (\alpha > 0) \tag{5-11}$$

因为 $\omega \gg \beta$（电磁成形的特性）且 t_1 值很小，有

$$t_1 = \frac{\alpha^{\frac{1}{2}}}{\omega} \tag{5-12}$$

经简化计算,管坯径向变形速度、变形终止时间 t_f 和位移分别为

$$\dot{\omega}_0 \doteq \frac{1}{\gamma h}\Big[\frac{P_0}{4}\Big(\frac{1-\mathrm{e}^{-2\beta t}}{\beta}-\frac{\mathrm{e}^{-2\beta t}\sin(2\omega t)}{\omega}\Big)-P_0\alpha t\Big] \tag{5-13}$$

$$t_f \approx \frac{1-\mathrm{e}^{-2\beta t}}{4\beta\alpha} \text{ 或 } t_f \approx \frac{1}{4\beta\alpha} \tag{5-14}$$

$$\omega_0(t) = \frac{P_0}{\gamma h}\Big[\frac{t}{4\beta}-\frac{1}{8\beta^2}(1-\mathrm{e}^{-2\beta t})-\frac{\alpha t^2}{2}\Big] \tag{5-15}$$

把式(5-14)代入式(5-15)中得

$$\omega_{0f} \approx \frac{P_0}{32\gamma h\alpha\beta^2}\Big[1-4\alpha\Big(1-\mathrm{e}^{-\frac{1}{2\alpha}}\Big)\Big] \tag{5-16}$$

当超高能放电时,即 α 远远小于 1,则式(5-16)化为 $\omega_{0f} \approx \dfrac{P_0}{32\gamma h\alpha\beta^2}$。

只考虑磁压力脉冲的第一波对变形的作用,如图 5-4 所示,若不计热效应,则该磁压力对缩径管坯的运动及塑性变形所做的功 E_m 为

$$E_m = \int_0^{\frac{\pi}{\omega}} 2\pi(a-\omega_0)lP\dot{\omega}_0\mathrm{d}t \tag{5-17}$$

式中, P、P_y、$\dot{\omega}_0$ 及 ω_0 分别如式(5-7)、式(5-8)、式(5-13)和式(5-15)所示。

5.3.2　管坯电磁缩径塑性动力分析

本节通过塑性动力分析,得到管坯缩径的运动控制方程和扰动控制方程。然后,根据冲击屈曲能量准则,讨论瞬时速度初值载荷作用下管坯产生屈曲的临界条件。

1. 假设条件

(1) 材料为线性强化,并且认为由于强化引起的应力增量跟初始屈服应力 σ_0 相比较小。

(2) 未屈曲壳体运动处于切向应力状态,不考虑应力波效应。

(3) 壳体塑性变形较小,保持为压应力,且不考虑应变率反转的情况。

(4) 屈曲变形与壳体的基本变形相比是小的,即不发生卸载。

(5) 为平面应力状态。

2. 控制方程

忽略径向磁压力沿轴向的分布不均匀性及长度的影响,则管坯圆环微段的受

力和弯矩如图 5-3 所示。图中 M_θ 为弯矩，S 为剪切力，$S = \dfrac{\partial M_\theta}{\partial \lambda} = \dfrac{\partial M_\theta}{\partial \theta} \dfrac{\partial \theta}{\partial \lambda} = \dfrac{1}{a} \dfrac{\partial M_\theta}{\partial \theta}$。

因径向位移而产生的一阶曲率增量为

$$K = \frac{1}{a^2}\left(\frac{\partial^2 \omega}{\partial \theta^2} + \omega\right) \tag{5-18}$$

式中，$\omega = \tilde{\omega} + \omega_0$（单位:m）；$\omega_0$ 为基本位移（单位:m）；$\tilde{\omega}$ 为扰动位移或屈曲位移（单位:m），即曲率增量 K 既有均匀径向位移又有扰动位移的作用。假定壳体为理想完善的壳体，无初始缺陷，则屈曲位移只由缩径引起。

通过受力分析和简化，冲击载荷作用下的单元动态平衡方程为

$$\frac{E_h I}{a^4}\left(\frac{\partial^4 \omega}{\partial \theta^4} + \frac{\partial^2 \omega}{\partial \theta^2}\right) - N_\theta\left[\frac{1}{a} + \frac{1}{a^2}\left(\frac{\partial^2 \omega}{\partial \theta^2} + \omega\right)\right] + \gamma h \frac{\partial^2 \omega}{\partial t^2} = 0 \tag{5-19}$$

式中，E_h 为塑性硬化模量；I 为惯性矩。从能量的观点来看，式(5-19)中唯一不可积(非保守)的是动能项。如何处理该动能项是得到临界冲击载荷及相应屈曲模态的关键。

3. 能量准则及应用

电磁成形加工时，由电磁能向机械能转换而产生的脉冲磁压力，是一种瞬时强脉冲载荷。而王仁提出的结构塑性动力屈曲准则能够解决有限时间内强脉冲载荷下结构的临界响应问题[2,5,6,8]。因此，可以用于分析管坯电磁缩径压缩失稳临界条件。

若记扰动 $\tilde{\omega}(x,t)$ 满足的基本运动方程为 $f(V, \tilde{\omega}(x,t)) = 0$，等式左边表示一个赖于冲击速度 V 的线性微分算子作用于 $\tilde{\omega}$，且使 $\dot{\tilde{\omega}}$ 项的系数为正。根据王仁能量准则，假如对任意可能的偏离 $\tilde{\omega}(x,t)$ 皆有

$$F(V, \tilde{\omega}) = \int_0^L \int_0^{t_f} f(V, \tilde{\omega})\,\dot{\tilde{\omega}}\,\mathrm{d}t\mathrm{d}x > 0 \tag{5-20}$$

则基本运动是稳定的。这里假定 $0 \leqslant x \leqslant L$，$t_f$ 是结构响应时间。而对于所关注的柱壳类管坯径向压缩问题，不发生结构屈曲的充分条件为

$$F(q, \tilde{\omega}) = \int_0^{2\pi} \int_0^{t_f} f(q, \tilde{\omega})\,\dot{\tilde{\omega}}\,\mathrm{d}t\mathrm{d}\theta > 0 \tag{5-21}$$

式中，$\tilde{\omega}(\theta,t)(0 \leqslant \theta \leqslant 360°)$ 为任意可能的偏离；q 为载荷参数；t_f 为结构响应时间。

根据物理直观和经典的能量法则的相应概念,认为所谓的偏离,除必须满足的边界条件,还应具备如下的特点[8]。

(1) 偏离所决定的初始扰动能量很小,在计算 $F(q,\widetilde{\omega})$ 时,可忽略不计。

(2) 初始时刻未发生屈曲,所以 $\widetilde{\omega}(\theta,t)$ 及其对 θ 的各阶导数(它们描述屈曲程度)在 $t=0$ 时的初始值,在平均的意义下,相对于它们在 $t=t_f$ 时的末态值可忽略不计。

1) 临界冲击参数的求解

将 $\omega=\omega_0(\theta,t)$ 代入式(5-19)中得到基本塑性变形控制方程(5-22),而将 $\omega=\widetilde{\omega}+\omega_0$ 代入式(5-19)中并减去基本塑性变形方程(5-22)得到屈曲位移(内法线挠度 $\widetilde{\omega}$) 的基本运动方程式(5-23)。

$$\frac{E_h I}{a^4}\left(\frac{\partial^4 \omega_0}{\partial \theta^4}+\frac{\partial^2 \omega_0}{\partial \theta^2}\right)-N_\theta\left[\frac{1}{a}+\frac{1}{a^2}\left(\frac{\partial^2 \omega_0}{\partial \theta^2}+\omega_0\right)\right]+\gamma h \frac{\partial^2 \omega_0}{\partial t^2}=0 \quad (5\text{-}22)$$

$$\frac{E_h I}{a^4}\left(\frac{\partial^4 \widetilde{\omega}}{\partial \theta^4}+\frac{\partial^2 \widetilde{\omega}}{\partial \theta^2}\right)-N_\theta \frac{1}{a^2}\left(\frac{\partial^2 \widetilde{\omega}}{\partial \theta^2}+\widetilde{\omega}\right)+\gamma h \frac{\partial^2 \widetilde{\omega}}{\partial t^2}=0 \quad (5\text{-}23)$$

把 $N_\theta=\int_{-h/2}^{h/2}\sigma_\theta \mathrm{d}z=-\bar{\sigma}h$ 代入方程(5-23)中得

$$f(q,\widetilde{\omega})=\frac{E_h h^3}{12a^4}\left(\frac{\partial^4 \widetilde{\omega}}{\partial \theta^4}+\frac{\partial^2 \widetilde{\omega}}{\partial \theta^2}\right)+\frac{\bar{\sigma}h}{a^2}\left(\frac{\partial^2 \widetilde{\omega}}{\partial \theta^2}+\widetilde{\omega}\right)+\gamma h \frac{\partial^2 \widetilde{\omega}}{\partial t^2}=0 \quad (5\text{-}24)$$

由于 $\widetilde{\omega}(\theta,t)$ 关于 θ 可以看作以 2π 为周期,故可展成傅里叶级数,所以,设扰动位移为级数形式,并简化为其首相[8,15]

$$\widetilde{\omega}(\theta,t)\doteq \mathrm{e}^{pt}\sin(n\theta) \quad (5\text{-}25)$$

式中,n 为屈曲波数;p 为正实数。

把扰动位移及其各阶导数代入式(5-24)中,并左边点乘 $\dot{\widetilde{\omega}}$,然后对“t”在 $[0,t_f]$ 上积分,得

$$\int_0^t f(q,\widetilde{\omega})\,\dot{\widetilde{\omega}}\mathrm{d}t=\int_0^{t_f}\frac{E_h h^3}{12a^4}\left(\frac{\partial^4 \widetilde{\omega}}{\partial \theta^4}+\frac{\partial^2 \widetilde{\omega}}{\partial \theta^2}\right)\dot{\widetilde{\omega}}\mathrm{d}t+\int_0^{t_f}\frac{\bar{\sigma}h}{a^2}\left(\frac{\partial^2 \widetilde{\omega}}{\partial \theta^2}+\widetilde{\omega}\right)\dot{\widetilde{\omega}}\mathrm{d}t$$

$$+\int_0^{t_f}\gamma h \frac{\partial^2 \widetilde{\omega}}{\partial t^2}\dot{\widetilde{\omega}}\mathrm{d}t \quad (5\text{-}26)$$

利用不等式[8]

$$\int_0^d \dot{v}(t)^2 \mathrm{d}t \geqslant \frac{1}{d}\left[v(d)-v(0)\right]^2,d>0 \quad (5\text{-}27)$$

和前述挠动偏离的两条性质,式(5-26)经简化得

$$\int_0^t f(q,\widetilde{\omega})\,\mathrm{d}t \geqslant \frac{E_h h^3}{12a^4}(n^4-n^2)\frac{\widetilde{\omega}^2}{2}+\frac{\bar{\sigma}h}{a^2}(1-n^2)\frac{\widetilde{\omega}^2}{2}+\frac{\gamma h p}{t_f}\widetilde{\omega}^2 \tag{5-28}$$

把式(5-28)在 $[0,2\pi]$ 上积分,得不发生屈曲的充分条件为

$$\frac{E_h h^3}{12a^4}(n^4-n^2)\frac{1}{2}+\frac{\bar{\sigma}h}{a^2}(1-n^2)\frac{1}{2}+\frac{\gamma h p}{t_f}>0 \tag{5-29}$$

因为 $n^2 \gg 1$,式(5-29)左边简化为

$$\frac{E_h h^3}{24a^4}n^4+\frac{\gamma h p}{t_f}>\frac{\bar{\sigma}h}{2a^2}n^2 \tag{5-30}$$

对式(5-30)关于 n 求最小值,得"临界波数"和临界冲击载荷参数的表达式如下:

$$n^2=\frac{6a^2\bar{\sigma}}{E_h h^2} \tag{5-31}$$

把式(5-31)代入式(5-30)对应的等式中,得临界冲击载荷参数的表达式

$$\frac{2\gamma p}{t_f}=\frac{3\bar{\sigma}^2}{E_h h^2} \tag{5-32}$$

$$p=\frac{2}{t_f}-\frac{E_h h^2}{3a^2\bar{\sigma}t_f}\approx\frac{2}{t_f}(a\gg h) \tag{5-33}$$

2) 均匀径向变形的求解

由于未发生屈曲,均匀塑性变形处于无矩状态, $\dfrac{\partial^n \omega_0}{\partial \theta^n}=0(n\geqslant 1)$,从而基本塑性变形 ω_0 满足方程式

$$N_\theta\left(\frac{1}{a}+\frac{\omega_0}{a^2}\right)=\gamma h\frac{\partial^2 \omega_0}{\partial t^2} \tag{5-34}$$

为了方便求解方程(5-34),引入无量纲的径向位移和时间

$$u=\frac{\omega_0}{a},\tau=\sqrt{\frac{E_h I}{\gamma h a^4}}t=\frac{1}{\sqrt{12}}\sqrt{\frac{E_h}{\gamma}}\frac{h}{a}\frac{t}{a} \tag{5-35}$$

再引入无量纲常数 s,

$$s^2=\frac{N_\theta a^2}{E_h I}=12\frac{N_\theta a^2}{E_h h^3}=12\frac{\bar{\sigma}a^2}{E_h h^2} \tag{5-36}$$

那么方程(5-34)化为

$$\frac{\mathrm{d}^2 u}{\mathrm{d}\tau^2} + s^2 u = -s^2 \tag{5-37}$$

令初始速度为 V_0，经求解

$$\frac{\partial u}{\partial \tau}\Big|_{\tau=0} = V_0 \sqrt{\frac{\gamma h a^2}{E_h I}}, \ 令\ v_0 = V_0 \sqrt{\frac{\gamma h a^2}{E_h I}} = \sqrt{\frac{12\gamma}{E_h}}\frac{a}{h}V_0 \tag{5-38}$$

得到无扰动位移

$$u_p(\tau) = -1 + \cos(s\tau) + \frac{v_0}{s}\sin(s\tau) \tag{5-39}$$

当 $\dfrac{\partial u_p(\tau)}{\partial \tau} = 0$ 时，均匀径向运动终止；运动持续的时间可由下式得

$$\tan(s\tau) = \frac{v_0}{s} \tag{5-40}$$

联立式(5-32)～式(5-36)得临界结果

$$\tau_f s^2 = 4 \tag{5-41}$$

式中，τ_f 是 t_f 由新变量 τ 表示得到。联立式(5-35)～式(5-41)得到临界的脉冲载荷初始速度 V_{cr}。当式(5-40)中 $s\tau_f$ 值较小，那么可以近似处理为 $s\tau_f = \dfrac{v_0}{s}$，从而临界速度公式简化为

$$V_{cr} = \frac{4h}{a}\sqrt{\frac{E_h}{12\gamma}} \tag{5-42}$$

3）有限长管坯径向塑性屈曲临界参数

考虑管坯长度对变形的影响，即可把式(5-8)代入式(5-5)中得到单元体均匀塑性变形平衡方程，代入式(5-24)中得到屈曲控制方程。根据能量准则，得到不发生屈曲的充分条件

$$\frac{E_h h^3}{12a^4}(n^4 - n^2)\frac{1}{2} + \frac{(2-k)\bar{\sigma}h}{k_2 a^2}(1-n^2)\frac{1}{2} + \frac{\gamma h p}{t_f} > 0 \tag{5-43}$$

通过相似的处理过程，得到屈曲波数、临界冲击参数、扰动位移指数系数、无量纲参数。与不考虑管坯长度的结果相比，管坯长度因素使流动应力多了系数项 $\dfrac{(2-k)}{k_2}$。

同样，在考虑管坯长度影响的情况下，由能量法可以得到与式(5-41)一致的基本结果。同理，当 $s\tau_f$ 值很小时，计算得到简化后的临界冲击速度如式(5-44)所示，

其形式与式(5-42)相同。

$$V_{cr} = \frac{4h}{a}\sqrt{\frac{E_h}{12\gamma}} \tag{5-44}$$

由此可知,使一个厚壁管坯产生冲击屈曲塑性变形的临界径向冲击能量 E_c 为

$$E_c = mV_{cr}^2/2 = \frac{2mh^2E_h}{3a^2\gamma} \tag{5-45}$$

5.3.3 压缩失稳条件建立

1. 理论基础

为了简化计算,假设结构为刚塑性材料,而且为线性强化。与大多数结构的屈曲理论相似,假设未屈曲的基本运动处于切向应力状态,不考虑应力波效应。同时近似假设基本运动控制着屈曲运动从而不考虑卸载的影响。因此全部过程都采用了塑性流动的本构关系[18]。

王仁能量准则研究的这类冲击载荷问题中的初始冲击能量是一个完全确定的量,即讨论的都是瞬时速度初值问题。当初始冲击能量完全被塑性功消耗时,结构停止变形,由此算得一个冲击持续时间 t_f,即应当在 $[0, t_f]$ 时间范围内考虑临界屈曲问题。

忽略焦耳热部分,管坯电磁缩径过程中,磁压力脉冲对工件所做的功转化为工件运动动能和塑性功。在磁压力脉冲的前半波,动能和塑性功都随时间而增大;之后,动能向塑性功转化直到运动停止,磁压力脉冲所做功全部转化为塑性功。而结构塑性屈曲能量准则讨论的是初始冲击能量是一个完全确定的量,即一个瞬时速度初值问题。该冲击能量与电磁成形中的磁压力脉冲对工件所做的功相对应,可以据此把电磁缩径失稳条件问题转化为由初始冲击能量确定的瞬时速度初值问题,进而可用冲击屈曲能量准则来求解和分析。

由此把电磁成形的电动力学和塑性动态冲击屈曲能量准则联系起来,在保证两种形式的冲击能量(瞬时速度初值的冲击问题和脉冲磁压力缩径的冲击问题)相等的条件下,确定管坯在脉冲磁压力作用下的临界冲击屈曲能量的问题。

2. 临界条件建立

认为只有磁压力脉冲的第一波对变形起作用,则取 $t_f = \dfrac{\pi}{\omega}$,那么磁脉冲载荷作用下管坯产生稳定塑性变形的条件为 $E_m \leqslant E_c$,即

$$\int_0^{\frac{\pi}{\omega}} 2\pi(a-\omega_0)lP\dot{\omega}_0\,\mathrm{d}t \leqslant \frac{2mh^2E_h}{3a^2\gamma} \tag{5-46}$$

如果径向变形很小,式(5-46)可以简化成

$$\int_0^{\frac{\pi}{\omega}} 2\pi alP\dot{\omega}_0\,\mathrm{d}t \leqslant \frac{2mh^2E_h}{3a^2\gamma} \tag{5-47}$$

把式(5-7)、式(5-13)和式(5-15)分别代入式(5-46)中的左侧,把式(5-42)或式(5-44)代入右侧,通过数值计算得到临界放电电压 U_{cr},如式(5-48)所示,作为脉冲磁压力作用下管坯是否产生径向塑性压缩失稳变形的能量条件。

$$U_{cr} = f(C,L,R,T,a,h,a/h,E_h,\sigma_s,\gamma) \tag{5-48}$$

由式(5-48)可知,该判定条件综合考虑了电磁缩径成形系统各个因素的影响:系统放电回路的电容 C、等效电感 L 和等效电阻 R;单位长度上的匝数 T;管坯材料的硬化模量 E_h、屈服强度 σ_s(考虑高速率变形过盈利效应);管坯的半径 a、厚度 h 及径厚比 a/h 等因素。因此,临界放电电压 U_{cr} 是综合考虑成形系统各参数作用的结果。当实际放电电压 $U \leqslant U_{cr}$ 时,脉冲磁压力作用下的管坯只产生均匀的缩径变形,属稳定变形的范围;反之,则产生不稳定的屈曲塑性变形。

3. 应用实例

根据 5.3.2 节规定的假设条件,用直线式表示的 5A02-O 的材料硬化模型如图 5-5 所示。$\sigma(\mathrm{MPa})=169.4+276\varepsilon$,对应的初始屈服为 169.4MPa。考虑管坯长

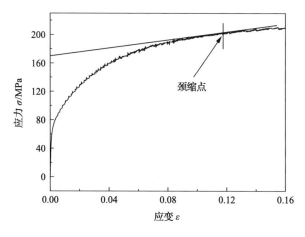

图 5-5　直线式硬化模型

度对流动应力的影响,由式(5-8)及 $k = 0.5\exp[-l/(2D)]$,$k_1 = 2(1-k+k^2)$,$k_2 = \sqrt{3k_1/2}$ 可得

$$P_y = 1.135\bar{\sigma}h/a \tag{5-49}$$

考虑变形强化的影响,以及均匀缩径变形量较小,取周向应变等于 0.08 为极限变形,那么,式(5-49)中的平均流动应力为

$$\bar{\sigma} = 169.4 + 276 \times 1.067 \times 0.08/2 = 181.18(\text{MPa})$$

由此,式(5-49)化为 $P_y \doteq 205.64h/a(\text{MPa})$。

根据缩径成形系统的结构参数和材料的电磁学、力学性能计算出判据所需的各个参数,如系统电感、电阻、电流频率、衰减系数、峰值磁压力、临界冲击速度等,然后应用 MATLAB 语言编写流程并计算临界放电电压(放电能量)。最终计算得到的放电电压的理论值和与之对应的试验值的对比如图 5-6 所示,最大相对误差19.3%(a/h=14.4),当管件径厚比较大时,放电电压的理论值高于试验值;而当径厚比较小时,情况相反。

由于根据能量准则确定的临界条件是塑性失稳屈曲变形发生的充分条件,所以确定的临界放电电压值应小于相应的试验值。但是,一方面,由理论推导得到的判据是建立在一定的简化条件基础上的,忽略了材料高速率变形的过应力效应,本身涉及的影响因素又非常多;另一方面,如上所述,试件准备及试验操作受到多种实际因素的影响,使缩径稳定性试验的波动性较大。这两方面原因导致很难获得精度更高的理论解析结果。

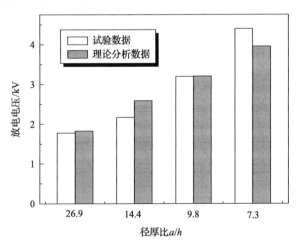

图 5-6　临界放电电压对比

5.4　管坯电磁缩径变形分析

5.4.1　数值模拟模型

当线圈与管坯轴对称放置,并且坐标系建立在线圈的几何中心时,管坯电磁缩径系统可简化为二维轴对称 1/4 模型来处理。电磁场分析几何模型和有限元模型如图 5-7 所示,图中 A1-管坯,A2-线圈,A3-空气远场区,A4-空气近场区,b 为线圈长度的一半。

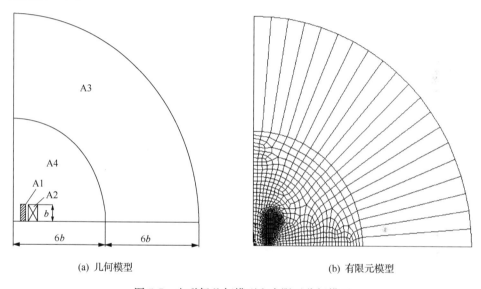

(a) 几何模型　　　　　　　　　　　(b) 有限元模型

图 5-7　电磁场几何模型和有限元分析模型

利用松散耦合法进行管坯电磁缩径力场分析时,只需建立管坯和线圈的轴对称模型,并且要保证两种物理场求解时的网格剖分相同。以随时间变化的节点磁场力作为变形分析载荷。因此,变形分析中管件的网格剖分可以从电磁场分析中继承。

放电后不同时刻系统磁力线和所受的磁场力分布如图 5-8 所示。放电后约40μs 之前,磁力线几乎全部被屏蔽在管坯-线圈间隙内,只有在端部有一定扩散,当放电约 60μs 时,有磁力线透出。其后,随着放电时间的延长,管坯变形增大,磁力线透出加剧,磁场力减小。放电过程中,管坯端部受力比较复杂,除受到径向向内的压力,还受到轴向压力,而管坯中部只受到径向向内的压力。线圈端部受力情况也较复杂,既有轴向压力,又有径向向外的压力,中部只受到径向向外的压力。

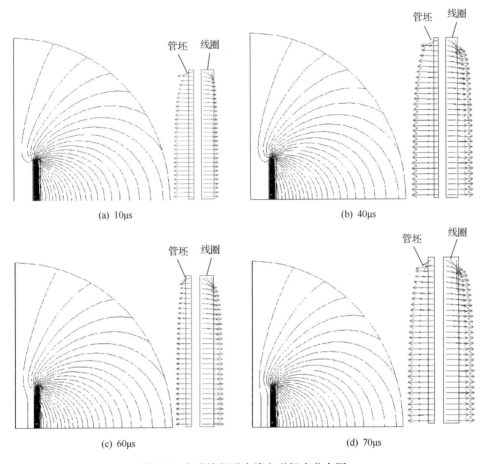

(a) 10μs　　　　　　　　　　　　　(b) 40μs

(c) 60μs　　　　　　　　　　　　　(d) 70μs

图 5-8　电磁缩径磁力线和磁场力分布图

　　另外,管坯所受的径向磁场力沿轴向分布不均匀,端部节点的受力明显小于中部节点;另外,管坯只在端部受轴向磁场力作用。产生以上现象的原因是:在管坯中部,由于线圈和管坯的约束作用,磁力线近似与管坯平行,故管坯只受到径向磁场力作用;而在管坯端部,线圈和管坯对磁场的约束减弱,导致管坯端部磁力线发散,端部所受的径向磁场力减小,同时产生轴向磁场力。

　　管壁外侧母线的最终径向位移如图 5-9(a)所示。图中横坐标表示测量点距管坯母线中心的距离。由于径向磁场力分布不均匀,导致径向变形亦不均匀,端部变形小,中部变形大,最大变形量达 1.72mm。管壁上沿外侧母线的最终塑性主应变分布如图 5-9(b)所示,其中轴向主应变相对较小,而周向主应变绝对值最大。显然,厚向和轴向应变为正应变,周向应变为负应变。由此可知,管坯电磁缩径成形后,轴向伸长,壁厚增加,直径缩小。

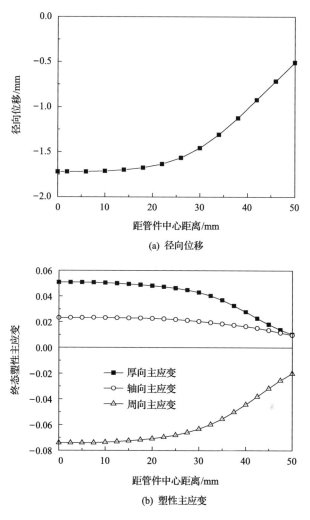

(a) 径向位移

(b) 塑性主应变

图 5-9　管坯电磁缩径终态变形

5.4.2　成形系统参数对变形的影响

1. 放电电压

放电电压对终态缩径变形的影响如图 5-10 所示。随着放电电压提高，管壁各个位置的变形量均增大，且最大径向位移从 1.08mm 增加到 1.78mm。图中的实线是对应放电电压下变形的模拟结果。

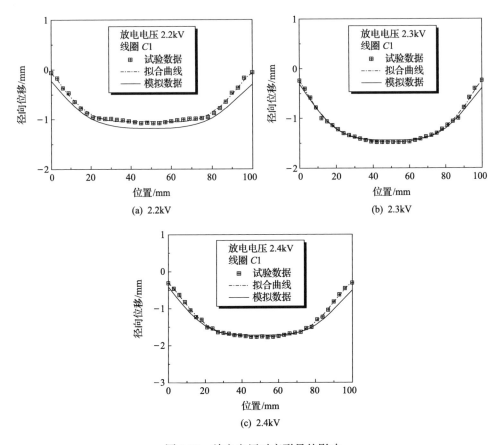

图 5-10　放电电压对变形量的影响

由等效磁压力 P（式(5-7)）可知,当电磁缩径系统确定以后,等效磁压力 P 主要取决于放电电压 U , P 与 U^2 近似成正比关系。随着放电电压的增大,节点位移也增大,中心节点径向位移随时间变化的曲线如图 5-11 所示。放电电压从 2.2kV 增大到 2.4kV,最大径向位移从 1.18mm 增大到 1.72mm。

2. 线圈长度

一般而言,螺线管线圈自感与体积成正比。随线圈长度增加,线圈体积增大,电感增大,成形系统等效电感也变大,电流变小。

电磁缩径时,作用于管坯的峰值磁压力可表示为[16]

$$P_m = \frac{CU^2}{2\pi l\lambda(c^2 - a^2)} \tag{5-50}$$

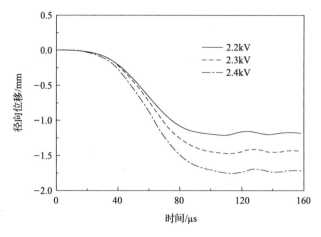

图 5-11　中心节点径向位移随时间变化

可知,作用于管坯的峰值磁压力除了取决于放电电压外,还与线圈的长度和内半径有关。在放电电压和线圈内半径不变的情况下,线圈长度越短,作用于管坯的峰值磁压力值越大,因此,变形量越大,变形区越短。

相同放电参数、管坯与线圈等长(50mm、80mm 和 100mm)条件下,缩径变形如图 5-12 所示。随着线圈长度增大,管坯最大变形量减小,中部的均匀变形区长度增大。另外,无论线圈的长度如何,只要管坯长度等于(大于)线圈长度,其径向变形都是不均匀的,端部的变形量小,中部的变形量大。

3. 相对长度对缩径变形的影响

所谓相对长度是指管坯长度与缩径线圈长度的比值,用 δ 表示。线圈 C1 的有效长度是 100mm,管坯长度分别为 50mm、60mm、80mm 和 100mm,截面尺寸为 $\Phi50.0\times2.0$mm,材料为 3A21-O 铝合金,则管坯相对长度分别为 0.5、0.6、0.8 和 1.0。试验过程中放电电压保持 2.2kV 不变。由图 5-13 所示的试验结果可知,在放电能量相同的情况下,当相对长度 $\delta \geqslant 1.0$ 时,端部变形小于中部变形,端部呈喇叭口形,中部存在均匀变形区。当 $\delta<0.8$ 时,端部变形大于中部变形,中部均匀变形区逐渐变短,整个变形管坯呈鼓形。δ 越小,变形分布越不均匀,从管坯中部到端部的变形梯度越大。由上述分析可知,当 $0.8<\delta<1.0$ 时,必定存在一个临界相对长度,其对应的径向变形均匀分布。

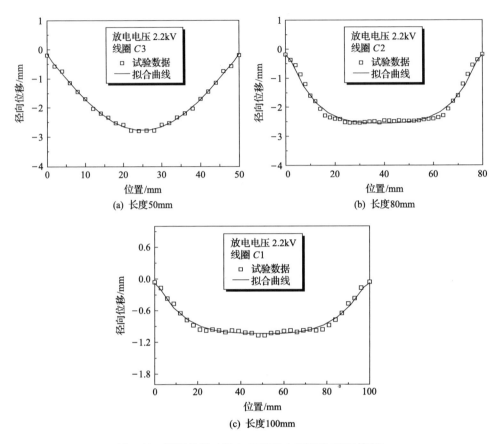

(a) 长度50mm

(b) 长度80mm

(c) 长度100mm

图 5-12　线圈长度对径向变形影响(线圈与管坯等长)

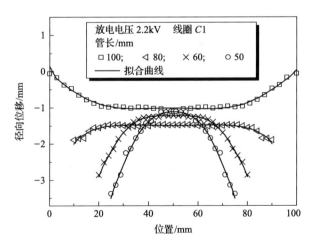

图 5-13　管坯相对长度对缩径变形的影响

　　根据数值模拟结果,选择长度为 91.0mm、92.0mm、93.0mm、94.0mm 的管坯。沿轴向分布的稳定缩径变形如图 5-14 所示。当管件长度小于或等于 92.0mm 时,端口变形量大于中部;当管件长度大于 93.0mm 时,端口变形量小于中部。由此可知,在放电电压 2.25kV 条件下,均匀变形对应的管件长度处于 92.0~93.0mm。与试验对应条件下的数值模拟得到的均匀变形管件长度为 92.44mm[19]。该结果可以说明,通过调节管坯和螺线管线圈相对长度,能够获得管坯径向"均匀"变形。

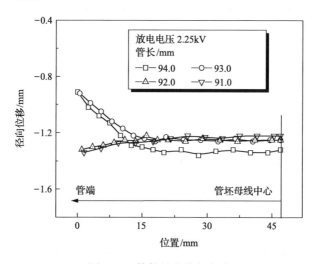

图 5-14　管件径向均匀变形

5.4.3　管坯电磁缩径稳定性分析

1. 皱形描述方法

　　常见的评价单波皱形的方法和参数如图 5-15 所示,即皱纹的最大高度 H_{max}、材料余量 $\Delta L = L_1 - L$、皱纹高度与宽度的最大比值 $(H/L)_{max}$、最大倾斜角 θ_{max}、倾

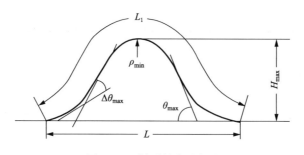

图 5-15　皱形的表述方法

斜角的最大变化量 $\Delta\theta_{max}$ 和最小曲率半径 ρ_{min}。上述的表述方法,各有其适应的范围和优缺点。其中,测量皱纹的最大高度 H_{max} 是较容易且有效的,它反映了起皱的严重程度,可以表述皱纹的主要形态。

根据管坯电磁缩径变形的特点,采用管壁起皱形态参数 $(\Delta r)_{max} = (D - \bar{D})_{max}/2$ 来表述皱形,其中 D 是缩径管坯圆周上某一直径,$\bar{D}$ 是沿圆周方向按一定角度差测得直径的平均值,Δr 是过变形管坯纵轴中心横剖面的径向跳动值。$(\Delta r)_{max}$ 表示所测量起皱管坯横剖面内的皱形高度的最大值,也表示管坯横剖面上最大径向跳动值。这一参数基本反映了皱形在圆周方向上分布的严重程度和主要形态,能够用于临界起皱的判定。在板材成形中,当"局部隆起"高度大于 0.2mm时,就认为发生了起皱。在本章缩径失稳起皱试验判定中,考虑曲率的影响,选取0.1mm 作为临界值[16]。当隆起高度大于 0.1mm,就认为发生了起皱。

2. 变形测量

通常管坯电磁缩径成形和连接工艺中的线圈和管坯等长。当放电能量超过某一临界值时,管坯中心处最先产生塑性屈曲变形。因此,可考察变形管坯中心处直径的跳动分布情况,即在管坯中心横剖面上每隔10°测量直径的变化情况。

就管坯缩径变形而言,对变形量及稳定性影响最大的是直径和壁厚。为了综合考虑上述二因素,采用径厚比,即管坯的中半径 a 与管坯厚度 h 的比值,来表述管坯直径和壁厚对缩径变形的影响。

3. 径厚比 $a/h = 7.3$ 管坯电磁缩径试验

径厚比 $a/h = 7.3$ 对应管坯外径是 49.3mm,内径是 43.0mm。在放电电压3.65kV 条件下,变形管坯轮廓如图 5-16 所示。沿管坯外侧母线的径向变形:中间变形大,存在均匀变形区,两端变形小。通过径向跳动测量可知,管坯沿圆周方向变形均匀,未发生起皱现象。

在放电电压 4.0kV 条件下,试验数据曲线也呈现和 3.65kV 电压下近似的变形分布,只使缩径变形量增大。4.0kV 下径向跳动 Δr 沿变形管坯的分布如图 5-17所示,Δr 绝对值未达到或超过 0.1mm,所以试验判定该管坯未产生起皱变形。

在 4.4kV 电压下,管坯变形如图 5-18 所示,端口变形后的直径为 47.42mm,母线中心处的直径为 44.07mm,缩径量继续增大。4.4kV 下径向跳动 Δr 沿变形管坯的分布如图 5-19 所示。虽有波动,但 Δr 绝对值未达到或超过 0.1mm,所以试验判定该管坯未产生起皱变形。

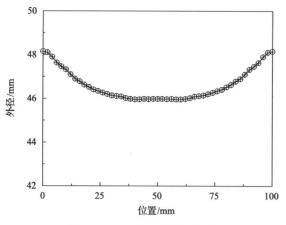

图 5-16　3.65kV 下管坯变形

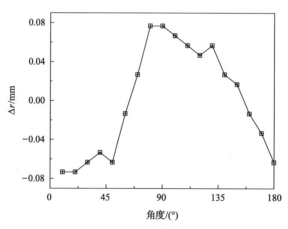

图 5-17　4.0kV 下管坯径向跳动

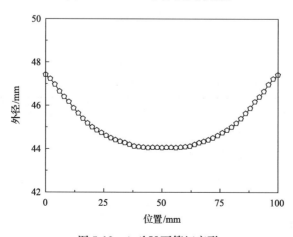

图 5-18　4.4kV 下管坯变形

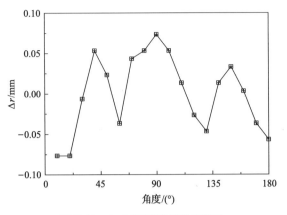

图 5-19　4.4kV 下管坯径向跳动

　　放电电压 4.45kV 下的管坯径向跳动如图 5-20 所示。由图可知,管坯有起皱现象发生,故认为 4.4kV 为该径厚比下管坯发生失稳变形的临界放电电压。径厚比 $a/h = 7.3$ 的变形管坯与初始管坯的实物对比如图 5-21 所示。

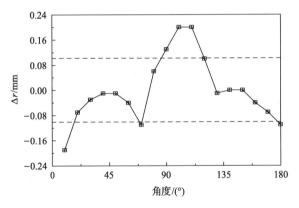

图 5-20　4.45kV 下管坯径向跳动

图 5-21　不同电压下 $a/h = 7.3$ 的变形管坯

4. 径厚比对管坯缩径变形的影响

在分别对径厚比 a/h 为 9.8、14.4、26.9 的三组管坯进行电磁缩径试验后发现，其变化规律和所呈现的变形特点均与 $a/h = 7.3$ 的管坯相类似。

各组管坯试验后所测得的径向位移曲线如图 5-22 所示。与各 a/h 对应的径向跳动 Δr 的分布曲线分别如图 5-23 所示，变形管坯实物如图 5-24 所示。由测得的 Δr 与 0.1mm 对比可知，径厚比 a/h 为 9.8、14.4 和 26.9 管坯对应的临界放电电压分别为 3.2kV、2.17kV 和 1.78kV。

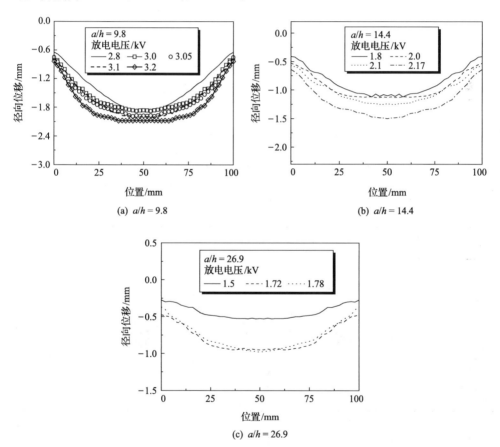

(a) $a/h = 9.8$　　　　　　　　　　　(b) $a/h = 14.4$

(c) $a/h = 26.9$

图 5-22　不同径厚比管坯的变形对比

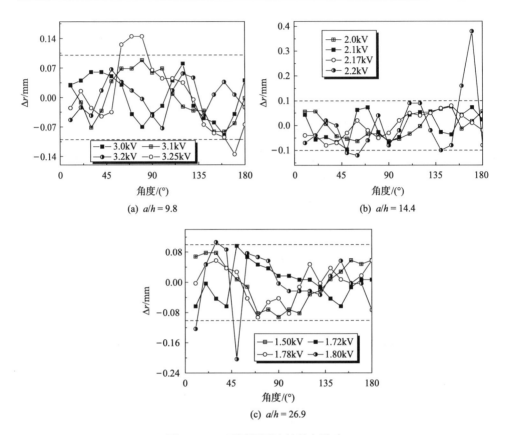

(a) $a/h = 9.8$

(b) $a/h = 14.4$

(c) $a/h = 26.9$

图 5-23　　　不同径厚比的径向跳动

(a) $a/h = 9.8$

(b) $a/h = 14.4$

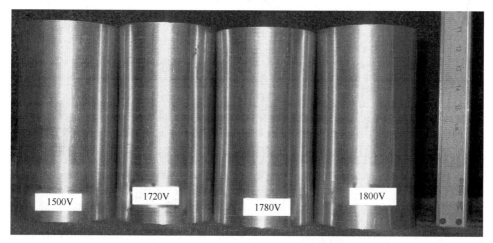

(c) $a/h = 26.9$

图 5-24 不同径厚比的变形管坯

对比分析上述结果可知,随着径厚比的增大,管坯电磁缩径失稳起皱临界放电电压逐渐减小,如图 5-25 所示。

管坯表面初始缺陷往往对试验结果造成非常大的影响。如管坯装卡、加工、转运或保存中的不慎所致的一些明显凹陷。加之电磁成形机放电能量较大,临界放电能量相对较敏感,而且对工件表面质量要求较高,故微小的损伤都会给试验造成很大的影响,为临界起皱放电能量的判断带来比较大的困难。管坯本身的特征,如几何形状方面(圆度、壁厚)、材料均匀性(沿管坯圆周分布)和原材料的热处理条件等对缩径变形质量的影响也是非常显著的。

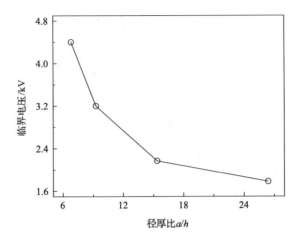

图 5-25　径厚比对临界放电电压的影响

5.5　展　　望

　　管坯电磁缩径是电磁成形技术主要应用形式之一,可用于实现多种塑性成形加工过程,如冲裁,包括管端切边、管壁切口等;成形,包括内凹、偏轴线、带环筋和纵筋的异形管件成形加工;机械连接,包括金属-金属、金属-非金属管形构件的连接和装配,以及绝缘屏蔽条件下进行"隔空打物"般连接装配;焊接,可实现多种异种金属的固相焊接,包括铝-钢、铜-钢、铝-铜等常规焊接方法难以实现冶金连接的材料匹配。还可与其他成形技术配合,生产制造复杂形状构件,如为变截面管件内高压成形提供局部缩径变形坯料,在挤压工序后进行异型管材的成形等。总的来说,以缩径为代表的电磁成形是一种独特的、正在被逐渐广泛接受的成形制造技术,属于一种特种成形工艺,用于成形其他成形方法难以或不能加工的零件的成形制造,但是难以替代传统成形工艺。

参 考 文 献

[1] Lindberg H E, Florence A L. Dynamic Pulse Buckling: Theory and Experiment. Leiden, Boston: Martinus Nijhoff Publishers, 1987: 1-10, 75-82.

[2] 顾王明, 刘士光, 郑际嘉. 非均匀径向冲击下圆柱壳塑性动屈曲. 应用力学学报, 1994, 11(2): 40-47.

[3] 韩强, 张善元, 杨桂通. 结构动力屈曲问题研究进展. 力学进展, 1998, 28(3): 349-359.

[4] 顾王明, 刘士光, 李世其, 等. 圆柱壳动力屈曲研究进展. 力学与实践, 1994, 16(3): 8-15.

[5] 王仁, 茹重庆. 轴向冲击载荷下圆柱壳塑性屈曲的能量准则//中国力学学会. 第 16 届 ICTAM 中国学者论文集锦(下册). 大连: 大连工学院出版社, 1986: 252-263.

[6] 茹重庆, 王仁. 关于冲击载荷下圆柱壳塑性屈曲的两个问题. 固体力学学报, 1988, 9(1): 62-66.

[7] 严东晋, 宋启根. 结构冲击屈曲准则讨论. 工程力学, 1997, 14(4): 18-28.

[8] 茹重庆. 冲击载荷下结构的塑性屈曲问题. 北京：北京大学博士学位论文，1988：1-97.

[9] Stuiver W. On the buckling of rings subject to impulsive pressures. Journal of Applied Mechanics，1965，(9)：511-518.

[10] Goodier J N，Mclvor I K. The elastic cylindrical shell under nearly uniform radial impulse. Journal of Applied Mechanics，1964，(6)：259-266.

[11] Vaughan H，Florence A L. Plastic flow buckling of cylindrical shells due to impulsive loading. Journal of Applied Mechanics，1970，(3)：171-179.

[12] Bhattacharyya. The compression of thin-walled tubes by electromagnetic impulse. Waterloo：University of Waterloo，1975.

[13] Al-Hassani S T S. The plastic buckling of thin-walled tubes subject to magnetomotive forces. Journal Mechanical Engineering Science，1974，16(2)：59-70.

[14] Sano T，Takahashi M，Murakoshi Y，et al. Electromagnetic tube compression with a field shaper. Journal of the Japan Society for Technology of Plasticity，1984，25(283)：731-739.

[15] Min D K，Winkim D. A finite-element analysis of the electromagnetic tube-compression process. Journal of Materials Processing Technology，1993，38(1)：29-40.

[16] 于海平. 管件电磁缩径失稳判据及变形分析. 哈尔滨：哈尔滨工业大学博士学位论文，2006：34-108.

[17] 张守彬. 电磁成形胀管过程的研究及工程计算方法. 哈尔滨：哈尔滨工业大学博士学位论文，1990：1-90.

[18] Goodier J N. Dynamic plasitic buckling. Dynamic Stability of Structures，1966：189-211.

[19] Yu H P，Li C F，Liu D H，et al. Tendency of homogeneous radial deformation during electromagnetic compression of aluminium tube. Transactions of Nonferrous Metals Society of China，2010，20：7-13.

第6章 管坯电磁精密校形

6.1 引 言

航天飞行器的舱体、油箱、贮箱和喷管多为筒形和异形件,多用旋压工艺加工。预研型号的同类零件也将采用旋压工艺。由于旋压加工精度有限,无法达到图纸技术要求,出现产品合格率低和超差使用的情况,影响产品使用性能。

发电机护环是一个薄壁的圆筒形零件,采用液压胀形加工时由于工艺参数控制不当,加工后胀形不均匀,严重时可以形成两端局部"喇叭口"型[1]。

硫酸铝制槽车罐体与加强圈焊接后,罐体焊接变形严重,出现了很大的椭圆度,导致与封头对装困难[2]。

采用铝合金材料制作的汽车覆盖件是汽车工业今后发展趋势,而铝合金材料成型性差,尖角处和弯曲处非常容易破裂、起皱。

这些问题的解决途径之一是通过后续的校形工艺。目前常用的校形方法有机械校形、刚模校形、软模校形、热校形及电磁校形等[3,4]。其中机械校形及刚模校形的机构、模具复杂,不易操作,校形精度低,甚至损坏零件表面[5]。软模校形主要是用气体、液体、橡胶等介质校形,模具复杂,寿命低,密封困难,成本高。由于局部热校形好坏取决于加热位置和加热范围,在实际操作中很难掌握,并且表面镀层在热校时会被破坏[6]。电磁方法属高能率成形,零件的变形主要靠体积力,以很高的速度贴模,因而零件贴模性好,弹复小,精度高,尤其适用于零件校形。同时该方法模具结构较简单,工艺稳定性好。因此电磁校形是上述零件提高精度的首选方法之一。

6.2 电磁校形工艺研究现状

6.2.1 电磁校形的优点

电磁校形时,零件以很高的速度、很大的冲击力贴模,可提高零件的贴模性和定形性,减小零件弹复,提高零件成形精度[7,8]。

电磁校形比刚模校形所需的模具要简单,成形均匀度高;与橡胶成形相比,成形后表面(尤其是内表面)质量好,效率高;与液压胀形比,不需要密封防漏、效率高。与其他几种高能成形方法相比,爆炸成形的生产效率低,劳动强度大,爆炸产

物及噪声污染环境,炸药的存储及使用具有一定的危险性,该工艺应用在大型零件
生产而不具备大型设备及大型模具时才能显示出其优越性;电液成形需要水作为
传压介质,不仅水的密封比较麻烦,而且放电时,可能产生的泄漏和飞溅,使工作条
件恶化;电磁校形没有上述缺点,相反还有许多优点,如生产条件好,无污染,易于
实现机械化自动化,生产效率高等,尤其对于一些特殊的零件,它几乎成为唯一可
以选用的校形工艺方法[9-11]。

6.2.2　国内外的研究现状

近 10 年国内电磁成形研究较多的是哈尔滨工业大学、武汉理工大学、华中科
技大学等。哈尔滨工业大学在 2001 年实现了航天用大直径铝合金筒形件校形,近
期武汉理工大学对电磁校形有了较多的研究[12-14]。

国外做电磁校形最多的是俄罗斯(苏联),做了大量工业化、体系化研究[15-17],
美国的俄亥俄州立大学在电磁成形领域培养了一批博士,在电磁校形方向上也做
了大量研究[8,18-20]。

Shang[21]发现电磁成形中增加放电能量可以减少回弹角度。

Курлаев 等对飞行器翼板的电磁校皱进行了模拟[15]。当成形时弯曲系数过
高会形成皱纹,通常采用多次模锻校形与中间退火实现最终成形。而利用电磁力
实现校形可以一次完成,并可提高成形极限。

Исаченков 对薄板筒形件电磁校形进行了研究[16]。初加工后零件尺寸精度高
才能保证随后工艺的应用,为了保证 ПСР 零件的质量,通常这一部分的工作由校
形工序完成。各种形状和尺寸零件校形的原理图列举在图 6-1 中。

由于线圈的强度低,加工小直径的零件尺寸要超过 35~40mm。对于缩径校
形,材料可能会失稳,但这种方法要远优于静态校形[17]。通过电磁加工的方法可
以校形具有复杂断面(椭圆形、方形、多边行)的零件或者外形(异径、锥体)很复杂
的零件。

电磁方法可以对耐腐蚀钢和钛合金校形,在大多数时候可以利用由高导电材
料制成的金属垫作为传力装置,这种金属垫可以多次使用,是由 3~5 层厚为0.2~
0.3mm 的铜或铝合金薄板缠绕而成。

6.2.3　电磁校形技术在汽车中的应用

对于现代汽车工业,结构一体化、整体轻量化已成为这个时代的汽车工业的口
号。因而高强度铝合金成为了首选,据估算车身全部为铝材,那么整体重量将减轻
50%,相应地节约了能源,减轻了对环境的污染[22,23]。

在铝合金车身制造时,尖角处和弯曲处非常容易破裂、起皱,此时可以采用电
磁高速成形与普通冲压成形相结合的复合工艺,即高速和低速相结合,大部分的变

工序	方案	简图	校准	零件材料	零件尺寸	壁厚	校准部位长度	精度等级
管子、焊接零件边缘校对	收口扩口			AM26M	60-200	1,0-4	20-30	H11-H12
				1X18H9T	20-130	0,8-3,0	20-30	
				OT-4, BT14				
				nT-7M	40-120	0,5-2,0	15-25	
				AM26M				
				MA-1	26	2,0	20	H11-H12
				AMuM	40-100	0,8-2	10-40	H9-H11
				AM22M	40-100	0,8-1,5	10-40	
				AM23M	40-100	0,8-1,8	10-40	
				AMuM	50-400	1,0-4,0	10-20	
				AM23M	50-400	1,0-4,0	10-40	H11-H12
				AM26M	50-400	1,0-4,0	10-20	
	扩口	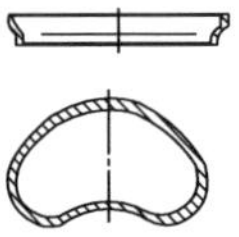	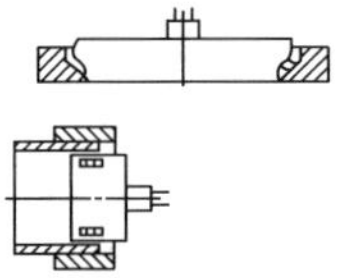	AM26M	500-800	0,6-1	10-15	H9-H11
凹痕矫直		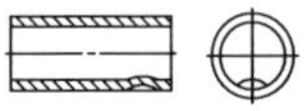	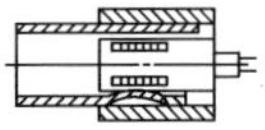	钢10	120-150	1,0-1,5	20-40	H11-H12
零件整体长度校对	收口,扩口			AM23M	50-120	1,0-1,5	60-150	H11-H12
				AM26M	50-120	1,0-1,5	60-150	
			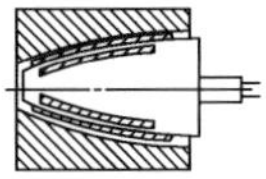	AM26M	200-1000	1,5-2	300-1000	H11-H12
			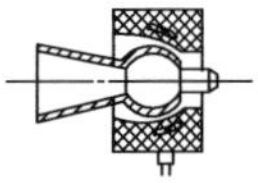	AM22M	49	1,5	20	H9-H11

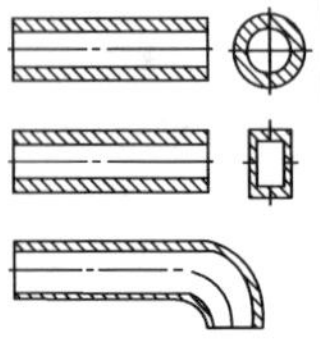

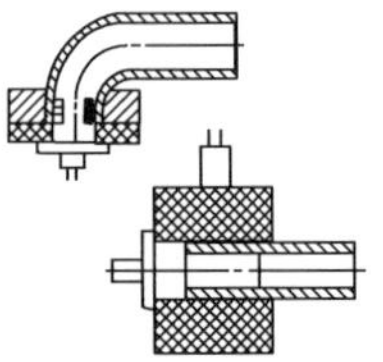

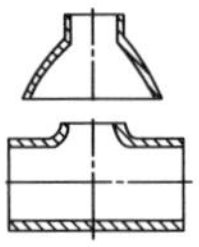

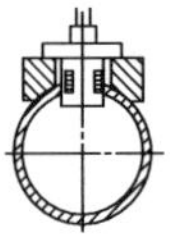

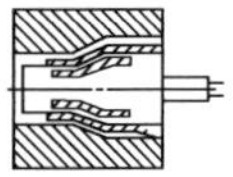

图 6-1 电磁校形的应用范围[16]

形由普通冲压工艺低速变形完成,而在圆角处和复杂变形处由电磁成形完成。其工艺方法是在凸凹模的尖角处和难成形轮廓处装上电磁线圈,先准静态预成形,而后利用电磁线圈放电,利用高速变形完成最终成形[18]。

俄亥俄州州立大学的 Vohnout 等对汽车铝合金门内衬板电磁校形进行了研究,如图 6-2 所示[18]。

图 6-2(a)是铝合金汽车门内衬板普通冲压后的情况,与标准钢模板图 6-2(b)相比可以看出边缘处有明显皱纹,凹槽底部圆角平滑没有形成棱线。图 6-2(c)是

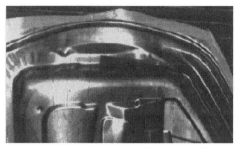

(a) 铝合金汽车门普通冲压件

(b) 标准钢制模板

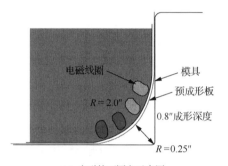

(c) 电磁校正圆角示意图

(d) 铝合金汽车门磁脉冲校形件

图 6-2　不同方法成形汽车门的对比

电磁校正圆角的示意图。校正后的工件如图 6-2(d)所示,凹槽底部圆角基本消失,出现了清晰的棱线;边缘处的皱纹全部消失;其他部位的成形性得到了提高。此技术极大地减少了成形周期和加工成本。因而电磁校形工艺在汽车工业上的应用前景十分看好。

6.3　管件电磁校形数值模拟

螺线管线圈放电时,放电电流为一瞬间振荡衰减的正弦波形,与电磁力同步变化。但这个正弦波所释放出的能量不都对管件塑性变形产生作用。实际上所有的成形能量几乎都是由第一波的前半波给出的,后续波传递给工件的能量减少是由于其本身能量降低及线圈与工件的间隙增大而使作用在管件上的电磁力逐渐降低,对管件塑性变形起不到明显作用。因而本书分析变形时只考虑放电电流第一波的前半波的作用效果。

6.3.1　电磁校形模型建立

根据电磁校形的具体环境选用磁矢势方法求解电磁场,选用四节点 Plane13

号单元。电磁场边界条件，$X=0$ 面上加磁力线平行标志，磁力线垂直条件自动满足。选取近场边界与远场边界距离相等。远场最外层加无限远标志。线圈加电流密度[24,25]。结构场边界条件，$Y=0$ 面上选择管件和模具节点，约束其 Y 向位移。在管件外表面和模具内表面加接触对，管件模具均选择柔性接触。

6.3.2　电磁场-结构场顺序耦合模型

使用物理环境法进行顺序耦合场分析，能够在结构变形求解中调用动态磁场力并使其作用在形状实时更新的工件上，实现了管件大变形及有模具情况下的电磁成形过程的模拟，并能同时获得各时间点上的磁场力、应力、应变、位移等，因而这种模型称为"强耦合模型"。

在电磁成形中还有其他的因素影响着成形过程，如工件中的涡流引发的副热、应变速率对工件材料本构关系的影响等，将这些因素均考虑在内的模型称为"全耦合模型"。这种方法是一种理想的求解方案，是学者奋斗的目标。

分别建立用于电磁场求解、结构变形求解的物理环境，并将 ANSYS 数据库中的下列几项写入物理环境文件：单元类型及 keyopt 设定、实常数、材料属性、求解分析选项、载荷步选项、约束方程、耦合节点设定、施加的边界条件和载荷、GUI 设定、分析标题。

在上述工作完成后进入耦合求解过程。

第一步。瞬态磁场分析：在一个时间单位范围内（本书为 6μs）作瞬态磁场分析，激励是该时间点实测的作用在线圈上的电流，求解完成后得到作用在管件上的洛伦兹力。

第二步。瞬态结构分析：在一个时间单位范围内作瞬态结构变形分析，激励是上一步磁场分析得到的作用在管件单元上的洛伦兹力，求解完成后得到管件单元的速度、加速度、应力、应变以及几何形状。

第三步。耦合瞬态磁场分析：利用上一步结构分析中得到的管件几何形状作为这次磁场分析的结构模型，作如第一步所述的磁场分析。

第四步。重启动瞬态结构分析：重启动分析，继承第二步结构场求解后的最终结果（速度、加速度、应力、应变以及几何形状）。然后作如第二步所述瞬态结构分析。

重复第三步、第四步求解直至完成全部时间范围求解。

这种方法可以考虑集肤效应及涡流带来的管件受力不均匀现象以及电磁成形特有的端部效应。实现了电磁-结构的无缝连接技术，考虑了管件变形对管件系统电参数的影响。这种方法可以在结构场中忽略空气单元，所以也就不会出现空气网格畸变现象。

6.4　管件电磁校形变形分析

影响电磁校形质量和效率的因素较多,放电回路方面有放电电压、电容量、回路电阻、回路电感、磁场力作用时间等;材料方面有材料的物理和机械性能、管材厚度和长度等;校形条件方面有模具结构、模具材料、间隙等。这些都直接或间接地影响着电磁校形的质量和效率。本节主要从放电电压、放电次数、放电频率、管件材料、尺寸以及模具结构等方面分析对管件电磁校形的影响和作用。

工艺分析采用直筒形及内腔具有一定形状的两组模具。第一组校形模具为直壁圆钢套,模具共三个,内径分别为 52mm、54mm 和 55mm,模具外径均为 94mm,高 105mm。第二组校形模具为分瓣结构,模具材料属性与第一组相同。校形线圈外径分别为 45mm 和 47mm,高 100mm。工装示意图及工装实图如图 6-3、图 6-4 所示。

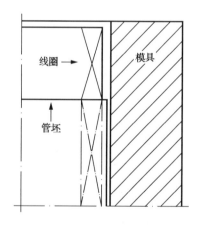

图 6-3　工装示意图

图 6-4　工装实图

第二组模具的工装如图 6-5、图 6-6 所示。图 6-5 为线圈、工件与模具等高放置;图 6-6 为线圈与模具等高放置,工件对称放置在模具中部。

图 6-5　管件与模具等高

图 6-6　管件放置在模具中央

6.4.1　模具与管件间间隙对校形的影响

模具与管件间隙为 1mm 时如图 6-7 所示,管件在内径为 52mm 的模具中校形,当放电电压为 4kV 时,校形后的管件端口最大外径已接近模具的内径,管件端口的最小外径只达到 51.6mm。放电电压由 4V 升至 6kV,管件端口的最小外径逐渐增大。

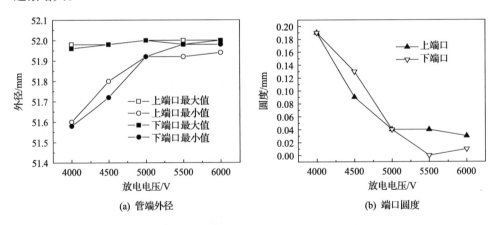

(a) 管端外径　　　　　　　　　　　(b) 端口圆度

图 6-7　模具与管件间隙为 1mm

管件在 52mm 模具内 4kV 放电成形后,端口圆度误差最大为 0.19mm,校形效果不好。随放电电压上升圆度误差急剧下降,在 5kV 时圆度误差减至 0.04mm,随后趋于平缓。

模具与管件间隙为 2mm 时如图 6-8 所示,管件在内径为 54mm 的模具中校形,当放电电压为 4kV 时,校形后的管件端口最大外径与最小外径接近,其值低于模具内径。放电电压升至 5kV 时,放电能量提高,管件端口逐渐增大,上下端口的

最大外径都接近模具内径。放电电压升至 6kV 时,管件端口的外径均不同程度的
比 5kV 时有所下降。

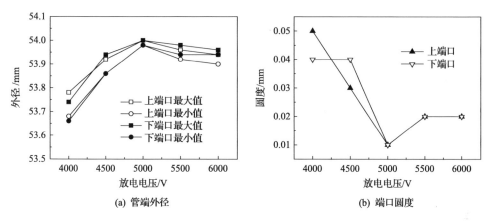

(a) 管端外径　　　　　　　　　　　　(b) 端口圆度

图 6-8　模具与管件间隙为 2mm

管件在 54mm 模具内从 4~6kV 校形后,端口圆度误差均很小,最大仅为
0.05mm。4kV 校形后圆度误差较大,5kV 校形效果最好,大于 5kV 圆度误差出现
反弹。

模具与管件间隙为 2.5mm 时如图 6-9 所示,管件在内径为 55mm 的模具中校
形,当放电电压为 4kV 时,管件端口尺寸不理想,最大外径小于 54.7mm。放电电
压升至 5kV 后,管件端口接近模具内壁,且变化趋势平缓,管件端口最大外径处贴
模效果较好。但管件端口的圆度较大,且随放电能量增大,端口圆度提高较慢,效
果还是有一些的。在内径为 55mm 的模具中校形管件,管件与模具间距大于其他
两个模具,要达到使用 52mm 和 54mm 模具的校形效果,需要消耗更多的变形能。

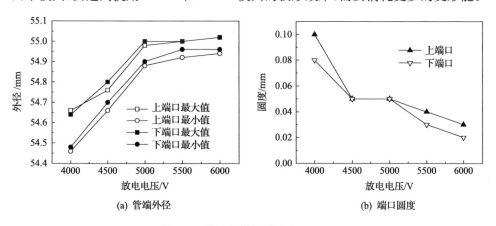

(a) 管端外径　　　　　　　　　　　　(b) 端口圆度

图 6-9　模具与管件间隙为 2.5mm

管件在 55mm 模具内不同电压校形后,端口圆度误差最大为 0.1mm,随校形电压升高端口圆度误差逐渐递减,在 4.5kV 时达到 0.05mm,超过 4.5kV 后趋于平缓。

图 6-10 是 4～6kV 激励下,不同模具成形后管件的外侧与模具内表面间隙。

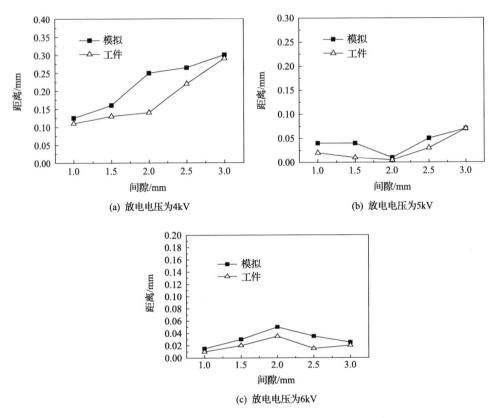

(a) 放电电压为4kV

(b) 放电电压为5kV

(c) 放电电压为6kV

图 6-10　不同模具成形后管件外表面与模具内表面距离

放电电压为 4kV 时,3 个模具最小外径距离模具内表面均较远。这是由于放电能量小,不足以校正端口反弹现象。

放电电压为 5kV 时,因为放电能量较放电电压为 4kV 时提高 50%,3 个模具校形后的管件端口尺寸均显著提高,其中 2 号模具中的管件已达到模具内径尺寸,1 号模具中的管件外径最小尺寸距离模具内表面小于 0.08mm,基本贴模。2 号模具中的管件圆度最理想,3 个模具中的管件端口平均圆度依次是 0.4mm、0.1mm、0.5mm。激励增大明显抑制了端口的反弹,特别是 2 号模具中的管件端口校正理想。

放电电压为 6kV 时,放电能量再次增加 50%,三个模具最小外径与模具内表面的距离均小于 0.8mm,最大圆度误差不超过 0.3mm。1 号模具的管件校形效果改变非常小;2 号模具的管件校形效果变差;3 号模具的管件校形效果进一步提高。激励继续增大,1 号、3 号模具的端口校正效果逐渐提高,而 2 号模具端口由于反弹量过大,校正效果变差。

纵观管件在三个模具中端口的表现,1、2 号模具在电压升至 5kV 时,即可实现校形精度符合要求,从节省能量、提高校形效率可以考虑选用这两个模具。2 号模具存在最佳放电电压,在这个电压下实现了非常高的尺寸精度,1 号模具随放电电压上升尺寸精度稳定提高,因而在实际生产中可以根据精度要求、能量利用角度来选择 1 号还是 2 号模具。

6.4.2　放电电压对管件电磁校形的影响

管件必须在足够大的放电能量下,才能塑性变形,并以较大的惯性贴模。而提高放电电压可以较方便、较迅速地增加放电能量。同时增大放电电压可以改变能量的利用率。图 6-11 为能量利用率随放电电压变化情况。能量利用率用塑性变形能量与电容器充电能量之比表示。该图是对壁厚 1mm 的铜、铝及黄铜进行胀形的实例。

因此,增大放电电压有利于提高管件的塑性变形能力,降低设备的能耗。增大放电电压,有利于提高管件的成形均匀性,克服由于管件局部的恶劣条件造成的成形困难。但过分提高放电电压,既浪费能量,提高设备要

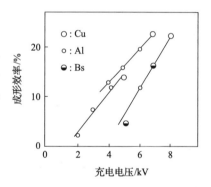

图 6-11　能量利用率与放电电压的关系[26]

求,又可能使管件端口的回弹问题严重。针对固定的对象,寻找到合理的放电电压值,是管件电磁校形研究的一个重点问题。

采用第一组模具。校形模具内径为 52mm,放电电压从 4～9kV,每次增加 500V,对 LF21 铝合金管件进行电磁校形。校形后用游标卡尺测量管件端口外径,计算管件端口圆度,管件校形后的端口外径和端口圆度如图 6-12 所示。

放电电压低于 5kV 时,校形后的管件端口圆度较大,管壁基本未贴模。主要原因是放电电压低,提供给管件的变形能不足以使管件贴模,此外工装本应是轴对称分布,管件在径向受力均匀。但由于条件限制,管件径向受力不均,出现部分管壁已贴模,部分管壁变形差的情况。放电电压大于 5kV 后,端口圆度迅速达到 0.05mm 的范围内,管壁基本贴模。放电电压提高,有利于管件各部位得到足够变形能,受力不均成为次要因素。52mm 内径的模具随放电电压上升校形效果改善,在 5kV 时管件外表面与模具相差小于 0.5mm。再增大放电电压,管件端口最小外径仍有小幅增大,但有波动,这是由于管件端口反弹趋势与后续激励载荷的校正

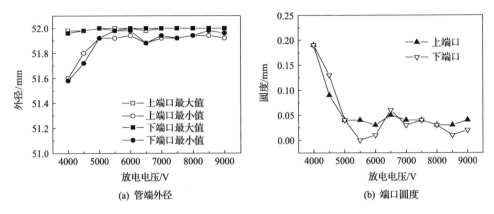

(a) 管端外径　　　　　　　　　　(b) 端口圆度

图 6-12　放电电压对管件端口校形的影响

效应相互作用造成的。

　　当放电电压明显偏小时,管件端口局部变形不充分,且端口圆度较大;随着放电电压增大,校形效果迅速提高;放电电压过大,校形效果无明显改变,端口圆度基本保持不变。

6.4.3　放电次数对改善校形效果的作用

　　放电能量较低时,管件端口校形效果较差,需要对管件多次校形,以增强校形效果。LF21 管件端口在放电电压为 4kV 和 6kV 时的校形效果较差,需再次校形,采用第一组模具,仍以原放电电压多次放电,校形后的外径如图 6-13 所示。多次校形后管件的圆度如图 6-14 所示。

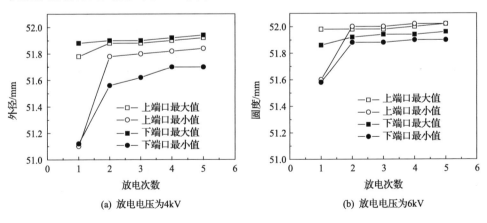

(a) 放电电压为4kV　　　　　　　　(b) 放电电压为6kV

图 6-13　多次放电校形管件端口外径

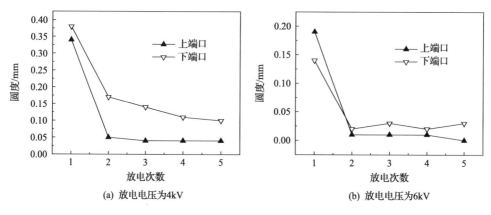

图 6-14　多次放电校形管件端口圆度

结果表明二次校形效果明显好于初次,尤其是初次放电后端口外径最小处,但管件端口圆度仍有提高的余度,方法是提高二次放电的放电电压,或增加放电次数。

从能量角度分析,初次放电后,管件变形导致与线圈的间隙增大,在一定范围内,间隙越小,电磁强度越大,因此再次放电时管件与线圈间的电磁强度要低于初次。如仍施加与初次相同的放电电压,就不会产生与初次放电同样的变形能量,校形效果减弱,逐次如此。直至管件端口圆度进入某一范围内,再继续放电也不会提高校形效果。

对管件进行多次放电后,管件端口外径和端口圆度变化逐渐趋于平缓,多次施加 6kV 电压的管件,其校形效果要好于施加 4kV 电压的管件,端口圆度在 0.05mm 以内。对于初始施加 4kV 电压的管件,再次放电校形时应增加放电电压。因为管件变形,管件与线圈间隙增大造成脉冲磁场减弱,磁场力减小,所以要通过增大放电能量,来补充管件校形所需的变形能,才能使管件继续变形直至贴模,达到校形效果。此外连续多次放电,每次间隔较短,校形效果更好些。

6.4.4　管件材料对管件电磁校形的影响

电磁成形工艺适合于成形铝、铜及其合金等导电性强、电阻率小的金属材料。铝与其合金是电磁成形工艺应用的主要材料,在电磁成形工艺下,变形更加均匀,塑性变形能力进一步提高。

和电磁成形的电参数一样,管件的机械性能也影响校形效果。纯铝和铝合金 LF21 的机械性能差别比较明显,其管件校形的效果也会有所差别。

校形管件的塑性变形量小,远在塑性延伸率内,因此在变形量小的情况下,回弹比较明显。

在外力作用下,金属板材载荷超过屈服应力后进入塑性变形阶段。在板材断裂前卸去载荷,弹性应变 ε^e 得到恢复。铝合金材料的拉伸图上没有明显的屈服平台,可视残余应变为弹性应变,即

$$\varepsilon_{0.2} = \varepsilon^{ea} \tag{6-1}$$

纯铝的屈服应力与 LF21 相差很多,纯铝较 LF21 易屈服变形,但纯铝的延伸率比 LF21 低,弹性模量比 LF21 高,均匀变形的能力较 LF21 差,在准静力成形中要比 LF21 差。金属材料在高速下变形,其成形性能相对准静力成形有所改善。通过纯铝和 LF21 管件的电磁校形对比,可以分析纯铝与 LF21 在电磁场作用下的成形性能的变化。

采用第一组模具,在 4~9kV 的放电电压下,对纯铝和 LF21 两组管件进行电磁校形,校形模具内径为 52mm,图 6-15 为两种管件校形后端口外径的对比图。

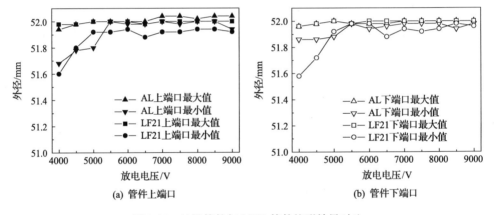

(a) 管件上端口   (b) 管件下端口

图 6-15   纯铝管件与 LF21 管件校形效果对比

纯铝管件与 LF21 管件的端口在较低放电电压下(5kV 以下)基本未贴模,但纯铝管件端口比 LF21 更靠近模壁内壁,圆度更小,这是因为纯铝的屈服应力小于 LF21,变形硬化小。随着放电电压增大,纯铝和 LF21 的端口外径均不同程度的增大,LF21 比纯铝变化大。当放电电压较大时,纯铝和 LF21 管件的校形效果均很好,基本贴模,但是 LF21 管件的端口圆度小于纯铝的端口圆度。

高速成形时的应力应变曲线与拉伸曲线相似,纯铝和 LF21 管件在放电能量较低时的校形对比结果可以利用拉伸的应力应变曲线说明。管件进入塑性变形阶段后,纯铝管件的应力应变曲线经过屈服点后就迅速平缓下来,不用再对管件施加更大的外力,就可以继续变形,因此在较低放电电压下,管件外径迅速增大;LF21 的应力应变曲线经过屈服点后,仍以较大的斜率上升,再逐渐平缓下来,在这种情况下,要对 LF21 管件施加更大的作用力,才会维持管件继续变形。因此放电电压低时,电磁场产生的脉冲电磁力较小,纯铝相对 LF21 变形容易,塑性变形程度大,

校形效果比 LF21 好。

6.4.5　管件长度对管件电磁校形的影响

　　管件和校形线圈间的磁场强度、磁力线分布与其间隙及管件长度相关。磁压力随成形系统的几何参数的变化而变化,但变化的幅值取决于工件的抗力;当线圈长度不变时,随管件长度增加磁压力减小,但存在一个临界长度,当管件长超过此临界值时,压力不再下降,这个临界长度与线圈长度相近。

　　在电磁校形中,除了要加强管件端口的校形效果外,还要保证管件的圆柱度。采用第一组模具,对长度为 60mm的管件进行校形时,放电电压较低时,在管壁上经常出现环形凹陷,如图 6-16 所示。放电电压较高时,管件表面质量又逐渐改善。针对 60mm 长管件壁身凹陷的现象,研究管件长度对管件端口校形和管壁圆柱度的影响。

　　随着管件长度的增加,在管件端口处的磁场场强和磁场分量发生明显的变化,对应的管件端口的受力情况也要发生变化,管件端口的变形模式也要相应

图 6-16　长度为 60mm 的管件

产生调整。要从管件的校形结果中找到变形模式的依据。

　　管件材料为 LF21,管件长度为 60～100mm,厚度为 1.2mm,线圈长度为 100mm,模具内径为 52mm,放电电压为 6kV。不同管件长度成形后的管件端口外径和圆度如图 6-17 所示。

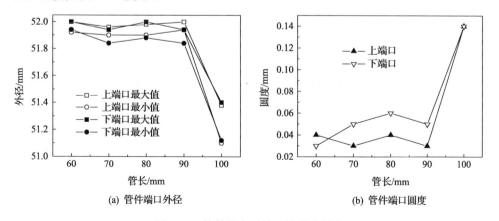

(a) 管件端口外径　　　　　　　　　　　　　　(b) 管件端口圆度

图 6-17　管件长度对端口校形的影响

　　长度从 60～90mm 的管件,其端口外径和圆度的变化趋势都不明显。长度为60mm 的管件端口的校形效果要好于其他三个管件。其他三个管件的下端口最小外径小于 51.9mm,端口圆度均大于 60mm。长度为 100mm 的管件的端口各处均未贴模,圆度很差。

　　校形线圈的长度也为 100mm,与长度为 100mm 的管件等长,管件受力如图 6-18 所示。端口 A 处的磁场力很小,OB 段受力均匀,所以当管件和线圈的长度相同时,在端口处的校形效果很差。

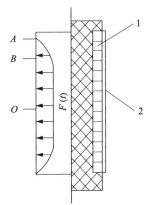

图 6-18　校形时工件受力
分布示意图[27]
1-校形线圈;2-工件

　　管壁上的环状缺陷表现为凹陷深度及轴向位置。不同长度的管件校形效果如图 6-19 所示,管件长度从100mm 依次递减 60mm。管件校形现象为

　　(1) 60mm 管件的凹陷深度最大,随管件长度增加,凹陷深度逐次减小,到 90mm 的管件时,凹陷已经基本消失。

　　(2) 所有管件的凹陷在轴向的位置相近,距离管件端口的长度约为 10mm。

　　在只关心管壁圆柱度的情况下,60mm 长的管件的圆柱度最差,随着管件长度的增加,圆柱度逐渐提高,环状缺陷逐步减轻,表面形状质量明显提高,但长度为 100mm 的管件的端口校形差的问题又非常严重。很明显,线圈端部的磁场已明显弱化,造成管件端口校形差的问题。

(a) 100 mm　　(b) 90 mm　　(c) 80 mm　　(d) 70 mm　　(e) 60 mm

图 6-19　不同长度管件的校形效果

6.4.6　管件厚度对管件电磁校形的影响

随着管件厚度增加,一方面,管件受到的径向磁压力呈上升趋势,即提供给管件的驱动载荷增大。另一方面,管件的厚度增大,管件变形时的形变抗力增大,变形时需要消耗的塑性变形功也增大。因而校形效果应该是两方面因素的叠加结果。

管件厚度为 2mm 的管件在放电电压 6～8kV,每次增加 500V。在管件厚度 1.2mm 的管件校形中,先计算出与壁厚 2mm 管件相同放电能量的放电电压值,再放电校形管件。管件端口外径和圆度如图 6-20 和图 6-21 所示。

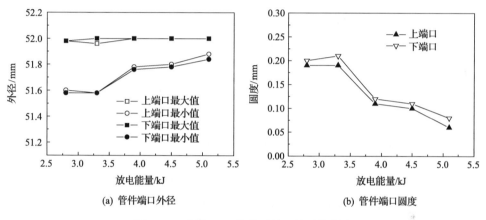

(a) 管件端口外径　　　　　　　　　　　(b) 管件端口圆度

图 6-20　壁厚 2mm 管件对端口校形的影响

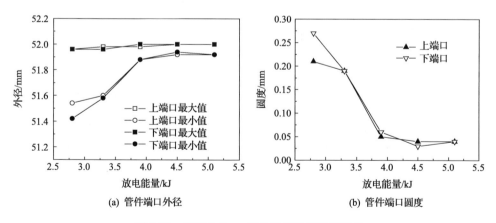

(a) 管件端口外径　　　　　　　　　　　(b) 管件端口圆度

图 6-21　壁厚 1.2mm 管件对端口校形的影响

在相同放电能量下,分别对比每种管件的五个点,发现壁厚为 1.2mm 的管件的端口校形效果好于壁厚为 2mm 的管件。随着放电能量增大,壁厚为 1.2mm 的管件端口圆度提高的趋势明显快于壁厚为 2mm 的管件。

从校形效果看,管件塑性变形抗力因素作用明显。此外,在消耗相同塑性功时,管壁薄的工件变形要高于管壁厚的工件,因而随着放电能量升高,管壁薄的工件校形幅度提高得很快。

除了管件厚度的影响外,还要考虑管件校形的能量利用率。厚度为 1.2mm 的管件,厚度虽然大于集肤深度,但磁场透出管件部分要大于厚度为 2mm 的管件,更多的磁场能量透过管件损失掉。在放电电压较低的情况下,管件厚度大,放电能量利用率高,其校形效果更好些。

6.4.7　放电能量对管件电磁校形的影响

通过改变放电电压来改变能量,放电能量的不同时测得系统的电参数如表 6-1 所示。

表 6-1　不同能量下的放电回路参数

放电能量/kJ	放电电压/kV	放电频率/kHz	电流/kA	电容/μF
6.14	8000	8.333	814	192
7.78	9000	8.333	910	192
9.6	10000	8.331	1020	192

由表 6-1 可以看出随着放电能量的提高放电频率基本不发生变化,电流成比例增加。

电磁校形后,取出管件,沿管件轴向每隔 2mm 测一次管件直径,将所得数据绘制成管件单侧外表面曲线,如图 6-22 所示。

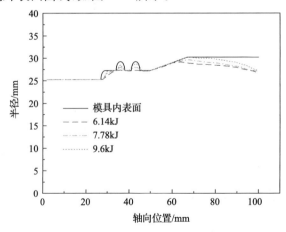

图 6-22　不同放电能量下管件外表面轮廓线图

　　图 6-23 是图 6-22 中部分成形区域的放大图。由图 6-22 可知随着放电能量的提高管件成形性得到了改善。表 6-2 给出了校形后部分成形性参数。

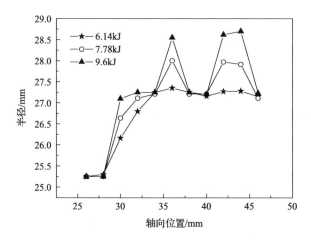

图 6-23　图 6-22 的局部放大图

表 6-2　不同放电能量下成形性参数表

放电能量/kJ	管件成形后高度/mm	管件轴向缩率/%	成形区贴模率/%	最大变形量/mm
6.14	98.44	1.56	18	29.17
7.78	98.14	1.86	44	29.64
9.6	98.07	1.93	72	30.25

　　由表 6-2 可以看出随着放电能量的提高管件长度逐渐减少,成形区贴模率大幅上升,最大变形量增大。这是因为校形时管件所受磁压力越大,成形后变形量越大、贴模性越好。

6.4.8　放电频率对管件电磁校形的影响

　　放电电流频率是电磁成形技术的一个关键参数。加工不同的金属要选取不同放电频率的设备:通常加工金、银、铜、铝及它们的合金放电电流振荡频率在 10～20kHz 就足够了;对于加工导电率低的材料(不锈钢,钛合金等)需要较高的放电频率,范围需要在 60～100kHz。

　　一般情况下设备的固有放电频率是一定的,当然,可以通过改变电容个数来获得不同的放电频率,但用这种方法获得的放电频率是阶跃的、非连续的。

　　在保证放电能量相同的情况下,通过改变电容来改变放电频率,同时测得不同放电频率下的系统的电参数,如表 6-3 所示。

表 6-3　不同放电频率下的放电回路参数

电容/μF	频率/kHz	电流/kA	电压/kV	能量/kJ
192	8.33	114	8000	6.14
160	9.80	131	8750	6.13
128	10.42	147	9800	6.15

由表 6-3 可以看出随着放电频率的增大,成形线圈中流过的电流也随之增大。所以脉冲电流产生的交变磁场也随之增强,因而工件中的涡流随脉冲电流频率的增大而增强。最终工件所受磁场力会随着频率的增大而增大。工件最终成形性相应地得到了提高。随频率的不同校形后的工件实物图,如图 6-24 所示。

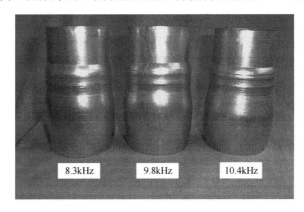

图 6-24　不同放电频率下管件成形件

电磁校形后,沿管件轴向每隔 2mm 测一次管件直径,将所得数据绘制成管件单侧外表面曲线,如图 6-25 及图 6-26 所示。

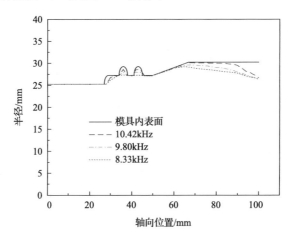

图 6-25　管件外表面轮廓线图

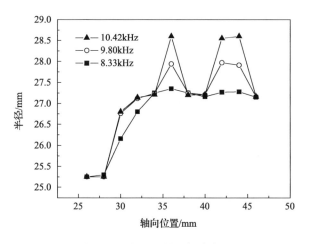

图 6-26　图 6-25 的局部放大图

由图 6-25、图 6-26 可知,放电频率的增大对管件的最终成形产生了很大的影响,管件的变形幅度增大,贴模率上升。具体数据统计如表 6-4 所示。

表 6-4　不同放电频率下成形性参数表

放电频率/kHz	管件成形后高度/mm	管件轴向缩率/%	成形区贴模率/%	最大变形量/mm
8.33	98.44	1.56	18	29.17
9.80	98.34	1.66	40	29.60
10.42	98.30	1.70	70	30.07

由表 6-4 可知随着放电频率的增高管件轴向收缩率上升,但变化不大;成形区贴模率上升;最大变形量增大。随着放电频率的上升,管件所受磁压力增大,故成形后变形量也会随之增大。

将表 6-2 中放电能量 9.6kJ 成形的工件与表 6-4 中放电频率 10.42kHz 成形的工件进行对比,如表 6-5 所示。

表 6-5　提高放电能量与提高放电频率的对比

放电频率/kHz	放电电压/kV	放电能量 E/kJ	成形区贴模率/%	最大变形量/mm
10.42	9800	6.1	70	30.07
8.33	10000	9.6	72	30.25

从加载条件看:第二个的放电能量是第一个的 1.5 倍;第一个的放电频率是第二个的 1.25 倍;二者的放电电压相近。从成形效果看:成形区贴模率相近,最大变形量相差不大。因而对于校形工艺提高放电频率同样可以达到提高放电能量所达到的效果。用提高放电频率的方法来增加工件变形量、改善校形效果可以节约能

源、减少加工成本,是非常可取的。

6.4.9　相对高度对管件电磁校形的影响

不同的管件高度成形时所需的放电参数是不一样的。研究不同高度的管件成形时的磁场力变化以及在这种磁场力下管件的最终成形,得出在这种工艺下工件的变化规律,对于这种工艺的应用具有良好的借鉴作用。

保证管件不变形的前提下改变管件长度进行电磁校形,同时测得随管件长度的不同系统的电参数,如表 6-6 所示。

表 6-6　不同相对高度下的放电回路参数(9000V)

管件长度/mm	频率/kHz	周期/μs	电流/kA	能量/kJ
100	8.333	120	114	6.4
90	7.576	132	121	6.4
80	7.463	134	119	6.4
70	6.944	144	119	6.4
60	6.667	150	125	6.4
50	6.593	151	130	6.4

由表 6-6 可知,随着管件长度的减小放电频率减小、放电周期延长,流经成形线圈的电流增大。调节放电电压至 1000V,增加放电能量成形管件,测得放电参数如表 6-7 所示。

表 6-7　不同相对高度下的放电回路参数(1000V)

管件长度/mm	频率/kHz	周期/μs	电流/kA	能量/kJ
100	9.524	105	100	0.1
90	9.259	108	106	0.1
80	9.174	109	106	0.1
70	9.091	110	109	0.1
60	8.547	117	111	0.1
50	8.475	118	114	0.1

由表 6-7 可知,随着管件长度的减小成形时同样有放电频率下降、放电周期延长,流经成形线圈的电流增大的现象。表 6-6、表 6-7 对比发现管件动态变形时放电频率下降,流经成形线圈的电流基本保持上升。这说明了管件的变形导致了线圈、管件、模具系统的电感上升、电阻下降。从工件成形性的角度看,成形线圈通过的电流增大有利于管件成形,而系统频率的下降又不利于管件成形,两方面因素的叠加使得管件高度改变对成形性的影响变得很复杂。

从成形结果看,管件从 100mm 逐次减至 50mm,管件整体成形性得到了改善,如图 6-27 所示。

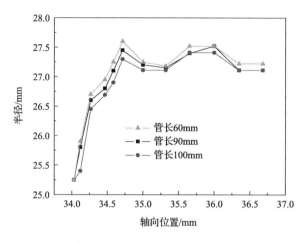

图 6-27　校形后管件外径

值得注意的是,在管件相对高度减小时管件端口处变形量急剧增大,形成向外翻边状。如图 6-28 所示。

图 6-28　不同长度管件成形底部端口对比

综上所述,随着管件长度减小管件下端部所受径向磁压力一直在增大,而中部磁压力变化缓慢,所以当管件整体变形时,管件下端部的变形在管件某一时刻先于管件中部,这时下端部受到的轴向磁压力很大,使得先胀出来的管件受到很强的轴向下压力,迫使下端部管件外胀,形成向外翻边的效果。

如图 6-29 所示,管长为 60mm 时,放电成形后模具高于管件的部位有明显的电流击穿痕迹,说明该处在管件放电成形时通过了强电流,电流在模具结合面上发生击穿。

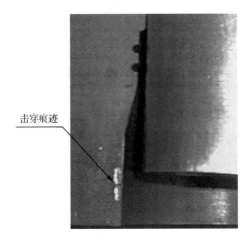

图 6-29　放电后模具局部图

6.5　铝合金筒形件校形数值模拟

6.5.1　一次放电成形模拟

校形用铝合金筒形件厚度为 2.6mm，内径为 190mm。铝合金筒形件结构示意图如图 6-30 所示。

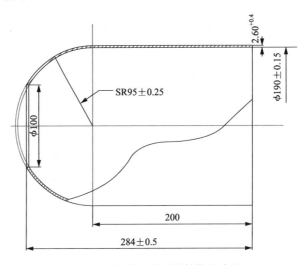

图 6-30　铝合金筒形件结构示意图

需要校形的范围在距离底部 134～284mm，即距直筒段底部 50～200mm，如

图 6-31 所示,在距离底部 134mm、184mm、234mm 和 284mm 处取四个测量点。

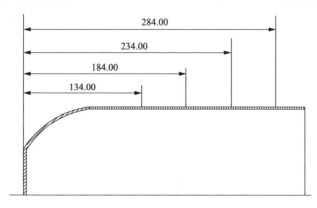

图 6-31　铝合金筒形件测量点示意图

模拟采用的线圈高度为 184.5mm。

输入模型参数、材料参数、载荷参数完成筒形件校形模拟。在成形过程模拟结束后,后处理工具给出工件的径向位移如图 6-32 所示。

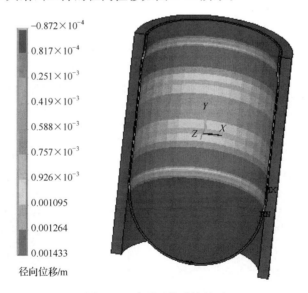

图 6-32　成形后位移效果图

6.5.2　多次放电成形模拟

在 6500V 激励电压下,筒形件并没有完全贴模。根据本书 6.4.3 节的结论:增加放电次数可以有效地提高筒形件成形性,增加筒形件贴模率。因而本节采用在相同放电电压下继续增加放电次数的方法提高校形精度。

　　图 6-33 是对筒形件直筒段校形区域多次放电成形后径向位移模拟结果,观察到随放电次数的依次增加,筒形件径向位移增大、逐渐向模具靠拢,筒形件的外表面直线度得到改善。第四次放电成形与第三次相比径向位移变化已经很小,说明在第三次校形结束后,工件已经基本贴模。

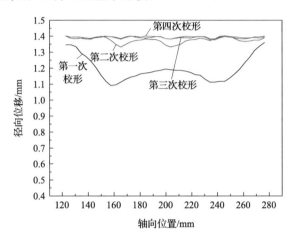

图 6-33　筒形件校形区域径向位移

　　利用后处理工具可以方便地给出工件、模具中的应力、应变、位移,图 6-34 是每次校形结束后,筒形件中的米塞斯等效应力。随着放电次数的增加,筒形件中的应力幅值降低,最大应力的作用范围减小,说明放电次数的增加有利于减小筒形件的弹性回复。

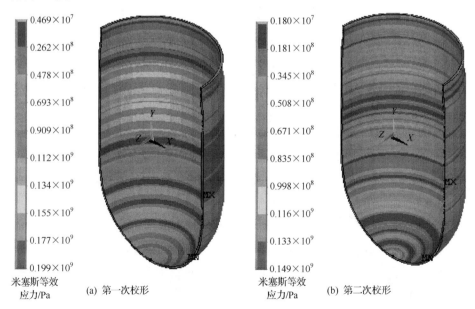

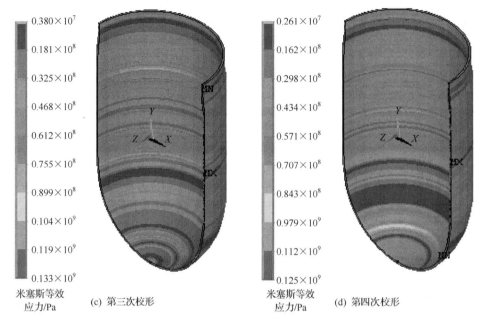

图 6-34　多次校形后等效米塞斯应力比较

6.6　铝合金筒形件校形结果分析

校形模具及校形线圈如图 6-35、图 6-36 所示。

图 6-35　校形模具图

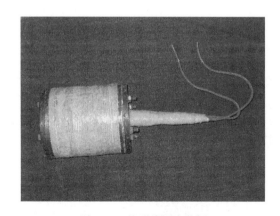

图 6-36　校形线圈实物图

1. 6500V 放电成形

表 6-8 是 6500V 放电电压后筒形件上四处测量点外径及最大圆度误差。图 6-37 给出了筒形件校形前后四处测量点外径曲线。

表 6-8　6500V 放电成形前后筒形件尺寸比较

放电电压	位置参数	初始筒形件外径 /mm				最大圆度误差/mm
		Φ_{134}	Φ_{184}	Φ_{234}	Φ_{284}	
校形前	最大直径	195.70	195.85	195.55	195.70	0.3
	最小直径	196.30	195.45	195.35	195.45	
6500V	最大直径	197.70	197.75	197.74	197.83	0.1
	最小直径	197.74	197.60	197.55	197.85	
	平均半径	197.72	197.68	197.65	197.84	
	径向位移	1.26	1.23	1.22	1.32	

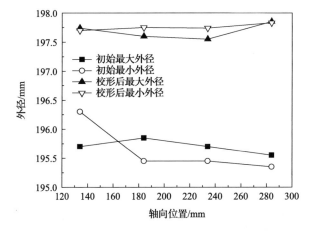

图 6-37　筒形件成形前后四处测量点外径曲线

6500V 放电成形后,筒形件圆度误差为 0.1mm,管坯上部分位置的外径尺寸出现不均匀现象。

2. 6500V 多次放电成形

放电能量较低时,筒形件端口校形效果较差,需要对筒形件多次校形,以增强校形效果。对于 6500V 成形后的工件,需再次校形,仍以原放电电压多次放电,第二次、第三次与第四次校形后的外径及圆度误差如表 6-9 所示,多次校形后的圆度误差图 6-38 所示。

表 6-9　6500V 多次校形后筒形件尺寸比较

校形次数	位置参数	初始筒形件外径/mm				最大圆度误差/mm
		Φ_{134}	Φ_{184}	Φ_{234}	Φ_{284}	
第二次	最大直径	197.88	197.86	197.92	197.92	0.06
	最小直径	197.92	197.80	197.80	197.88	
	平均半径	197.90	197.83	197.86	197.9	
	径向位移	1.35	1.32	1.33	1.35	
第三次	最大直径	197.93	197.88	197.89	197.90	0.05
	最小直径	197.94	197.97	197.93	197.89	
	平均半径	197.94	197.93	197.91	197.90	
	径向位移	1.37	1.36	1.36	1.35	
第四次	最大直径	197.95	197.88	197.9	197.88	0.05
	最小直径	197.96	197.97	197.98	197.94	
	平均半径	197.96	197.93	197.94	197.91	
	径向位移	1.38	1.36	1.37	1.36	

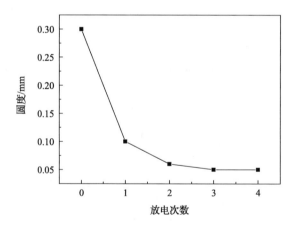

图 6-38　筒形件直筒段校形后最大圆度

　　结果表明第二次校形效果明显好于初次,尤其是初次放电后端口误差大的位置,但筒形件端口外径仍有提高的余度,方法是增加放电次数。对筒形件进行多次放电后,筒形件端口外径和端口圆度变化逐渐趋于平缓,管坯最终贴模。

　　校形后的工件如图 6-39 所示。

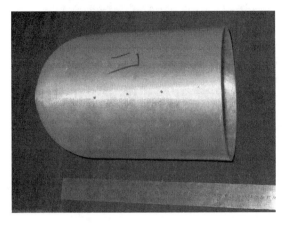

图 6-39　铝合金筒形件校形后实物图

6.7　展　　望

本书是采用静力隐式算法的 ANSYS 有限元程序来模拟磁场力、高速变形及碰撞,并实现磁场与结构的顺序耦合,如何实现静力隐式算法模拟磁场力、变形后的回弹,由动力显示算法模拟高速变形、碰撞,并在二者之间实现顺序耦合连接尚需进一步研究。在电磁成形中还有其他的因素影响着成形过程,如工件中的涡流引发的副热、应变速率对工件材料本构关系的影响等,实现非轴对称工况下三维电磁-结构-形变-热多场耦合分析将是未来的发展方向。

参 考 文 献

[1] 刘岩,吕建斌. 发电机护环液压校形技术的研究. 锻压技术,1995,(3):3-5.

[2] 王红霞. 铝制槽车筒体椭圆度的矫形工装. 石油化工设备,1994,23(3):51-52.

[3] 朱斌. 导弹钣金类零件成形技术. 航天工艺,2001,(5):26-29.

[4] 陈明和,高霖. 钛板零件的无(半)模热校形研究. 制造技术与机床,1999,(12):34-36.

[5] 龙友松,过洁. 高精度大直径筒体冷精校. 石油化工设备,2001,30(5):5-6.

[6] 余红华. 点焊在焊接机柜校形中的应用. 电子机械工程,2000,86(4):63-64.

[7] Ferreira P J, Vander J B. Microstructure development during high-velocity deformation. Metallurgical and Materials Transactions,2004,35(10):3091-3101.

[8] Vohnout V J. A Hybrid Quasi-Static/Dynamic Process for Forming Large Metal Parts from Aluminum. Columbus:Ohio State University,1998.

[9] Hwang W S. Joining of copper tube to polyurethane tube by electromagnetic pulse forming. Journal of Materials Processing Technology,1993,(37):83-93.

[10] 刘克璋. 苏联的磁脉冲加工技术. 锻压技术,1985,(6):51-56.

[11] 王同海. 管材塑性加工技术. 北京:机械工业出版社,1998,8:10-100.

[12] 宋雪梅. 铝合金曲面零件电磁校形有限元分析. 武汉:武汉理工大学硕士学位论文,2001:1-72.

[13] 陈石,胡建华. 铝合金曲面零件电磁校形试验研究. 武汉理工大学学报,2010,10(19):36-38.

[14] 张开,陈士民. 铝板弯曲电磁校形实验研究. 锻压技术,2009,4(2):61-63.

[15] Курлаев Н В,Юдаев В Б,Гулидов А И. Инерционная посадка гофр при магнитно-импульсной гибке-формовке листовых деталей летательных аппаратов. Кузнечно-штамповочное производство,2001,(7):44-48.

[16] Исаченков Е И. Магнитно-импульсная калибровка тонкостенных полых деталей. Кузнечно-штамповочное производство,1989,(7):5-7.

[17] Стричаков Е Л. Трехканальная автомотизированная установка магнитно-импульсной штамповки. Кузнечно-штамповочное производство,2004,(2):17-20.

[18] Shang J H. Electromagnetically Assisted Sheet Metal Stamping. Columbus:Ohio State University,2006.

[19] Kamal M. A Uniform Pressure Electromagnetic Actuator for Forming Flat Sheets. Columbus:Ohio State University,2005.

[20] Dehra M S. High Velocity Formability and Factors Affecting It. Columbus:Ohio State University,2006.

[21] Shang J H. Hemming of aluminum alloy sheets using electromagnetic forming. Journal of Materials Engineering and Performance,2011,20(8):1370-1377.

[22] Fenton G K,Daehn G S. Modeling of electromagnetically formed sheet metal. Journal of Materials Processing Technology,1998,(75):6-16.

[23] 孟正华,黄尚宇. 电磁成型技术在汽车制造中的应用. 机械制造,2003,41(468):41-43.

[24] Al-Hassani S T S. The plastic buckling of thin-walled tubes subject to magnetomotive forces. Journal Mechanical Engineering Science,1974,16(2):59-70.

[25] Lee S H. A finite element analysis of electromagnetic forming for tube expansion. Journal of Engineering Materials and Technology,1994,116(4):250-254.

[26] 根岸秀明. 电磁冲击塑性加工技术. 林川,译. 国外金属加工,1988,(2):26-31.

[27] Кухарь В Д. Расчёт параметров магнитно-импульсного формообразования торообразных деталей из листовых заготовок. Кузнечно-штамповочное производство,2001,(4):15-17.

第7章 电磁铆接

7.1 引 言

　　电磁铆接(俄罗斯称为磁脉冲铆接)是电磁成形技术在机械连接领域的应用之一,是将电磁能转化为机械能的一种铆接工艺[1]。

　　目前,飞机结构朝着轻量化和大型化方向发展。由于技术条件限制,新机结构还难于完全整体化,所以不可避免地存在着各种连接方法。而机械连接方法仍将是其主要连接方法之一,如波音767的4个翼梁使用了18000个紧固件。飞机结构所承受的载荷通过连接部位传递,易形成连接处的应力集中。据统计,飞机机体疲劳失效事故的70%起源于结构连接部位,其中80%的疲劳裂纹发生于连接孔处,因此连接质量极大地影响着飞机寿命[2]。在新型飞机设计中,为增加飞机结构强度,提高疲劳寿命,同时减轻飞机重量,大量采用钛合金结构和复合材料结构。第四代战斗机上钛合金材料将占30%以上,复合材料占40%~60%。钛合金和复合材料的应用导致大量钛合金、高温合金等紧固件的采用。但由于复合材料易产生安装损伤、分层等现象,限制了热铆方法的采用。另外,为适应在新型飞机和大型运载火箭高承载能力的需求,将越来越多地采用高强度大直径铆钉。由于结构开敞性限制,大功率压铆机和数控钻铆机在许多情况下无法工作,只能采用手持式气铆。而气铆存在铆接质量不稳定、效率低等问题,其铆接噪声、后坐力等对工人健康影响较大。

　　以上问题为新型的铆接工艺的研发带来契机,实际上这已成为新型飞机和大型运载火箭研制中必须解决的技术难题之一。电磁铆接(electromagnetic riveting,EMR)就是因此发展起来的一种新型铆接方法。与传统铆接相比,电磁铆接质量稳定,铆钉钉杆变形均匀,可用于屈强比高、应变速率敏感材料铆钉的铆接,可有效防止复合材料损伤,为钛合金和复合材料结构连接及大直径铆钉和难成形材料铆钉成形提供了一种先进的连接技术[3]。

　　电磁铆接技术始于20世纪60年代。1968年,美国波音公司为解决飞机生产中的锤铆问题,率先开展电磁铆接技术研究。其原理如图7-1所示。与电磁成形相比,电磁铆接通过作用于铆钉的放大器(模具),将电磁能转化为机械能使铆钉发生塑性变形,实现结构的连接。放电开关闭合瞬间,储存在电容器中的电能通过成形线圈释放,在线圈中产生一快速变化的冲击大电流,并在其周围产生强脉冲磁场。强磁场使与线圈相邻的驱动片中产生感应电流,进而产生涡流磁场。两磁场的相互作用使驱动片产生的涡流斥力经放大器作用于铆钉,使之在短时间内完成塑性变形,实现被铆接材料的机械连接。由于涡流斥力在放大器中以应力波的形式传播,所以,电磁铆接亦称为应力波铆接。

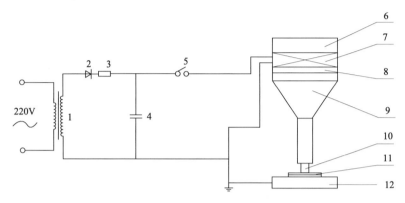

图 7-1 电磁铆接原理示意图

1-变压器;2-整流硅堆;3-限流电阻;4-电容器组;5-开关;6-缓冲元件;7-初级线圈;8-驱动片;
9-放大器;10-铆钉;11-被铆接件;12-顶铁

美国和俄罗斯是最早进行电磁铆接技术研究的国家。目前,电磁铆接技术已广泛应用于美国、俄罗斯和英国等国家多种军、民用飞机的铆接装配中[4,5]。概括起来,电磁铆接技术的发展经历了以下三个阶段。

第一阶段为高电压阶段,从 20 世纪 60 年代末至 80 年代中期,此阶段的电磁铆接放电电压高达为 5~10kV。研究者认为短时高速成形可以提高铆接质量,因而倾向于选用高电压、小电容的电磁铆接设备,采用此类设备解决了当时飞机铆接中的一些难题。如诺斯洛普·格鲁门公司采用高电压电磁铆接技术解决了 F-14 军用飞机中钛合金结构和厚夹层结构的铆接难题。俄罗斯伏尔加航空科学技术中心在 20 世纪 70 年代初研制出首台可手持式电磁铆接设备,将其用于 IL-86、TY-154 等飞机、发动机、运载火箭的装配生产。

第二阶段为低电压阶段,于 20 世纪 80 年代中期至 90 年代初期,此阶段电磁铆接放电电压通常在 600V 以下,少数也有 1200V。研究人员认为过短的铆接持续时间和过高的成形速率容易导致铆钉内部产生应力裂纹,不利于铆钉成形。为了保证铆接质量,1988 年 Zieve 将铆接电压从之前的 5~10kV 降至 500V 以下,大大降低成形速率,避免铆钉内部微裂纹的产生。低电压的采用是电磁铆接技术的一个里程碑,使得设备的体积减小,生产成本降低,安全可靠,使电磁铆接技术逐渐走向成熟。

第三阶段为自动化阶段,从 20 世纪 90 年代中期到现在,主要进行低电压电磁铆接与数控钻铆技术集成,发展自动电磁铆接技术。在波音和空客飞机的自动装配生产中其工程化应用最为成功。1997 年末,Electroimpact(EI)公司为英国宇航公司提供了 E4000 自动电磁铆接系统,主要用于空客系列运输机翼面的自动化铆接装配。随后,EI 公司还提供了 E4100 自动化电磁铆接系统,用于新型 A340-500/600 飞机机翼壁板装配。而且还为 A380 的生产提供了 4 条用于机翼上下壁板的自动化装配生产线,每条生产线的起始点都配备一台 E4380 铆接螺接系统,如图 7-2 所示,可用于大直径铆钉和环槽铆钉的安装。

图 7-2　电磁铆接在 A380 中的应用

波音公司的自动化大梁装配工装(ASAT)计划集成电磁铆接技术和运动磁轭装配机技术来解决机翼梁大型构件自动化装配问题。ASAT-Ⅰ型设备在 20 世纪 80 年代中期开始投入使用,用于 B-727 的四根后梁和 B-767 客机的机翼大梁铆接。从 20 世纪 90 年代开始,波音公司又研制了第二代自动化大梁装配系统 ASAT-Ⅱ,用于 B-777 机翼四个大梁的装配。1994 年,波音公司又为新的 B-737-700 机翼大梁装配推出了 ASAT-Ⅲ计划,该系统可同时完成左右梁的装配。目前,波音公司用于 C17 生产线上的翼梁装配,采用 E5000-ASAT-Ⅳ第四代自动化翼梁电磁铆接柔性装配系统,如图 7-3 所示。

经过 40 余年的发展,目前,电磁铆接技术已在航天航空工业制造领域中得到了广泛应用,如波音 B737、B747、B757、B767、B777、B787 和空客 A320、A330、A340、A380 等飞机的铆接装配中均采用这一技术。国外电磁铆接发展总体情况如表 7-1 所示。

图 7-3 电磁铆接在 C-17 中的应用

表 7-1 国外电磁铆接发展概况[6-12]

时间	研制单位	应用情况
20 世纪 60～80 年代（高电压铆接）	美国波音公司	手持式电磁铆接设备
	美国诺斯洛普·格鲁门公司	为配合 F-14 的研制而发明了一种单枪电磁铆接装置用于干涉配合紧固连接钛合金结构和厚夹层结构
	俄罗斯伏尔加航空科学技术中心	电磁铆接用于 IL-86、TY-154 飞机大梁装配、运载火箭装配
20 世纪 80～90 年代（低电压铆接）	美国洛克希德公司	碳纤维复合材料结构干涉配合铆接
	美国 Zieve	低压电磁铆接的专利
	俄罗斯伏尔加航空科学技术中心	用于发动机燃烧室筒体 Cr-Ni 钢等铆钉的铆接
	美国波音公司	ASAT-Ⅰ型设备用于 B-727 的四根后梁和 B-767 客机的机翼大梁铆接
20 世纪 90 年代～现在（自动铆接）	美国 Electroimpact 公司	E4000 系列自动电磁铆接系统用于空中客车 A340-600 的制造 A380 飞机采用电磁铆接技术
	美国波音公司	ASAT-Ⅱ用于 B-777 机翼四个大梁的装配，ASAT-Ⅲ用于 B-737-700 机翼大梁装配，E5000-ASAT-Ⅵ自动化翼梁装配系统用于波音公司 C17 的翼梁装配
	俄罗斯伏尔加航空科学技术中心	用于长度达 12 m 的飞行器圆筒形壁板铆接装配的自动电磁铆接装配系统

纵观国外电磁铆接技术发展过程可知,电磁铆接技术是随着解决飞机生产中存在的铆接问题而不断发展的。为了解决飞机生产中气铆存在的问题而产生了高电压电磁铆接技术;为了解决高电压电磁铆接钉头易开裂问题而出现了低电压电磁铆接技术;为了实现翼梁的自动化装配而发展了自动化电磁铆接装配系统。研究人员主要来自于各飞机制造公司的研究部门,因而偏重于设备和工艺的研究。我国对电磁铆接技术的研究起步较晚。目前主要有西北工业大学、哈尔滨工业大学、北京航空制造工程研究所、武汉理工大学和福州大学等单位开展了电磁铆接设备和工艺的研究。

20世纪80年代初,西北工业大学针对屈强比高、应变率敏感的 TB$_2$-1 铆钉在传统铆接工艺下镦头容易开裂这一问题,开展了电磁铆接工艺的研究,并于1986年研制出国内首台固定式电磁铆接设备。为满足实际生产的需要,于1990年研制成功手持式电磁铆接设备。为解决前两代设备存在工作电压太高、工程实用性不强的问题,研制了工作电压为 4000 V 的中压电磁铆接设备,用于钛合金铆钉的铆接。在以后几年中,主要集中于电磁铆接工艺的研究。研究结果表明采用电磁铆接可实现复合材料的干涉配合铆接[13],采用手持式电磁铆接设备是解决目前用普通锤铆铆接大直径铆钉所存在的后坐力和噪音太大等问题的有效途径。20世纪90年代中期,研制出低电压电磁铆接设备。同时,还将电磁铆接工艺应用于干涉配合紧固件的安装,拓展了电磁铆接技术的应用领域。为了实现电磁铆接设备的自动化控制,满足工业生产的需要,近几年陆续开展了基于 PLC、触摸屏等的新型电磁铆接控制系统设计,对手持式电磁铆接设备优化设计和进行小型化研究[14,15]。

中国科学技术大学也安装了一个原理性的应力波铆接设备样机,对电磁铆接进行了理论研究,但研究工作没有持续。王礼立等利用特征线数值解法研究了锥形应力波放大器中应力波的传播特性,讨论了锥体几何参数和入射脉冲形状对小端透射波的影响[16]。卢维娴等[17]对电磁铆接的钉头成形过程从微观方面进行分析研究,指出电磁铆接方法可以成功地用于 TB$_2$-1 铆钉铆接的原因在于材料变形方式的不同。周光泉等[18]采用有限元法在考虑横向惯性的影响下对锥形应力波放大器中应力波的传播特性进行了研究。

武汉理工大学从宏观和微观的角度分析了铝合金等材料铆钉的成形机理及放电参数对低电压铆接质量的影响。同时,采用有限元方法对电磁铆接过程进行动态仿真,并通过试验来验证理论分析与数值模拟结果[19]。

中国航空工业集团公司引进了国内外的电磁铆接设备,机翼壁板实现了电磁铆接生产,产品质量稳定,加工效率相比于液压铆提高了4倍。北京航空制造工程研究所从俄罗斯引进了电磁铆接设备并开展了关于机翼油箱的试验研究。中国运载火箭技术研究院总装厂从国内外引进低压电磁铆接设备多套,针对生产需求,已系统进行工艺试验研究,并在型号研制中得到应用。

哈尔滨工业大学从 2004 年开始一直开展电磁铆接设备和工艺的研究工作,采用有限元方法建立了电磁铆接过程电磁场及铆钉变形分析的松散耦合模型,研究了各工艺参数对铆钉变形的影响,实现了复合材料的无损伤铆接,成功研制了 380V 和 1000V 两种低电压电磁铆接设备,可实现直径 10mm 高强度铝合金铆钉和直径 6mm 钛合金铆钉的铆接。福州大学从 2008 年开始,开展了电磁铆接设备和难成形材料变形机理、大直径铆钉成形及电磁热铆等内容的研究[20]。

7.2　电磁铆接力解析

由电磁铆接原理可知,铆接力来源于放电开关闭合瞬间,在成形线圈中产生的冲击电流与驱动片上感应电流之间的斥力。该斥力在放大器中不断反射和透射,输出一历时延长和峰值增加的作用力。该力作用于铆钉使之发生塑性变形。整个电磁铆接过程涉及电场与磁场的相互耦合、弹塑性波的传播和铆钉在高速冲击载荷作用下的动态变形响应。所以试图建立一个准确的数学模型对电磁铆接过程进行完整地描述是非常困难的。本节铆接力解析仅限于作用在驱动片上的磁场力。关于脉冲磁场力载荷在放大器和模具中的传播过程可参考应力波相关专著。

对于同轴两圆环载流线圈,其电流分别为 I_1、I_2,其间距为 z,互感为 M,则两线圈之间的作用力为

$$F = I_1 I_2 \frac{\mathrm{d}M}{\mathrm{d}z} \tag{7-1}$$

电磁铆接中,放电线圈的匝数为 N,放电电流为 i_1,将放电线圈视为单匝圆环载流线圈,则等效为单匝圆环载流线圈的线圈电流 I_c 为原线圈电流的 N 倍,即 $I_c = Ni_1$。驱动片为一铜板,将其感应涡流 i_2 等效为单匝圆环载流线圈,则等效为单匝圆环载流线圈的驱动片电流 I_d 与原驱动片电流相等。所以,首先必须求解放电线圈电流和驱动片电流,然后求解圆环载流线圈之间的互感,代入两圆环载流线圈之间作用力公式(7-1)即可求得作用于驱动片的铆接力。

设放电线圈与驱动片半径分别为 r_1、r_2,放电线圈与驱动片间距为 g,线圈与驱动片间互感为 M_{cd},则可求得作用于驱动片的铆接力 F_{cd} 为

$$
\begin{aligned}
F_{cd} &= I_c I_d \frac{\mathrm{d}M_{cd}}{\mathrm{d}g} \\
&= Ni_1 i_2 \frac{\mathrm{d}M_{cd}}{\mathrm{d}k} \frac{\mathrm{d}k}{\mathrm{d}g} \\
&= Ni_1 i_2 \frac{\mu_0 g}{4\sqrt{r_1 r_2}} k \left[2K(k) - \frac{2-k^2}{1-k^2} E(k) \right]
\end{aligned}
$$

$$= \mu_0 N i_1 i_2 \frac{g}{\sqrt{(r_1+r_2)^2+g^2}} \left[K(k) - \frac{r_1^2+r_2^2+g^2}{(r_1-r_2)^2+g^2} E(k) \right]$$

$$= \mu_0 \frac{U_{c0}^2 C N M_{cd}}{(L_1 L_2 - M_{cd})} \cdot \frac{g}{\sqrt{(r_1+r_2)^2+g^2}} \cdot e^{-2\beta t} \sin^2(\omega_0 t)$$

$$\cdot \left[K(k) - \frac{r_1^2+r_2^2+g^2}{(r_1-r_2)^2+g^2} E(k) \right] \tag{7-2}$$

式(7-2)反映了各参数对铆接力的影响,包括电参数和结构参数。放电电压、系统电容量、线圈匝数、线圈与驱动片之间的距离等参数均对铆接力有较大的影响。为了提高铆接力,可以增大铆接电压和电容量,也可以在结构设计时尽可能减小线圈与驱动片之间的距离或优选线圈匝数。

7.3　电磁铆接数值模拟

电磁铆接过程主要涉及磁场、结构场等相互耦合的过程。由前面分析可知,解析方法是在大量简化基础上进行的,将无法准确完整地描述整个铆接过程。同时由于磁场空间分布的复杂性及变形过程的高度非线性,采用单纯的工程解析方法难以完整地描述磁场力的时空分布及变形过程中各量的状态分布,只能对电磁铆接过程进行近似的估算。随着有限元技术的发展,越来越多的商用有限元软件应用到实际工程当中,其计算结果已经成为各类工程问题分析的依据。

7.3.1　数值模拟方案的确定

由于电磁铆接过程的放电时间远小于铆钉成形时间,所以可以忽略铆钉变形对磁场分布及磁场力的影响,可以采用松散耦合方法建立有限元模型。其基本思路就是先进行电磁场分析,然后以电磁场的求解结果为边界条件进行铆钉变形分析。松散耦合法的计算流程如图 7-4 所示。

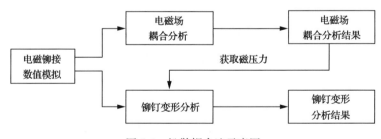

图 7-4　松散耦合法示意图

由松散耦合的示意图可知,铆钉变形的外力来源于电磁场耦合求解的结果,而该结果中只保存节点信息和单元信息,获得作用于驱动片的磁压力分布是其关键。

对于各向同性的线性导磁介质,磁场能量体密度为 ω_m,磁导率为 μ,磁感应强度为 B,则磁场能量的体密度可写成

$$\omega_m = \frac{1}{2\mu}B^2 \tag{7-3}$$

设广义坐标为 g,磁场能为 W_m,磁场力为 f_m,应用虚功原理求解的磁场力表达式为

$$f_m = -\frac{\partial W_m}{\partial g} \tag{7-4}$$

由式(7-4)可知,磁场做功只有靠系统内磁场能量的减少来完成。对于电磁铆接而言,若线圈与驱动片间隙体积为 V,间隙为 d,线圈内径为 r_{ci},线圈外径为 r_{co},假设线圈与驱动片半径等长且间隙内的磁场是均匀的,由式(7-4)可得存在间隙内的磁场能量为

$$W_m = \frac{B^2}{2\mu}V = \frac{B^2}{2\mu}\pi(r_{co}^2 - r_{ci}^2)d \tag{7-5}$$

根据式(7-5)可得,作用与驱动片内表面总的磁场力为

$$f_m = -\frac{\partial W_m}{\partial d} = -\frac{B^2}{2\mu}\pi(r_{co}^2 - r_{ci}^2) \tag{7-6}$$

式中,负号表示磁场力使间隙缩小的趋势。因此,作用于驱动片单位面积上的力,即磁压力可由下式表示:

$$P_m = \frac{|f_m|}{S} = \frac{|f_m|}{\pi(r_{co}^2 - r_{ci}^2)} = \frac{B^2}{2\mu} \tag{7-7}$$

由式(7-4)和式(7-7)对比可知,磁压力表达式和磁场能量体密度表达式一样,所以可以从节点信息中获取磁场时空分布,然后根据式(7-7)转化为磁压力,即可获得驱动片的磁压力分布。

7.3.2 数值模拟结果分析

有无驱动片时磁力线分布如图 7-5 所示。磁力线从线圈内部流出,经过线圈外部再回到线圈内部闭合,由内及外逐渐衰减,一直扩散到无穷远处。无驱动片时,磁力线处于发散状态。有驱动片时,磁力线除在驱动片端部发散,其余集中于线圈与驱动片之间的窄缝内,与驱动片径向平行,只含有径向分量。

线圈与驱动片所受磁场力矢量分布图如图 7-6 所示。线圈受力复杂,不仅受轴向力而且受径向力,且分布不均匀,变化剧烈,这是由于线圈内外两侧磁力线分布不同造成的。驱动片主要受轴向磁场力的作用,径向磁场力很小。轴向磁场

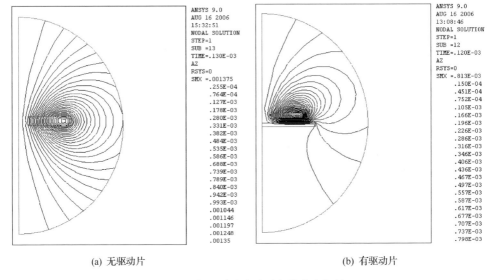

(a) 无驱动片　　　　　　　　　　　　　(b) 有驱动片

图 7-5　有无驱动片时磁力线分布场景

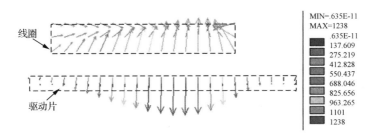

图 7-6　线圈与驱动片所受磁场力矢量图

沿驱动片径向分布不均匀,在驱动片半径一半附近轴向磁场力最大。

驱动片上不同层单元受到的轴向磁场力如图 7-7 所示。轴向磁场力随时间变化剧烈,呈指数衰减变化,第一波磁场力远大于下一波磁场力。磁场力沿驱动片半径方向分布不均匀,最大值位于驱动片半径一半附近。第一层单元受到的轴向磁场力远大于最外层的磁场力,说明磁场力沿驱动片厚度方向分布不均,呈梯度分布。磁场力由内而外衰减很快,可见电磁铆接磁场力是一体积力。

此受力分布是由其磁场分布决定的。在线圈与驱动片之间,磁场方向与驱动片半径方向平行,只有径向磁场,所以驱动片主要受到轴向磁场力。在驱动片半径一半附近,磁力线最为密集,受到的磁场力最大。在驱动片端部,磁场有少量发散,除有径向分量外还有轴向分量,因而驱动片端部即受到轴向磁场力外还受到径向磁场力。由于磁场具有渗透能力,在间隙内的磁场将渗透到驱动片中,造成驱动片轴向磁场力沿厚度方向分布不均,靠近线圈一侧(内侧),驱动片受到的磁场力较

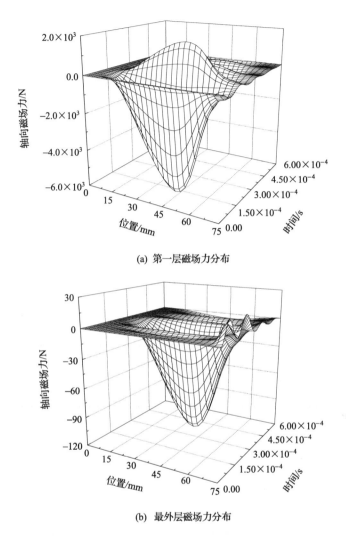

(a) 第一层磁场力分布

(b) 最外层磁场力分布

图 7-7 驱动片不同层单元受到磁场力的时空分布

大,由内而外衰减很快。

　　成形线圈与驱动片间隙内径向磁通密度的时空分布如图 7-8 所示。在间隙内,由于径向磁通密度远大于轴向磁通密度,所以,驱动片主要受到轴向磁场力作用。径向磁通密度随时间变化剧烈,呈指数衰减变化,第一波磁通密度值远大于下一波磁通密度值。径向磁通密度沿驱动片半径方向分布不均匀,在其半径一半附近磁通密度值最大。

　　轴向磁压力的时空分布如图 7-9 所示。从时间上来看,磁压力呈衰减分布。在前半个放电周期内,驱动片所受磁压力很大,在近四分之一周期时达到磁压力峰

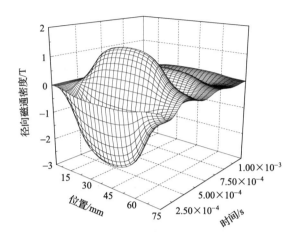

图 7-8　成形线圈与驱动片间隙内径向磁通密度的时空分布

值;在后半个放电周期内,驱动片所受磁压力衰减很快,因此用于铆钉所受的成形力主要来自于前半个周期的磁压力。

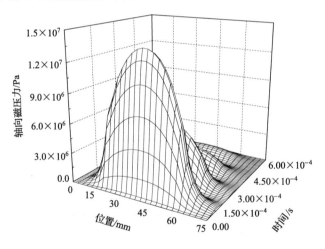

图 7-9　轴向磁压力的时空分布

　　磁压力在时间上呈衰减分布是由于电容器的放电电流在时间上呈衰减分布,磁压力是由放电电流与感应电流相互作用产生的。在前四分之一个放电周期内,放电电流由零迅速增大达到峰值,产生反向感应电流。由于放电电流的快速变化,产生的感应电流值也较大,两者相互作用产生斥力,从而使磁压力达到峰值点。下一个四分之一周期,放电电流迅速减小,之前产生的反向感应电流被逐渐中和,从而使磁压力降低。之后的放电时间,由于放电电流的衰减,电流变化速度越来越慢,产生的感应电流值也越来越小,造成磁压力在时间上不断衰减的现象。从驱动片的径向距离上看,在驱动片半径中心部位磁压力达到峰值,并向两侧逐渐减小。由于磁压力是放电电流与感应电流相互作用产生的,所以这一分布规律与驱动片表面的感应电流分布有关。

图 7-10 为线圈与驱动片电流密度分布图。驱动片感应电流方向与放电线圈电流方向相反,感应电流分布不均匀,沿径向,在驱动片半径一半附近电流最大,两侧电流较小;沿轴向,靠近线圈一侧电流明显大于外侧,由内及外呈衰减分布。感应电流的不均匀分布是由其磁场分布决定的。在线圈与驱动片之间,磁场主要沿径向分布,渗入驱动片的磁场呈衰减分布,则感应电流由内及外将逐渐减小,沿驱动片轴向呈梯度分布。

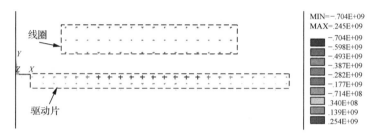

图 7-10 线圈与驱动片电流密度分布图

图 7-11 为电磁铆接平头铆模铆钉的动态变形过程,主要分为两步:整体自由镦粗过程和局部自由镦粗过程。初始时铆钉与夹层材料之间有一定间隙。当平头铆模与铆钉接触后,由于存在间隙,铆钉首先发生整体镦粗变形,其应变分布如图 7-11(a)所示,在钉杆中部其应变最大。随着铆模向下运动,铆钉变形增加,在钉杆中部变形最大处首先接触夹层材料。由于其约束作用,此时变形转向钉杆中部的两侧,形成两个变形的极大区,其应变分布如图 7-11(b)所示。随着铆模继续向下运动,在夹层材料处首先填满钉孔,而在钉头处由于不受约束,变形继续增大,此时最大的变形区出现在该区域,其应变分布如图 7-11(c)所示。随着铆模继续向下运动,铆钉变形主要集中于不受约束的钉头处,直到最后钉头的形成,其应变分布如图 7-11(d)~(f)所示。在形成钉头过程中,其钉杆还存在一定的微小变形,所以这两个阶段的变形也是相互影响的。在整个成形过程中,随着铆模的下移,钉杆部分由上而下均匀膨胀变形。

从钉头的应变图可知,其变形可分为三个区域,钉头变形分区及各区的应力状态如图 7-12 所示。1 区为难成形区,变形程度最小;2 区为大变形区,变形程度最大;3 区为小变形区,变形程度居中。在钉头成形初期,随着钉头直径的增加,1 区沿径向不断变大,轴向减小。2 区变形范围则沿着两个方向均变大。而 3 区变形区域不断减小。当钉头变形到一定程度后,三个区域变化则不明显。在铆接过程中,铆模与钉头端面之间摩擦力的影响,使得金属变形困难,导致变形不均匀。从

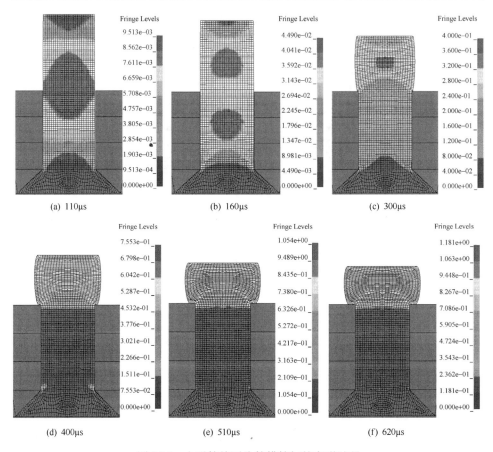

(a) 110μs (b) 160μs (c) 300μs

(d) 400μs (e) 510μs (f) 620μs

图 7-11 电磁铆接平头铆模铆钉的变形过程

高度方向看,中间部分(2 区)受到的摩擦影响小,上端(1 区)受到的影响大。在接触面上,由于中心处的金属流动还受到外层的阻碍,故越靠近中心部分受到的摩擦阻力越大(即 σ_2、σ_3 大),变形越困难。由于这样的受力情况,所以形成近似锥形的第 1 区变形最小。在成形后期,铆钉钉头转角处存在较大变形。

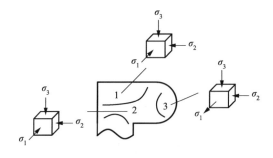

图 7-12 平头铆模钉头变形分区及各区应力状态

7.4　电磁铆接铆钉变形机理

7.4.1　绝热剪切变形机理

电磁铆接属于冲击加载,铆钉材料的应变速率大,可在几百微秒的瞬间产生 30%~50%的应变。由于电磁铆接加载速率高,在热力学耦合上可以把铆钉变形过程看做是绝热剪切的过程,它既有材料塑性变形引起的强化,也有温升引起的软化。而且电磁铆接材料以绝热剪切形式变形会随着应变速率的提高和应变量的增大而增大,变形中出现的剪切带会从形变带向转变带转化,直至剪切破坏。

电磁铆接铆钉材料虽以绝热剪切的方式产生塑性变形,但能否顺利完成钉头的成形还取决于变形过程中应变和应变速率。当考虑材料流动应力对应变速率和温度的依赖性时,流动应力 σ 是应变 ε、应变速率 $\dot{\varepsilon}$ 和温度 T 的函数,即

$$\sigma = \sigma(\varepsilon, \dot{\varepsilon}, T) \tag{7-8}$$

其全微分形式为

$$\mathrm{d}\sigma = \frac{\partial \sigma}{\partial \varepsilon}\mathrm{d}\varepsilon + \frac{\partial \sigma}{\partial \dot{\varepsilon}}\mathrm{d}\dot{\varepsilon} + \frac{\partial \sigma}{\partial T}\mathrm{d}T \tag{7-9}$$

表征材料应变硬化特性的 $\partial\sigma/\partial\varepsilon$ 和应变速率硬化特性的 $\partial\sigma/\partial\dot{\varepsilon}$ 一般大于零,而表征材料"热软化"特性的 $\partial\sigma/\partial T$ 一般小于零。当绝热温升引起的热软化效应足以抵消应变硬化效应时,将产生绝热剪切带,绝热温升 $\mathrm{d}T$ 可根据塑性功的绝大部分转化为热量的假定来近似估计,即

$$\Delta T \approx \frac{1}{\rho C_V j}\int \sigma \mathrm{d}\varepsilon^p \tag{7-10}$$

式中, ρ 为材料密度; C_V 为定容比热; j 为热功当量;而积分式代表塑性功。

材料是否以绝热剪切的方式产生塑性变形,关键在于是否有足够高的应变速率和塑性变形功。只有当塑性变形功足够高时,变形过程才接近于绝热过程。只有当应变速率足够高时,才会有足够高的塑性功和相应地有足够高的绝热温升。采用普通气铆时,加载速率较低,材料主要表现为应变硬化效应而没有热软化效应,因此成形困难。而以高应变速率为特征的电磁铆接能够实现难成形材料如钛合金的冷铆,而气铆却很难实现合格的冷铆。

国内外有关电磁铆接铆钉绝热剪切变形机理的研究较少见报道,这是铆钉在电磁铆接时变形时间短暂化和变形区域局部化,使得微观组织及其演化研究变得相当困难。而在少量有关电磁铆接铆钉变形机理研究的文献中,大部分还基本停留在对试验现象的描述上,对于铆钉电磁铆接中绝热剪切带微观结构演化机制还

缺少深入研究。Choo 等对电磁铆接的 7050-T73 铝合金铆钉进行了观察,结果发现剪切带由于材料变形产生的热量引起组织弥散硬化,进而导致剪切带硬度提高和塑性降低,微孔洞在剪切带形核、扩展和合并形成微裂纹[21]。王礼立针对 TB$_2$-1铆钉进行了应力波铆接试验,并观察和分析了微观组织,发现 TB$_2$-1 铆钉主要以绝热剪切方式变形,绝热剪切带在常温条件下既包含形变带又包含转变带,在低温高应变率下则是以转变带形态或至少以混合带形态出现[22]。曹增强研究了加载速率对 TB$_2$-1 铆钉变形的影响,研究结果表明随着加载速率的提高,剪切带内的变形越来越大,出现微裂纹甚至剪切破坏。邓将华对 Q235,2A16 和 TA1 三种材料铆钉进行了电磁铆接试验研究,结果表明铆钉均以绝热剪切的方式产生变形,并对绝热剪切带微观结构演化机理进行了探讨[23]。张岐良等利用 ABAQUS 软件建立了钛合金电磁铆接的 3D 有限元模型,通过模拟发现,剪切带处最大温升达到了500℃,高于材料动态再结晶温度[24]。

取如图 7-13 所示方向观察金属塑性流动和变形情况。图 7-14 为剪切带两侧径向速度时间变化曲线,可看出 1 区和 2 区所选测试方向上金属径向塑性流动速度明显低于 3 区,2 区差值更加明显,并且最大差值高达 2m/s。因此,从数值模拟结果,也可说明径向塑性流动不均导致两个区域(1 区与 2 区之间、3 区与 2 区之间)之间存在明显剪切效应,进而在两区域之间必然形成剪切变形组织。图 7-15和图 7-16 分别为垂直绝热剪切带方向等效应变和温度随着时间变化曲线,曲线表明绝热剪切带附近的等效应变明显高于其他位置,而绝热温升源于塑性功产生的热量,因此其变化规律和等效应变相同。

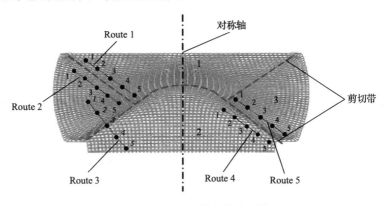

图 7-13　成形后铆钉镦头形貌

在相同放电能量,不同电容值时,2A16 铝合金变形铆钉沿纵向切开腐蚀照片如图 7-17 所示,在铆钉钉头处有明显的剪切带存在。剪切带是一个变形高度集中的区域,一般有两条,主剪切带和次剪切带,两剪切带呈倒锥形,这是由于变形过程中材料流动的不均匀性造成的。放电电容值为 383μF 时,主剪切带和次剪切带呈

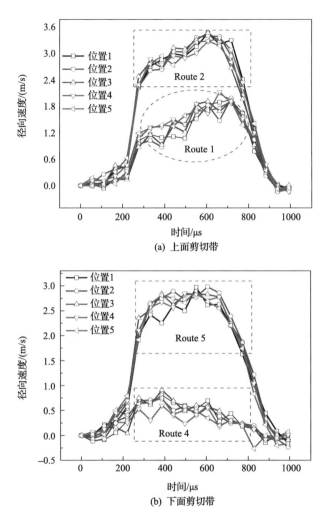

(a) 上面剪切带

(b) 下面剪切带

图 7-14　剪切应力随时间变化曲线

倒锥形分布于钉头处,主剪切带较次剪切带明显。放电电容值为 $1540\mu F$ 时,在钉头处只有一条明显的主剪切带,在钉头顶部的边缘处有次剪切带的痕迹。这是由于变形初期,变形沿主次剪切带同时发生。变形量较小时,次剪切带区域较大,所以容易观察到次剪切带。随着变形量增加,材料沿径向流动增加,次剪切带区域变形剧烈,所以只能在钉头顶面的边缘处观察到次剪切带的痕迹。随着变形量增加,主剪切带内变形量加剧,主剪切带越来越明显。

铆钉变形分区示意图如图 7-18 所示。在成形过程中,铆钉头部可以分为三个区域:难成形区、大变形区和小变形区。在难成形区的金属由于受到摩擦作用,则材料的径向流动受到限制。在小变形区的金属主要为径向流动。在大变形区的金

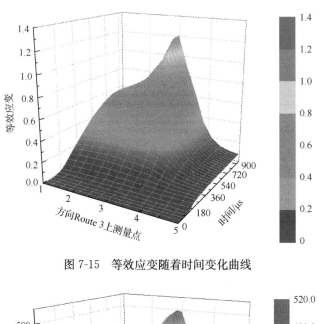

图 7-15　等效应变随着时间变化曲线

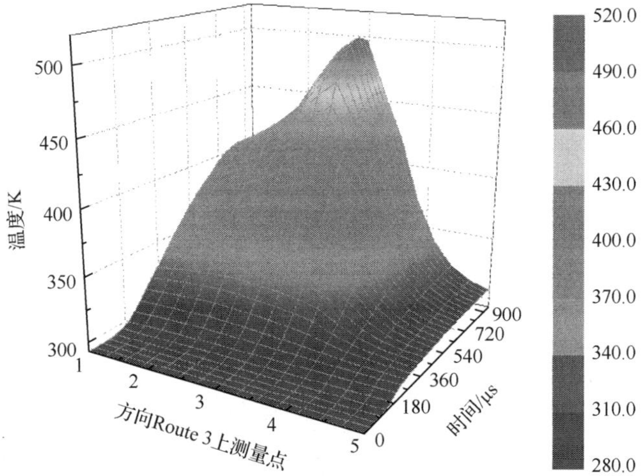

图 7-16　温度随着时间变化曲线

属,同时存在轴向流动和径向流动,剧烈的材料流动将产生大量的热量。由于电磁铆接过程很快,在几百微秒内完成铆钉的成形。在如此短的时间内,由于大变形产生的大量热量来不及散出,将引起材料局部温升,这一温升又反过来加剧了该区域材料的塑性流动。当局部热软化效应超过应变硬化效应时,金属变形出现失稳,大部分塑性变形都集中在狭窄的区域内。变形中塑性功转变成的热量大部分滞留在这一区域,该塑性流动局域化区域即为绝热剪切带。正是由于这种不均匀的轴向流动和径向流动产生了主次剪切带。当材料轴向和径向流动不均匀性产生的剪应力达到一定值时,则钉头将产生裂纹。

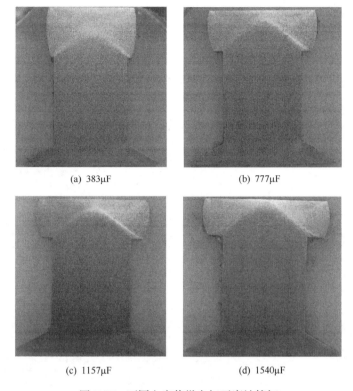

(a) 383μF　　　　　　　　　　　　(b) 777μF

(c) 1157μF　　　　　　　　　　　　(d) 1540μF

图 7-17　不同电容值纵向切开腐蚀铆钉

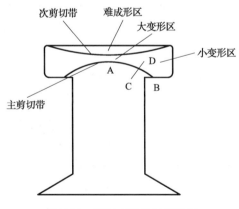

图 7-18　铆钉变形分区示意图

在主剪切带处,不同电容值下 50 倍的微观组织如图 7-19 所示。随着电容值增加,剪切带越来越明显。这是由于变形量增加,在剪切带内发生更大的变形。当放电电容值为 383μF 时,剪切带不太明显,剪切带内外晶粒大小差别不大。随着变形量增加,在剪切带内,晶粒被急剧拉长,且沿着剪切带方向排列,在剪切带两侧晶粒则变化不大。

　　将变形铆钉沿横向切开,腐蚀后铆钉如图 7-20 所示。呈圆形的区域为剪切带,说明铆钉变形各方向一致,呈对称分布。微观组织如图 7-21 所示。在剪切带两侧晶粒变化不大,在剪切带处晶粒剧烈变形,说明变形主要集中于剪切带内,但未发现裂纹,所以不影响铆钉的使用性能。

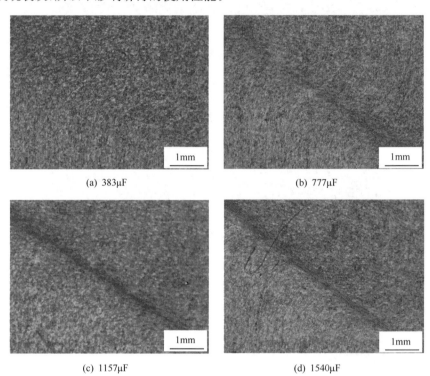

(a) 383μF

(b) 777μF

(c) 1157μF

(d) 1540μF

图 7-19　不同电容值剪切带处的微观组织

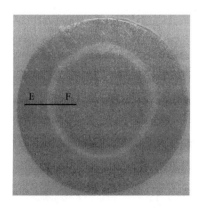

图 7-20　横向切开腐蚀铆钉

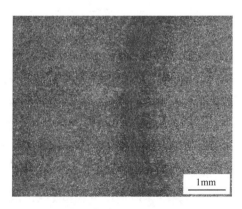

图 7-21　铆钉周向剪切带

7.4.2 绝热剪切微观组织

1. 2A10 铝合金绝热剪切微观组织

图 7-22 为试样截面的金相组织,从图中可以看出在镦头区域下面存在一条类似抛物线形的绝热剪切带(LASB),上面也存在两条绝热剪切带(UASB),并且上下剪切带在镦头中心(CASB)相遇连为一体。而绝热剪切带的局部放大视图表明其内部晶粒发生剧烈剪切变形破碎,形成纤维状的变形组织,由于圆柱镦粗时,试样和冲头之间的摩擦导致试样变形时金属不均匀塑性流动产生鼓形效应,结果在试样截面对角位置将产生剪切区域,以此为界可将试样分为自由变形区域(可自由塑性流动区)和死区(塑性流动几乎为零区域)。另外,根据前面模拟分析可知电磁铆接时铆钉变形时间很短,一般为几百毫秒,而在此过程中将产生很高的应变速率($10^3 s^{-1}$以上),因此,将导致高速剧烈变形产生的热量短时很难向其周围传递而集中于热源区域,绝热温升将直接导致材料发生软化,而剪切应力状态更加有利于滑移系的开动,使得大的塑性变形倾向于剪切变形区域优先发生,反之也促进了剪切区域的形变温升明显高于其他区域,而当温升软化效应大于应变硬化和应变速率硬化效应之和时,将会在此区域发生塑性失稳导致变形集中而形成绝热剪切带(ASB)。从镦头截面组织分布表明以上下绝热剪切带为界,类似普通短粗成形可分为死区(UDZ 表示上面死区,LDZ 表示下面死区)、自由变形区域(FDZ)。死区由于塑性流动受限而塑性变形很小晶粒仍然保持原始的等轴晶状态,只有靠近剪切带附近的晶粒被拉长呈流线型向剪切带内流动。而自由变形金属可以沿着径向塑性流动,在受压应力的同时会受到径向拉应力,因此该区域内的晶粒也发生了明显的破碎。

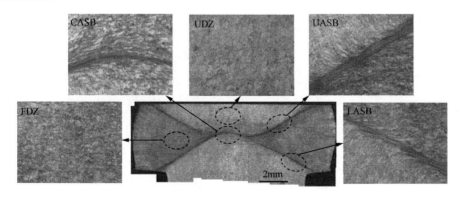

图 7-22 镦头截面不同区域区域的金相组织

图 7-23 为上下两条绝热剪切带的 SEM 组织,可以看出剪切带处的变形明显

大于其他位置,并且变形组织已看不清原来的晶粒形貌,呈现条状纤维组织,沿着同一方向拉长,而剪切带带宽大约 60μm。另外剪切带边界位置并不光滑,可以看出外面晶粒被其带动变形向剪切带内流动。而从局部放大图 7-23(b)和图 7-23(d)也可以看出剪切带内呈现层片状组织,并且散落在层片上有许多颗粒状的第二相,由于在制备试样时机械抛光和腐蚀处理,不可避免地导致部分第二相粒子脱落,从剪切带内的一些微孔形状可看出这些微孔实际是第二相脱落的位置。

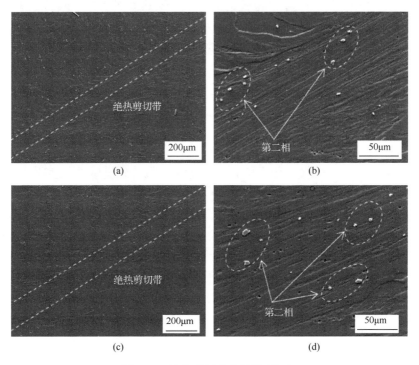

图 7-23　绝热剪切带中的微观组织

2A10 铝合金属于 Al-Cu 系合金,利用扫描电镜能谱分析(EDX)可以鉴定第二相的成分,图 7-24 为基体和第二相的能谱分析结果。从图 7-24(a)可知基体成分主要是 Al 元素,有少量的铜存在。根据图 7-24(b)的元素成分比例可知第二相为 Al_2Cu 相,有研究表明 Al_2Cu 相属于一种强化相,由此可见该相存在将会导致绝热剪切带具有较高的强度和硬度。

由于铝合金具有很高的堆垛层错能,所以在高速冲击作用下也很难出现形变孪晶现象。另外,高层错能金属中位错滑移所需的临界剪切应力较小,这样促进滑移系的开动进而发生塑性变形,铝合金属于面心立方晶体结构,而晶体具有多组滑移系更加有利于位错运动。图 7-25 为绝热剪切带区域的位错分布及组态,由图 7-25(a)可以看出绝热剪切带中具有很高的位错密度,并且位错滑移主要沿着

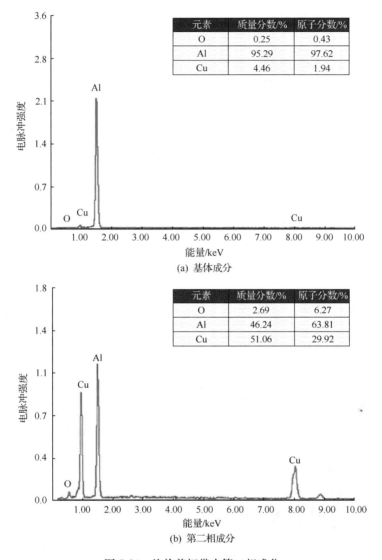

图 7-24　绝热剪切带中第二相成分

剪切方向发生。另外,高密度的位错也形成了大量的位错墙沿着剪切带方向分布,在塑性变形过程中,随着位错运动增殖和某些位错间距的减小将会导致位错墙发展成小角度晶界,进而将材料原始晶粒细化成亚晶结构。从图 7-25(b)可以看出高应变率下绝热剪切带中大量位错相互缠结,而位错缠结主要包括位错的"钉扎"作用和位错的"缠绕"作用两种。图中显示的位错缠结主要是以相互"缠绕"作用进行,另外从前面 SEM 分析可以发现绝热剪切带中也存在很多散落的 Al_2Cu 相,因此,第二相的存在也会对位错产生一定的"钉扎"作用。

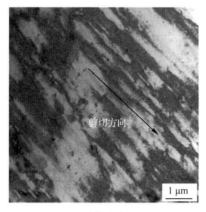

(a) 位错滑移

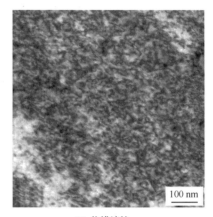

(b) 位错缠结

图 7-25　位错滑移运动和缠结

　　对于面心立方结构金属来说，无论是准静态变形还是高应变率变形，其位错运动形成的亚结构取决于其堆垛层错能。大量研究表明在冲击载荷作用下位错的分布要比准静态时更加均匀，另外高堆垛层错能的材料高应变率变形时位错运动受到时间效应影响，位错胞分界扩展不如低速变形充分，并且冲击载荷作用下应力脉冲持续时间短，位错没有足够的时间达到平衡，因此形成的位错亚结构形变不规则。图 7-26 为绝热剪切带中的位错分布及亚结构，从图 7-26(a)中可以看出每一个层片亚结构中位错分布相对比较均匀，大量位错之间如前面所述相互缠结，另外位错在层片之间层塞积形成错位墙进而演化成位错胞壁。图 7-26(b)中可以看到一个不完整的位错胞，位错胞沿着剪切带方向呈扁层状，宽度大约在 0.8μm，而位

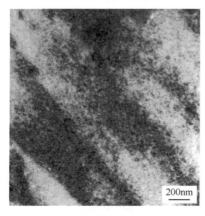

(a) 位错缠结

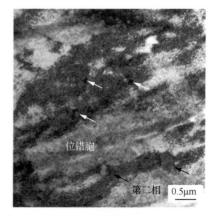

(b) 位错胞

图 7-26　位错分布及组态

错胞胞壁形状并不规则,在胞壁上位错丛中可以看到分布着很多第二相粒子,第二相粒子的存在对位错会起到一定的"钉扎"作用。

2. TA1 钛合金绝热剪切微观组织

电磁铆接后镦头的截面微观组织分布如图 7-27 所示,局部放大组织如图 7-28 所示。由于鼓形效应的存在,镦头形状与前面 2A10 铝合金铆钉形成规律基本相同,而从微观组织分布可以看出基本分成四个区域,图 7-27 中区域(a)为剪切组织和绝热剪切带混合区域,该区域组织分布不均匀,微观组织包括小变形剪切破碎的晶粒、看不清形貌的剧烈剪切变形组织和变形局域化的绝热剪切组织。三角形区域(b)与镦粗变形死区相同,该区域金属塑性流动受限,因此变形较小,另外该区域的组织变形程度呈梯度分布,越靠近剪切变形区域和中心区域变形量越大。变形区域(d)微观组织基本看不清晶粒原始形貌,说明变形量较大,仅有靠近边缘的组织晶粒破碎程度相对较小。不同于 2A10 铝合金铆钉电磁铆接变形的是剪切变形区域,如图 7-27 区域(c)所示的绝热剪切带只是局部现象,而不是沿着镦头每个对角方向均存在绝热剪切带,绝热剪切带的宽度也明显窄于 2A10 铝合金铆钉的绝热剪切带(80μm 左右),区域(c)中的绝热剪切带的宽度大约为 10μm,并且绝热剪切带两侧的微观组织变形程度差别很大。

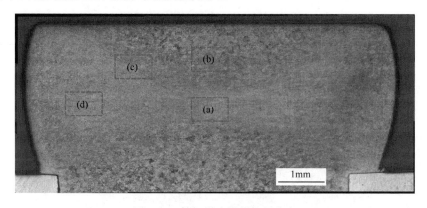

图 7-27 铆钉镦头微观组织分布

图 7-29(a)为铆接后绝热剪切带中微观组织,可以看出绝热剪切带中晶粒明显破碎成亚晶,并且亚晶沿着剪切方向被拉长形成条状。在亚晶内部仍然存在着很高密度的位错,并且已有部分位错形成了新的位错胞胞壁,而另一部分位错随机分布在亚晶内并相互缠结。这是由于在电磁铆接过程中,随着变形量的增大位错密度急剧增加,而在位错运动过程中柏氏矢量方向相反的位错相遇会抵消,部分位错会有序化形成位错墙,并且在绝热温升的作用下,相邻位错墙会相互结合进而形成位错胞胞壁。由此可知,电磁铆接过程中,TA1 钛合金铆钉的绝热剪切变形使得

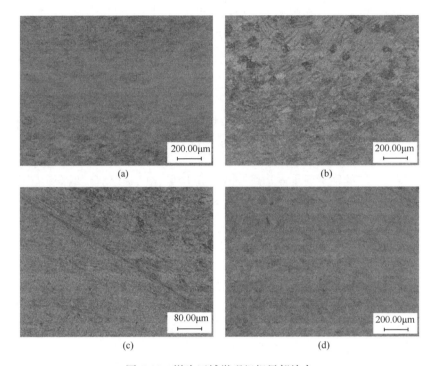

图 7-28　镦头区域微观组织局部放大

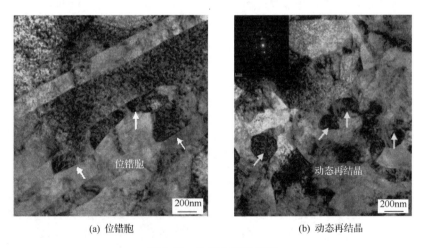

(a) 位错胞　　　　　　　　　　　　　(b) 动态再结晶

图 7-29　位错分布及组态

晶粒先被破碎拉长为条状亚晶,而条状亚晶在位错运动机制下继续被破碎形成新的位错胞,另外,也可以说明 TA1 钛合金铆钉在电磁铆接过程中变形机制仍为位错滑移。图 7-29(b)所示在绝热剪切带中散落分布着一些等轴状动态再结晶晶粒,并且由衍射斑点呈环状分布可说明晶粒尺寸在纳米级别。在图中衬度下等轴晶的尺寸在 $100\sim200\,\text{nm}$,这些再结晶晶粒不仅分布不均匀,而且晶粒尺寸也大小不一。

7.5　电磁铆接过程中动态塑性变形行为

7.5.1　铆接过程受力分析

由数值模拟结果可知电磁铆接过程可分为四个阶段,受力如图 7-30 所示。

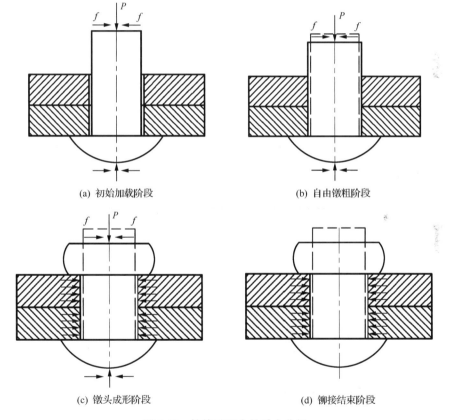

(a) 初始加载阶段　　　　　　　　　(b) 自由镦粗阶段

(c) 镦头成形阶段　　　　　　　　　(d) 铆接结束阶段

图 7-30　铆接过程中的受力分析

(1) 初始加载阶段。铆钉半圆头部分受顶铁完全约束,钉杆端面受冲头冲击载荷和摩擦作用双重作用。此阶段类似于圆棒锻压工艺中一端固定,另一端轴向加载的镦粗成形。

(2) 自由镦粗阶段。该阶段铆钉在冲头冲击力作用下,钉杆高度逐渐减小,直径不断膨胀,铆钉材料逐渐填充孔间隙并且与孔壁接触挤压孔壁变形,直至钉杆与被连接件孔壁形成稳定干涉配合结束。

（3）镦头成形阶段。自由镦粗后,随着轴向加载的持续,铆钉钉杆挤压与被连接件孔壁继续膨胀,与此同时,钉杆与孔壁接触段受到径向约束,而置于孔外的钉杆径向自由膨胀。根据最小阻力原理,孔外段钉杆径向变形量大于孔内段,这时镦头开始成形。另外,孔内段钉杆径向变形达到极限值之后不再增大,此时,钉杆材料向孔内填充流动达到饱和,变形主要集中于孔外段,此后变形可视为镦头的局部镦粗过程。

（4）铆接结束阶段。镦头成形后铆接结束,而在钉杆挤压孔壁变形时,被连接件孔壁附近材料也将发生弹塑性变形,与钉杆之间形成一定的干涉量,并且将产生有利于提高连接强度和疲劳寿命的残余应力。

7.5.2 电磁铆接过程干涉量模型

当不考虑应力波对电磁铆接过程中干涉量影响时,这样铆钉的变形过程相当于静载作用下的镦粗变形。忽略冲头与钉杆之间的摩擦,所以可认为整个钉杆变形均匀,那么在铆钉的挤压作用下,被连接件变形可简化为无限壁厚圆筒（图 7-31）内壁受均布径向加载过程。假设圆筒的内半径和外半径分别为 R_i 和 R_o。在圆柱坐标下,在圆筒任意半径 r 处取微元体,MN 和 AB 分别为半径 r 和半径 $r+dr$ 处的两个圆柱面;MA 和 NB 为通过轴线的两个纵截面,二者之间夹角为 $d\theta$。被连接板变形可以近似认为是平面变形,那么在 z 方向应力 σ_z 均匀分布。在 MA 和 NB 面上的环向应力均为 σ_θ;在半径 r 和半径 $r+dr$ 处的两个圆柱面上径向应力分别为 σ_r 和 $\sigma_r+d\sigma_r$。

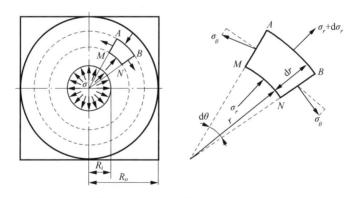

图 7-31 板材变形过程应力分析

取微元体 z 方向厚度为 1,根据微元体在半径 r 方向上的力平衡关系,可得

$$(\sigma_r + \mathrm{d}\sigma_r)(r + \mathrm{d}r)\mathrm{d}\theta - \sigma_r r \mathrm{d}\theta - 2\sigma_\theta \mathrm{d}r \sin\frac{\mathrm{d}\theta}{2} = 0 \tag{7-11}$$

当 $\mathrm{d}\theta$ 取无限小时，$\lim\limits_{\theta \to 0}\sin\dfrac{\mathrm{d}\theta}{2} = \dfrac{\mathrm{d}\theta}{2}$，另外，略去高

阶微量 $\mathrm{d}\sigma_r \mathrm{d}r$，式(7-11)可化简为

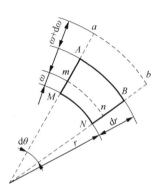

$$\sigma_\theta - \sigma_r = r\frac{\mathrm{d}\sigma_r}{\mathrm{d}r} \tag{7-12}$$

几何方程是微元体的位移与应变之间的关系，而被连接件属于轴对称结构，横截面上的各点只是在原来的半径上发生径向位移变化，如图 7-32 所示。其中 $MANB$ 为变形前的位置，$manb$ 为变形后的位置。若半径 r 处柱面 MN 径向位移 ω，则半径 $r + \mathrm{d}r$ 处柱面 AB 径向位移 $\omega + \mathrm{d}\omega$。由应变的定义，可得径向应变 ε_r 和周向应变 ε_θ：

图 7-32　微元体位移变化

$$\varepsilon_r = \frac{(\omega + \mathrm{d}\omega) - \omega}{\mathrm{d}r} = \frac{\mathrm{d}\omega}{\mathrm{d}r} \tag{7-13}$$

$$\varepsilon_\theta = \frac{(r + \omega)\mathrm{d}\theta - r\mathrm{d}\theta}{r\mathrm{d}\theta} = \frac{\omega}{r} \tag{7-14}$$

根据被连接板材变形特点，采用厚壁圆筒受内压变形理论，联立求解平衡微分方程和几何方程，并代入边界条件很容易得到径向应力和切向应力：

$$\sigma_r = \frac{R_i^2 R_o^2}{R_o^2 - R_i^2}\sigma\left(\frac{1}{R_o^2} - \frac{1}{r^2}\right) \tag{7-15}$$

$$\sigma_\theta = \frac{R_i^2 R_o^2}{R_o^2 - R_i^2}\sigma\left(\frac{1}{R_o^2} + \frac{1}{r^2}\right) \tag{7-16}$$

1. 弹性极限干涉量模型

根据绝对干涉量 Δ 的定义可知，$\Delta = r - R_i$，而 $r - R_i$ 正好是被连接板孔壁在径向上的位移 u_r。

应变定义为

$$\varepsilon_r = \frac{\partial u_r}{\partial r} \tag{7-17}$$

平面应变时物理方程为

$$\varepsilon_r = \frac{1-\nu^2}{E}\left(\sigma_r - \frac{\nu}{1-\nu}\sigma_\theta\right) \tag{7-18}$$

代入已求出的 σ_r 和 σ_θ 表达式，联立式(7-17)和式(7-18)可知：

$$
\begin{aligned}
u_r &= \int \varepsilon_r \mathrm{d}r = \frac{R_i^2 R_o^2}{R_o^2 - R_i^2}\frac{1+\nu}{E}\sigma\int\left(\frac{1-2\nu}{R_o^2} - \frac{1}{r^2}\right)\mathrm{d}r \\
&= \frac{R_i^2 R_o^2}{R_o^2 - R_i^2}\frac{1+\nu}{E}\sigma\left[\frac{(1-2\nu)}{R_o^2}r + \frac{1}{r}\right]
\end{aligned} \tag{7-19}
$$

代入 $\Delta = r - R_i = u_r$，有

$$
\begin{aligned}
\sigma &= u_r\frac{R_o^2-R_i^2}{R_i^2 R_o^2}\frac{E}{1+\nu}\frac{r}{\left[\frac{(1-2\nu)}{R_o^2}r^2+1\right]} = \frac{R_o^2-R_i^2}{R_i^2 R_o^2}\frac{E}{1+\nu}\frac{\Delta(\Delta+R_i)}{\left[\frac{(1-2\nu)}{R_o^2}(\Delta+R_i)^2+1\right]}\\
&= \frac{R_o^2-R_i^2}{R_i^2 R_o^2}\frac{E}{1+\nu}\frac{\dfrac{\Delta}{R_i}\left(1+\dfrac{\Delta}{R_i}\right)}{\left[\dfrac{(1-2\nu)}{R_o^2}\left(1+\dfrac{\Delta}{R_i}\right)^2+\dfrac{1}{R_i^2}\right]}
\end{aligned}
$$

将 σ 代入已经求出的 σ_r 和 σ_θ 表达式中可得

$$\sigma_r = \frac{E}{1+\nu}\frac{\dfrac{\Delta}{R_i}\left(1+\dfrac{\Delta}{R_i}\right)}{\left[\dfrac{(1-2\nu)}{R_o^2}\left(1+\dfrac{\Delta}{R_i}\right)^2+\dfrac{1}{R_i^2}\right]}\left(\frac{1}{R_o^2}-\frac{1}{r^2}\right) \tag{7-20}$$

$$\sigma_\theta = \frac{E}{1+\nu}\frac{\dfrac{\Delta}{R_i}\left(1+\dfrac{\Delta}{R_i}\right)}{\left[\dfrac{(1-2\nu)}{R_o^2}\left(1+\dfrac{\Delta}{R_i}\right)^2+\dfrac{1}{R_i^2}\right]}\left(\frac{1}{R_o^2}+\frac{1}{r^2}\right) \tag{7-21}$$

当 $R_o \to \infty$ 时，有

$$\sigma_r = -\frac{E}{1+\nu}\frac{\Delta}{R_i}\left(1+\frac{\Delta}{R_i}\right)\left(\frac{R_i}{r}\right)^2 \tag{7-22}$$

$$\sigma_\theta = \frac{E}{1+\nu}\frac{\Delta}{R_i}\left(1+\frac{\Delta}{R_i}\right)\left(\frac{R_i}{r}\right)^2 \tag{7-23}$$

将 Tresca 屈服准则 $(\sigma_\theta - \sigma_r = \sigma_s)$ 代入 σ_r 和 σ_θ，便可求出铆钉与被连接件之间的极限弹性挤压应力 σ_{el} 和极限弹性配合干涉量 Δ_{el}。

$$\sigma_{\mathrm{el}} = \frac{\sigma_s}{2}\frac{R_o^2-R_i^2}{R_i^2 R_o^2}r^2 \tag{7-24}$$

$$\frac{\Delta_{\mathrm{el}}}{R_i} = \frac{(1+\nu)\sigma_s}{2E}\left(1+\frac{\Delta_{\mathrm{el}}}{R_i}\right)\left[(1-2\nu)\frac{R_i^2}{R_o^2}\left(1+\frac{\Delta_{\mathrm{el}}}{R_i}\right)^2+1\right] \tag{7-25}$$

当 $R_o \rightarrow \infty$ 时,有

$$\frac{\Delta_{el}}{R_i} = \frac{(1+\nu)\sigma_s}{2E - (1+\nu)\sigma_s} \tag{7-26}$$

2. 板材塑性区半径

当挤压应力超过弹性极限之后,被连接板将发生塑性变形,塑性变形区域同样近似于平面应变状态($\tau_{\theta r} = 0$),而此时平衡微分方程与屈服准则如下:

$$\frac{\mathrm{d}\sigma_{pr}}{\mathrm{d}r} + \frac{\sigma_{pr} - \sigma_{p\theta}}{r} = 0 \tag{7-27}$$

$$\sigma_{p\theta} - \sigma_{pr} = \sigma_s \tag{7-28}$$

求解并代入边界条件($r = \Delta + R_i$ 时,$\sigma_{pr} = -\sigma$)可得

$$\sigma_{pr} = -\sigma + \sigma_s \ln \frac{r}{R_i + \Delta} \tag{7-29}$$

$$\sigma_{p\theta} = -\sigma + \sigma_s \left(1 + \ln \frac{r}{R_i + \Delta}\right) \tag{7-30}$$

(1) 当 $r = r_p$ 时

$$\begin{aligned}
\sigma_{pr} &= -\sigma_{el} \\
&= \frac{\sigma_s}{2} \frac{R_o^2 - R_i^2}{R_i^2 R_o^2} r^2 = \frac{\sigma_s}{2} \frac{R_o^2 - R_i^2}{R_o^2} \left[\frac{2E}{2E - (1+\nu)\sigma_s}\right]^2
\end{aligned} \tag{7-31}$$

因为 σ_s 远远小于弹性模量 E,所以 $\left[\dfrac{2E}{2E - (1+\nu)\sigma_s}\right]^2 \approx 1$,有

$$\sigma_{pr} = -\frac{\sigma_s}{2} \frac{R_o^2 - R_i^2}{R_o^2} \tag{7-32}$$

另外

$$\sigma = \sigma_s \ln \frac{r_p}{R_i + \Delta} + \frac{\sigma_s}{2} \frac{R_o^2 - R_i^2}{R_o^2} \tag{7-33}$$

有

$$\sigma_{pr} = \sigma_s \left(\ln \frac{r}{r_p} - \frac{1}{2} \frac{R_o^2 - R_i^2}{R_o^2}\right) \tag{7-34}$$

$$\sigma_{p\theta} = \sigma_s \left(\ln \frac{r}{r_p} - \frac{1}{2} \frac{R_o^2 - R_i^2}{R_o^2} + 1\right) \tag{7-35}$$

当 $R_o \to \infty$ 时,有

$$\sigma_{pr} = \sigma_s \left(\ln \frac{r}{r_p} - \frac{1}{2} \right) \tag{7-36}$$

$$\sigma_{p\theta} = \sigma_s \left(\ln \frac{r}{r_p} + \frac{1}{2} \right) \tag{7-37}$$

(2) 当 $r > r_p$ 时,属于弹性变形区域,此时可用 r_p 代替 R_i,以 $-\sigma_{pr}(r_p) = \frac{\sigma_s}{2} \frac{R_o^2 - R_i^2}{R_o^2}$ 代替 σ 可得出弹性区域的径向和环向应力:

$$\sigma_{er} = \frac{\sigma_s}{2} r_p^2 \left(\frac{1}{R_o^2} - \frac{1}{r^2} \right) \tag{7-38}$$

$$\sigma_{e\theta} = \frac{\sigma_s}{2} r_p^2 \left(\frac{1}{R_o^2} + \frac{1}{r^2} \right) \tag{7-39}$$

$$u_r = \frac{\sigma_s}{2} \rho^2 \frac{1+\nu}{E} \left[\frac{(1-2\nu)}{R_o^2} r + \frac{1}{r} \right] \tag{7-40}$$

当 $R_o \to \infty$ 时,有

$$\sigma_{er} = -\frac{\sigma_s}{2} \left(\frac{r_p}{r} \right)^2 \tag{7-41}$$

$$\sigma_{er} = \frac{\sigma_s}{2} \left(\frac{r_p}{r} \right)^2 \tag{7-42}$$

$$u_r = \frac{\sigma_s}{2} r_p^2 \frac{1+\nu}{Er} \tag{7-43}$$

(3) 塑性区半径。

由塑性区的物理方程可知:

$$\varepsilon_{pr} + \varepsilon_{p\theta} + \varepsilon_{pz} = \frac{(1-2\nu)}{2} (\sigma_{pr} + \sigma_{p\theta} + \sigma_{pz}) \tag{7-44}$$

平面应变时,$\varepsilon_{pz} = 0$,有

$$\varepsilon_{pr} + \varepsilon_{p\theta} = \frac{\mathrm{d}u_{pr}}{\mathrm{d}r} + \frac{u_{pr}}{r}$$

$$= \frac{1}{r} \frac{\mathrm{d}}{\mathrm{d}r} (r u_{pr}) = \frac{(1-2\nu)(1+\nu)}{E} (\sigma_{pr} + \sigma_{p\theta})$$

$$= \frac{(1-2\nu)(1+\nu)}{E} (2\sigma_{pr} + \sigma_s)$$

$$= \frac{(1-2\nu)(1+\nu)}{E}\sigma_s\left(2\ln\frac{r}{r_p} - \frac{R_o^2 - R_i^2}{R_o^2} + 1\right)$$

对该式积分可得

$$ru_{pr} = \frac{(1-2\nu)(1+\nu)}{E}\sigma_s r^2\left(\ln\frac{r}{r_p} - \frac{R_o^2 - R_i^2}{2R_o^2}\right) + C_3 \qquad (7\text{-}45)$$

代入边界条件(当 $r = r_p$ 时,$u_{pr} = u_r$) 可得积分常数 C_3

$$r_p u_r = \frac{\sigma_s}{2}r_p^3\frac{1+\nu}{E}\left[\frac{(1-2\nu)}{R_o^2}r_p + \frac{1}{r_p}\right] = \frac{(1-2\nu)(1+\nu)}{E}\sigma_s r_p^2\left(\ln\frac{r_p}{r_p} - \frac{R_o^2 - R_i^2}{2R_o^2}\right) + C_3$$

$$C_3 = \frac{(1+\nu)\sigma_s r_p^2}{2E}\left[(1-2\nu)\left(\frac{r_p^2 - R_i^2}{R_o^2} + 1\right) + 1\right]$$

代入已求得的积分常数,可求得板材变形塑性位移如下:

$$u_{pr} = \frac{(1+\nu)}{E}\sigma_s\left\{(1-2\nu)r\left(\ln\frac{r}{r_p} - \frac{R_o^2 - R_i^2}{2R_o^2}\right) + \frac{r_p^2}{2r}\left[(1-2\nu)\left(\frac{r_p^2 - R_i^2}{R_o^2} + 1\right) + 1\right]\right\}$$

$$(7\text{-}46)$$

再代入边界条件,$r = \Delta + R_i$ 时,$u_{pr} = \Delta$ 可得

$$\frac{\Delta}{R_i} = \frac{(1+\nu)}{E}\sigma_s\left\{(1-2\nu)\left(1 + \frac{\Delta}{R_i}\right)\left(\ln\frac{\frac{\Delta}{R_i}+1}{\frac{r_p}{R_i}} - \frac{R_o^2 - R_i^2}{2R_o^2}\right)\right.$$

$$\left. + \frac{\left(\frac{r_p}{R_i}\right)^2}{2\left(\frac{\Delta}{R_i}+1\right)}\left[(1-2\nu)\left(\frac{r_p^2 - R_i^2}{R_o^2} + 1\right) + 1\right]\right\}$$

当 $R_o \to \infty$ 时,可得相对干涉量与板材塑性区半径之间的关系[25-27]

$$\frac{\Delta}{R_i} = \frac{(1+\nu)}{E}\sigma_s\left[(1-2\nu)\left(1 + \frac{\Delta}{R_i}\right)\left(\ln\frac{\frac{\Delta}{R_i}+1}{\frac{r_p}{R_i}} - \frac{1}{2}\right) + \frac{\left(\frac{r_p}{R_i}\right)^2(1-\nu)}{\frac{\Delta}{R_i}+1}\right]$$

$$(7\text{-}47)$$

由此可知,当板材屈服强度和泊松比均已知时,只要知道塑性区半径 r_p 便可计算得到相对干涉量 $\dfrac{\Delta}{R_i}$,由前面式(7-33)可得,当 $R_o \to \infty$ 时,有

$$r_p = (R_i + \Delta)\exp\left(\frac{\sigma}{\sigma_s} - \frac{1}{2}\right) \qquad (7\text{-}48)$$

将式(7-48)代入式(7-47)化简可得

$$\frac{\Delta}{R_i} = \left(1 + \frac{\Delta}{R_i}\right)\frac{(1+\nu)}{E}\sigma_s\left[(1-\nu)\exp\left(\frac{2\sigma}{\sigma_s}-1\right) - (1-2\nu)\frac{\sigma}{\sigma_s}\right] \quad (7-49)$$

令 $\xi = \dfrac{(1+\nu)}{E}\sigma_s\left[(1-\nu)\exp\left(\dfrac{2\sigma}{\sigma_s}-1\right) - (1-2\nu)\dfrac{\sigma}{\sigma_s}\right]$，相对干涉量可表示为

$$\frac{\Delta}{R_i} = \frac{\xi}{1-\xi}$$

3. 弹塑性应力波对干涉量的影响

从弹塑性应力波理论可知，应力的传播和反射使得自由杆件的径向变形相对均匀。但是铆钉钉杆径向变形到与板材孔壁接触，情况将有所不同。钉杆挤压板材变形将会损失一部分能量，并且塑性波是从加载一侧向下传递，钉杆将在板材最上端先与孔壁接触，之后逐渐向下扩展。忽略冲头重量对铆钉变形的影响以及钉杆与孔壁接触之前长度变化，建立如图 7-33 所示坐标系对铆钉钉杆与孔壁接触阶段进行分析。假设铆接前铆钉外伸部分长度为 L_0，钉杆总长度为 L，截面积为 A。取板材与钉杆接触部分与未接触部分的界面(interface)为研究对象，假设此时波阵面上质点的速度为 v，因此，整个钉杆变形相当于界面以上部分以一个瞬时速度 v 冲击界面以下部分变形。

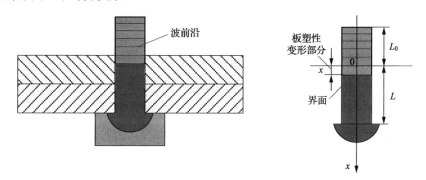

图 7-33　弹塑性应力波传递过程速度变化

由牛顿第二定律可知

$$\rho A(x+L_0)\frac{\mathrm{d}v}{\mathrm{d}t} = -A\sigma \quad (7-50)$$

根据连续性条件波阵面两侧质点的速度相等，应力 σ 满足牛顿第三定律作用力与反作用力关系，另外，由动量守恒可得

$$\sigma = \rho C v = v\sqrt{E\rho} \quad (7-51)$$

将式(7-51)代入式(7-50)整理后对速度进行积分,代入初始条件($t=0$ 时,$v=v_0$)可得

$$\int_{v_0}^{v} \frac{\mathrm{d}v}{v} = -\frac{1}{x+L_0}\sqrt{\frac{E}{\rho}}\int_0^t \mathrm{d}t = -\frac{C}{x+L_0}\int_0^t \mathrm{d}t \tag{7-52}$$

积分可得

$$v = v_0 \exp\left(-\frac{C}{x+L_0}t\right) = v_0 \exp\left(-\frac{C}{x+L_0}\cdot\frac{x}{C}\right) = v_0 \exp\left(-\frac{x}{x+L_0}\right)$$

$$\tag{7-53}$$

由此可见,当每一个加载塑性波未传播到铆钉半圆头位置时,波阵面上质点的速度从板材上端向铆钉半圆头位置是按指数形式衰减。假设此时铆钉的变形为平面变形,按照体积不变条件,径向应变速率 $\dot{\varepsilon}_r$ 为

$$\dot{\varepsilon}_r = -\dot{\varepsilon}_x \tag{7-54}$$

而由几何方程可知

$$\dot{\varepsilon}_r = -\dot{\varepsilon}_x = -\frac{\partial v}{\partial x} = \frac{v_0 L_0}{x+L_0}\exp\left(-\frac{x}{x+L_0}\right) \tag{7-55}$$

假设径向变形与 x 无关,那么

$$\dot{\varepsilon}_r = \frac{\partial v_r}{\partial r} = \frac{\mathrm{d}v_r}{\mathrm{d}r} \tag{7-56}$$

对式(7-56)积分并代入边界条件 ($r=0$ 时,$v_r=0$),可求出径向速度 v_r 为

$$v_r = \int \dot{\varepsilon}_r \mathrm{d}r = v_0 \frac{L_0 r}{x+L_0}\exp\left(-\frac{x}{x+L_0}\right) \tag{7-57}$$

由此可见,当铆钉与板材孔壁接触时,钉杆表面质点的径向速度是沿着钉杆方向以幂函数与指数函数乘积形式衰减。钉杆与孔壁接触会撞击其发生变形,并以波的形式在板材径向远处传播。沿着钉杆方向的撞击初始速度与钉杆表面质点速度相同,这样势必会导致孔壁质点的径向位移从上端向下也是呈递减变化。因此导致实际上电磁铆接时从镦头一侧向半圆头一侧干涉量呈递减趋势。当忽略钉杆与孔壁之间的能量传递导致的钉杆纵向波阵面在从板材上端传递到下端能量的损失,可以认为干涉量沿着板材上端向下端的变化趋势与钉杆表面质点径向速度沿钉杆方向变化趋势相同,那么考虑应力波对干涉量影响时的相对干涉量 δ 分布模型可表示为

$$\delta = \frac{\Delta}{R_i}\frac{L_0}{x+L_0}\exp\left(-\frac{x}{x+L_0}\right) \tag{7-58}$$

式中，Δ 为绝对干涉量；R_i 为被铆接板材预置孔直径；L_0 为铆接前钉杆外伸量；变量 x 表示从板材上端到半圆头方向上钉杆的位置，取值范围为 $0 \sim L$，L 为钉杆置于孔中部分的长度。

4. 铆接后沿着铆钉杆方向的干涉量分布规律

由前面建立的干涉量模型可知，只有已知铆钉钉杆与孔壁刚开始撞击位置点的径向应力 σ，才可计算出干涉量大小以及干涉量沿着钉杆的分布规律。而电磁铆接时径向应力很难通过试验测得，通过数值模拟可以得到铆钉表面径向应力的变化规律。图 7-34 为靠近被连接板材上表面附近（铆钉钉杆与孔壁优先接触点）

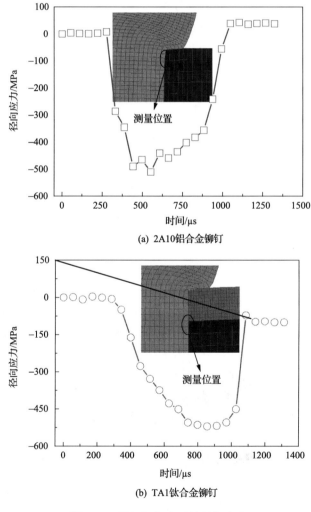

(a) 2A10 铝合金铆钉

(b) TA1 钛合金铆钉

图 7-34　铆钉钉杆表面的径向应力

钉杆径向应力随成形时间变化曲线,可以看出该应力随时间先增加后减小,2A10铝合金铆钉铆接时最大径向应力为 510MPa,而对 TA1 钛合金铆钉此应力为520MPa。这样,将这个应力代入式(7-49)可得所选位置的相对干涉量,分别为3.56％和 3.72％。

将计算得到的相对干涉量代入到式(7-58)中,便可得出沿着整个钉杆干涉量的分布规律。为了验证干涉模型,对电磁铆接后试样进行干涉量测量,沿着钉杆方向将试样线切割等分成 6 份,如图 7-35 所示。从镦头一侧起始为了区分测量位置对切下的每一个切片上下表面进行标号,并对切片表面机械磨平后采用 Keller 试剂进行化学腐蚀,使铆钉轮廓清晰可见后拍摄金相照片。采用 AutoCAD 软件按照金相照片标尺大小等比例测量不同位置铆钉钉杆直径,如图 7-36 所示。测量时,在钉杆轮廓上任意取若干个点,之后采用 3 点画圆的方式,随机选 3 个点进行画圆并量取直径,为了减小测量误差进行 10 次随机测量。

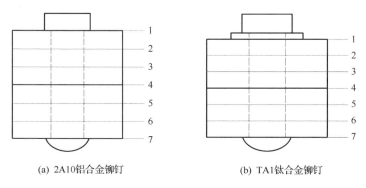

(a) 2A10铝合金铆钉　　　　　　(b) TA1钛合金铆钉

图 7-35　测量位置示意图

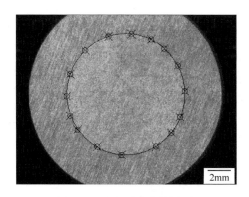

图 7-36　钉杆直径测量方法

如图 7-37 所示,整体来看,两种铆钉铆接时相对干涉量理论计算数值和试验值变化趋势基本相符,差别不大。而对 2A10 铝合金铆钉铆接,测试位置 1 和位置

2 试验和理论分析比较吻合,其他位置试验测得的相对干涉量值略大于理论分析。对于 TA1 钛合金铆钉,除了位置 1 和位置 7 略有差异,其他位置干涉量均比较吻合。

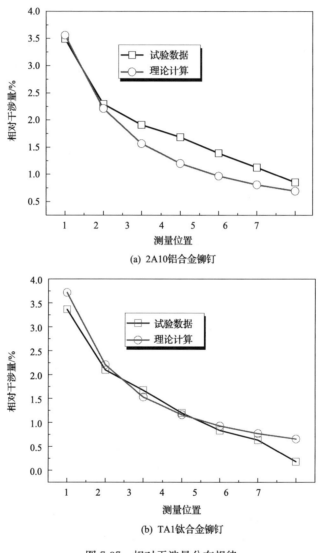

(a) 2A10铝合金铆钉

(b) TA1钛合金铆钉

图 7-37　相对干涉量分布规律

7.6　电磁铆接工艺

电磁铆接是实现钛合金和复合材料结构连接及大直径铆钉和难成形材料铆钉

成形的有效途径。电磁铆接工艺研究主要在于探究工艺参数对铆接变形的影响规律。电磁铆接参数众多,主要有电参数(电压、电阻、电感和电容等)和工艺参数(铆模型式、铆钉外伸量、定孔间隙、垫圈尺寸和加载方式等)。

7.6.1 复合材料结构电磁铆接

在新型飞机设计中,为减轻结构重量和提高飞机使用寿命,越来越多的采用复合材料,如某型机的鸭翼、副翼、腹鳍以及方向舵均采用碳纤维复合材料,第四代战斗机上复合材料用量将占 40%~60%。由于结构和工艺设计的需要,如在使用、安装和维修过程中,需要有一定的结构分离面和工艺分离面,所以,复合材料结构中存在大量连接问题。复合材料结构连接方法主要有胶接和机械连接。由于胶接不能用于对接接头,不能传递大的集中载荷,而机械连接方法在这些情况下更加有效。常用的机械连接方法有螺栓连接和铆钉连接两种。螺栓连接工艺过程复杂、成本高、结构重量大。与螺栓连接相比,铆接工艺过程简单、成本低、结构重量轻,具有很大的技术经济优势。

复合材料由于层间强度低、抗冲击能力差。和金属结构相比,连接处成了复合材料结构的薄弱环节,结构破坏的 60%~80% 发生在连接处,因此连接质量极大地影响着飞机结构的疲劳寿命。而飞行寿命是新型飞机先进性的一个重要指标,如我国 C919 大型客机的飞行寿命将提高到 90000 飞行小时。与我国目前在制的飞机相比,C919 的飞行寿命几乎提高了一倍,这对我国航空制造业是一项巨大的挑战。如何提高连接处强度、延长疲劳寿命成了复合材料结构连接研究中最关键的问题。

干涉配合连接能大幅度提高结构疲劳寿命,是目前提高结构疲劳寿命最有效的工艺方法之一。其基本原理是在不增加结构重量及不改变结构形式的情况下,通过形成适当的干涉量达到提高结构疲劳寿命的目的。目前在飞机制造中,铆接仍然是最主要的机械连接方法。因此,干涉配合铆接将广泛应用于我国新机的研制中。普通干涉配合铆接主要有压铆和锤铆。由于结构开敞性限制,飞机很多结构无法采用压铆工艺。锤铆工艺简单,效率高,但锤铆时铆枪多次锤击铆钉,铆钉变形由镦头端往钉头端逐渐转移。其变形结果是镦头端大,钉头端小,整个钉杆变形呈锥形,形成的干涉量极不均匀。如将锤铆应用于复合材料结构铆接,可能引起复合材料分层或背面开裂,铆钉膨胀不均匀而致使局部严重挤伤孔壁等缺陷,铆接质量难以满足设计要求。所以复合材料结构铆接是普通铆接方法无法避免的新的工艺难题,实际上这已成为新机研制和生产中亟待解决的关键问题之一。研究表明电磁铆接用于复合材料结构件连接,能有效地避免复合材料损伤,可提高复合材料初始挤压破坏强度,故电磁铆接是实现复合材料干涉配合铆接的理想工艺之一。

20 世纪 80 年代洛克希德·马丁公司采用电磁铆接技术对复合材料结构进行

干涉配合铆接,研究表明只要工艺参数选择得当,电磁铆接能取得良好的干涉配合效果,可提高结构疲劳寿命。Brown 为了应对波音 B787 上复合材料结构件的连接,提出采用低电压电磁铆接机进行钻孔和完成螺栓的安装。通过高锁螺栓的电磁铆接安装发现,低电压铆接技术适合于钛合金螺栓在复合材料的安装、预紧和最终拉应力能够很容易地获得而不会损伤复合材料。由于技术保密,有关复合材料电磁铆接的相关文献较少。

　　西北工业大学曹增强采用垫圈来限制铆钉杆过分膨胀,通过设计合理的垫圈尺寸能有效地防止了铆钉挤入复合材料,使钉杆膨胀变形均匀,采用适当的钉孔间隙能够得到较小的干涉量。对于难成形的 TB_2-1 铆钉与复合材料的连接,可以通过设计合理的工艺参数以及采用电磁铆接的方法来实现。另外,研究表明,采用电磁铆接能够提高接头的初始挤压破坏强度 33.2%。对于脆性较大的高模量碳纤维复合材料,设计合理的铆接工艺,采用电磁铆接技术也能够实现很好的铆接。代瑛对 T300/QY8911 碳纤维复合材料不同结构的电磁铆接工艺参数进行了较为全面的研究。对于双埋头斜面复合材料斜面角度大于 6° 的结构件的连接,提出了采用斜面铆卡进行铆接的方法,有效地减少了铆卡对复合材料面板的损伤。实现了飞机鸭翼、内外副翼、腹鳍以及方向舵等复材结构的铆接。邓将华对玻璃钢-铝合金和碳纤维-钛合金结构进行了不同铆接方式及不同工艺参数的试验研究,研究结果表明工艺参数控制得当,电磁铆接能实现较好的干涉配合连接。崔佳俊等进行了碳纤维连接结构与不同直径钛合金铆钉的电磁铆接预制孔匹配试验,得出直径 $\Phi 4mm$、$\Phi 5mm$ 和 $\Phi 6mm$ 钛合金铆钉的最佳预制孔径分别为 $\Phi 4.1mm$、$\Phi 5.2mm$ 和 $\Phi 6.2mm/\Phi 6.3mm$,对于小直径铆钉通过气铆和电磁铆接的试样在抗剪强度和微观组织上相差不大。但是在大直径铆钉的铆接过程中电磁铆接表现出了优异的性能,钛合金铆钉在碳纤维结构铆接过程中铆歪、开裂现象仅为 0.5%,大大提高了铆接质量。

　　复合材料结构电磁铆接工艺参数众多,且各参数之间相互影响,为了获得最佳工艺参数,廖功龙通过多因素正交试验的研究方法分析了钉孔间隙、垫圈内径以及垫圈厚度对成形镦头质量以及钉杆与复合材料之间干涉量的影响。钉孔间隙的大小对干涉量有重要影响,间隙太大导致干涉量过小,起不到干涉配合强化的效果;间隙太小导致干涉量过大,易导致复合材料的分层、开裂等损伤,降低连接的强度和疲劳寿命。因此,要通过试验研究获得适合的钉孔间隙。在电磁铆接过程中,垫圈能够限制材料的流动和防止铆钉对复合材料板的损伤。故垫圈的尺寸参数对铆钉镦头的成形及干涉量的值都有较大影响。试验所采用层合板厚度为 7.2mm,垫圈外径 9.0mm,铆接后接头如图 7-38 所示。

　　当垫圈厚度为 0.60mm、0.80mm 时,铆接成形后垫圈都有不同程度的翘起,这样极易造成复合材料的损伤。当垫圈厚度为 1.0mm 时,垫圈与复合材料能够

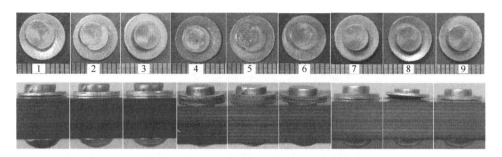

图 7-38　复合材料电磁铆接正交试验

无缝隙地贴紧,起到保护复合材料的作用。若继续增加垫片的厚度,只会徒增不必要的重量。在进行复合材料电磁铆接时,限制垫圈的厚度取 1.0mm 为佳。

当孔径为 4.10mm 时钉杆与复合材料形成的干涉量较大。铆接过程中钉孔外的材料较难挤入钉孔内,导致铆接后成形的镦头大多出现了裂纹。而当孔径为 4.30mm 时钉杆与复合材料之间形成的干涉量较小,甚至出现了负干涉量,使得干涉强化效果不佳。因此孔径值选择 4.20mm 是比较合适的。从整体来看,干涉量的值随着钉孔直径的增大而减小。

由 1、2、3 组试验可以看到在孔径小于垫圈内径时,垫圈内径对钉杆的限制作用不明显,铆钉杆的膨胀主要由孔壁来限制。对比第 7～9 组试验结果发现,第 7 组试验结果中沿钉杆方向的干涉量均为负值,而其他两组没有出现负值的情况。可见垫圈内径是限制铆钉材料向钉杆流动的一个重要因素。第 8、9 组试验结果中沿钉杆方向上同一位置处的干涉量基本相同,因而垫圈内径为 4.20mm 和 4.30mm 时垫圈对铆钉材料流动的限制作用不明显。综上分析,当孔径值为 4.20mm 时,垫圈内径选择 4.10mm 比较合适。而在孔径值较大时,垫圈内径要做适当调整,一般比孔径值小 0.1～0.2mm 为宜。

7.6.2　大直径铆钉电磁铆接

受气动铆枪铆接能力限制,目前航空航天领域常用的铆钉直径,铝合金铆钉为 8mm 及以下,钛合金铆钉为 6mm 及以下。而电磁铆接铆接力大,可实现更大直径和更高强度铆钉高质量成形。1992 年波音公司便将电磁铆枪 HH500 和 HH550 就应用于波音 747 生产中,铆接了 Φ9.5mm 的 7070 铝合金铆钉,且质量优异,改进的 HH503 可以铆接 Φ9.525mm 大直径 7050 铆钉。曹增强采用电磁铆接,针对某型号飞机前段与中段分离面连接所用的直径为 Φ8mm 的铝合金铆钉进行了试验研究,对于疲劳寿命,电磁铆接比压铆高 72%。章茂云对直径为 Φ8mm 的 2A10 铝合金铆钉进行了电磁铆接放电电压和预制孔径影响研究,在工业电压 380V、预制孔径 Φ8.2mm 时能够得到满足规范的铆接接头,且其力学性能和微观形貌均比常规气动铆接接头更好,能够实现复合材料的无损伤连接。直径为 Φ10mm 铝合金铆钉电磁铆接试样如图 7-39 所示,从左至右电压逐渐增加,铆钉镦头直径增加,高度减小,且平整无宏观裂纹,镦头尺寸满足工艺要求。随着铆接技术的发展,未来大直径铆钉会广泛应用于航空航天领域。

图 7-39　Φ10mm 铝合金铆钉铆接试样

铆接接头强度是其结构设计的重要指标之一,主要包括剪切强度和拉脱强度。在实际产品中,部分铆接接头主要承受剪切载荷,如图 7-40(a)所示,剪切力 F1 可导致铆钉被剪断或夹层受挤压而发生破坏,此力可作为衡量铆接接头强度高低的重要指标之一;部分铆接接头主要承受拉脱力 F2,如图 7-40(b)所示,拉脱力 F2 作用于铆钉轴线方向,可导致铆接板或铆钉发生拉脱破坏。因此对铆接接头进行力学性能测试非常必要,同时探索以铆接代替螺栓连接的可能性,进行螺栓连接的剪切拉脱试验,对比两者剪切拉脱破坏时的最大载荷,以达到简化工艺,减轻重量的目的。

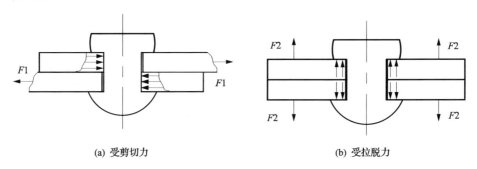

(a) 受剪切力　　　　　　　　　　　　　　(b) 受拉脱力

图 7-40　铆接接头受力示意图

大直径铆钉连接试样剪切拉脱试验试样断裂情况如图 7-41 所示,剪切试验铆钉断裂位置在上下板相交界面处,其他位置铆钉受到板孔壁约束,交界面处在受到剪切力作用时成为薄弱区域而断裂。而拉脱试验时,铆钉断裂位置在半圆头位置,半圆头被环形剪切脱落。

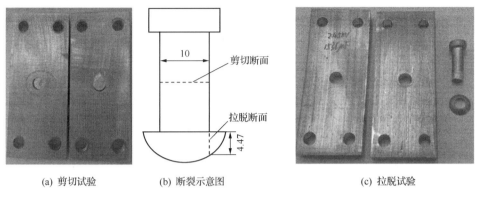

|(a) 剪切试验|(b) 断裂示意图|(c) 拉脱试验|

图 7-41　剪切拉脱试样断裂方式

　　剪切拉脱试验断口形貌如图 7-42 所示,结果表明两种试验条件下断口处金属都沿着同一方向拉伸,说明都是以剪切形式断裂,剪切试验时断口比较平整并有一些细小的韧窝。而拉脱断裂面为环形柱面,因此略显着凸凹不平。

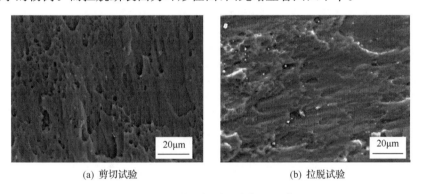

(a) 剪切试验　　　　　　　　　　(b) 拉脱试验

图 7-42　剪切拉脱试验断口形貌

7.6.3　电磁铆接试样质量分析

　　气铆成形的铆钉钉头如图 7-43 所示。由图可知,钉头被铆歪、开裂。由于单次铆接提供的能量不足,对于大直径铆钉必须采取二次铆接,甚至多次铆接。多次铆接使得材料产生加工硬化,铆钉易于出现被铆歪、开裂等现象,影响铆接质量,更为严重的将出现废品。电磁铆接成形铆钉如图 7-44 所示,铆钉杆变形均匀,钉头未出现铆歪或铆裂等现象。电磁铆接在钉头圆度及平整度方面要好于气铆,能一次成形,能量易于控制,铆接质量稳定。

　　铆钉材料为 2A16 铆钉,原始铆钉尺寸为 $\Phi 6mm \times 15mm$。电磁铆接试样一次铆接完成,气动铆接试样为两次铆接完成。铝合金与复合材料铆接试样不同观察位置如图 7-45 所示。对图中的位置 1、2、3 处的微观连接情况进行观察。

(a) 铆歪　　　　　　　　　　(b) 开裂

图 7-43　气铆成形铆钉

图 7-44　电磁铆接成形铆钉

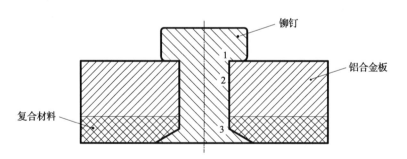

图 7-45　铝合金-复合材料铆接试样不同位置观察示意图

　　不同铆接工艺下铆接试样的微观连接情况如图 7-46 所示。在位置 1 处,电磁铆接试样在铆钉钉头处出现清晰的剪切带,而气动铆接在铆钉钉头处剪切带范围较宽且不明显,说明电磁铆接铆钉在该处变形较气动铆接剧烈。在位置 2 处,电磁铆接试样铆钉钉杆与铝合金板紧密连接,几乎不存在间隙,形成良好的干涉配合连接,且铆钉钉杆变形均匀。而气动铆接试样铆钉与铝合金板连接的紧密程度远比电磁铆接试样差。在位置 3 处,不同铆接工艺下的铆接试样均能实现紧密连接,但气动铆接试样铆钉与复合材料连接处,铆钉钉杆变形不均匀,向外凸起,挤压复合材料。而电磁铆接试样铆钉与复合材料连接处,铆钉钉杆变形均匀,对复合材料的挤压程度远小于气动铆接,不易损伤复合材料,未出现复合材料分层和开裂,能实现复合材料的无损伤铆接。

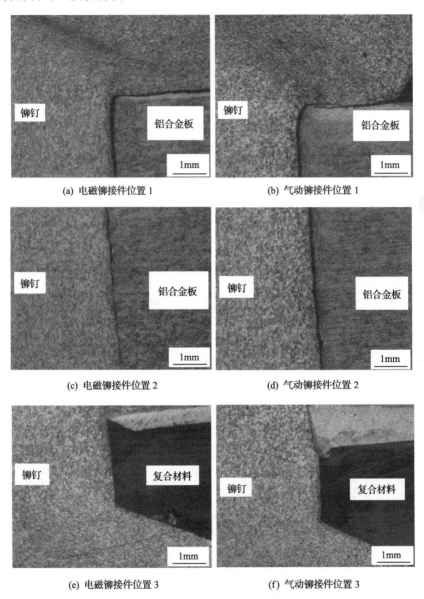

图 7-46 不同铆接工艺下不同位置微观组织

铆钉在两种铆接工艺下不同铆接方式的铆钉变形试样进行位置2处的微观连接比较,如图7-47所示。电磁铆接试样钉杆变形均匀,与铝合金板形成紧密连接,而气动铆接试样铆钉钉杆与铝合金板连接的紧密程度较电磁铆接试样差。所以无论是采用正向铆接还是反向铆接,电磁铆接试样的铆钉钉杆变形都较气动铆接试样均匀,且与铝合金板形成了较理想的干涉配合。

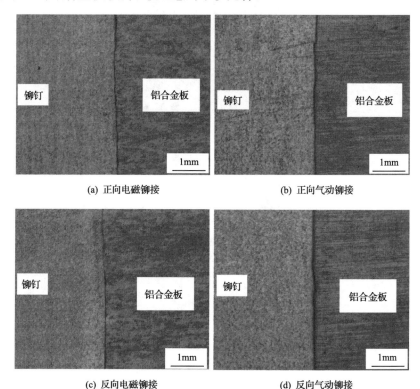

(a) 正向电磁铆接　　　　　　　　　　(b) 正向气动铆接

(c) 反向电磁铆接　　　　　　　　　　(d) 反向气动铆接

图 7-47　钉杆连接微观组织

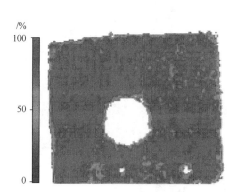

图 7-48　电磁铆接试样探伤云图

电磁铆接试样探伤分析照片如图 7-48 所示。通过超声波探伤结果可知,电磁铆接后连接板没有受到破坏,没有出现"闪电型"裂纹,说明电磁铆接可以保证良好的干涉量,提高铆接质量。

7.7 展　望

　　电磁铆接作为一种新型的铆接工艺,是解决钛合金与复合材料结构连接及大直径铆钉和难成形材料铆钉成形的有效途径,具有广阔的应用前景。而电磁铆接过程是电生磁、磁生力、力产生变形的过程,在整个过程中是电场与磁场、磁场与铆钉的变形相互耦合的过程,所以其理论研究难度较大。目前多采用有限元方法建立数值模型进行理论分析。在数值模拟方面可以建立三维分析模型,进行电场、磁场、变形及温度的多场耦合研究,侧重于绝热剪切问题的研究,进一步揭示电磁铆接成形机理。在工艺研究方面,目前的研究多集中于单侧成形,今后可考虑实施双向加载,为无头铆钉的自动化铆接奠定工艺基础,将其用于复合材料结构的干涉配合铆接和高强度大直径铆钉的铆接。在电磁铆接设备方面,设备的轻量化(手持式)和装配系统中的自动化,是研究者今后的目标。

　　电磁铆接技术是解决新型飞机和大型运载火箭研制中连接问题的有效方式,而我国在 20 世纪 80 年代初才开始该技术的研究,总体比较落后,还处于起步阶段。为了掌握电磁铆接技术,必须全面系统地进行电磁铆接理论和工艺的研究,这对实现技术自主化、促进其工业化应用、缩短与国外的差距不仅具有重要的学术意义,而且还具有重要的经济和战略意义。

参 考 文 献

[1] 张全纯,汪欲炳,瞿履和,等. 先进飞机机械连接技术. 北京:兵器工业出版社,2000:200-227.

[2] 雅柯维茨. 飞机长寿命螺栓连接和铆接技术. 张国梁,译. 北京:航空工业出版社,1991:1-6.

[3] 曹增强. 电磁铆接理论及应用研究. 西安:西北工业大学博士学位论文,1999:1-95.

[4] 李远清,奉孝中. 铆接工艺中的新军-应力波铆接技术. 力学与实践,1986,8(4):27-29.

[5] 瞿履和. 国外电磁铆接技术的进展. 航空工艺技术,1997,(4):24-25.

[6] Zieve P B, Hartmann J. High force density eddy current driven actuator. IEEE Transactions on Magnetics,1988,24(6):3144-3146.

[7] Hartmann J, Zieve P B. Rivet quality in robotic installation. SME Technical Paper Series,AD89-640.

[8] Hartmann J, Assadi M, Tomchick S. Low voltage electromagnetic lockbolt installation. SAE Technical Paper Series,922406.

[9] Zieve P B, Durack L, Huffer B. Advanced EMR technology. SAE Technical Paper Series,922408.

[10] Hartmann J, Brown T. Integration and qualification of the HH500 Hand Operated Electromagnetic Riveting System on the 747 section 11. SAE Technical Paper Series,931760.

[11] Zieve P B, Tomchick S, Flynn R. Implementation of the HH550 Electromagnetic Riveter and Multi-Axis Manlift for wing panel pickup. SAE Technical Paper Series,961883.

[12] Devlieg R C. Lightweight handheld EMR with spring-damper handle. SAE Technical Paper Series,2000-01-3013.

[13] 盛熙,曹增强,王俊彪. 复合材料结构的干涉配合铆接. 机械科学与技术,2004,23(4):434-436.

[14] 刘晨昊,曹增强,盛熙,等. 基于 C7-636 的低压电磁铆接设备控制系统. 中国制造业信息化,2011,40(5):50-53.

[15] 陈琦,曹增强,盛熙. 手持式电磁铆枪小型化研究. 机械科学与技术,2012,31(3):481-486.

[16] 王礼立,胡时胜. 锥杆中应力波传播的放大特性. 宁波大学学报,1988,1(1):69-78.

[17] 卢维娴,陆在庆. 钛合金应力波铆接中绝热剪切的显微分析. 爆炸与冲击,1985,5(1):67-72.

[18] 周光泉,刘孝敏. 应力波放大器二维数值分析. 应用数学与力学,1985,6(9):797-805.

[19] 杨军. 低电压电磁铆接过程数值模拟研究. 武汉:武汉理工大学硕士学位论文,2004:1-65.

[20] 唐超. TA1 铆钉低电压电磁铆接变形机理研究. 福州:福州大学硕士学位论文,2013:1-82.

[21] Choo V,Reinhal P G,Ghassaei S. Effect of high rate deformation induced precipitation hardening on the failure aluminum rivets. Journal of Materials Science,1989,24:599-608.

[22] 王礼立. 冲击动力学进展. 合肥:中国科学技术大学出版社,1992:1-30.

[23] 邓将华. 电磁铆接数值模拟与试验研究. 哈尔滨:哈尔滨工业大学博士学位论文,2008:1-161.

[24] 张岐良,曹增强,秦龙刚,等. 钛合金电磁铆接数值模拟. 稀有金属材料与工程,2013,42(9):1832-1837.

[25] 吴森. 干涉配合紧固件孔的弹塑性工程分析. 南京航空学院学报,1990,22(4):17-24.

[26] Muller R P. An Experimental and Analytical Investigation on the Fatigue Behavior of Fuselage Riveted Lap Joints. Delft:Delft University of Technology,1995.

[27] 伍力. 有效最小干涉量工程计算方法研究. 航空学报,1987,8(8):400-405.

第8章　电磁辅助冲压成形

8.1　引　言

　　电磁成形技术与常规冲压成形工艺相比有诸多优点,如能显著地提高室温下难变形金属材料的成形极限、有效地控制回弹和抑制起皱等,在以铝合金为代表的轻质高强板材的成形方面预示着良好的应用前景[1]。但是,板材电磁成形的变形方式主要是胀形,常导致深壳结构零件的壁厚分布不均匀,并且能量利用率较低,因此,很难被直接用于大中型铝合金等板材的成形[2]。鉴于此,一种新的板材塑性成形方法-电磁辅助冲压成形(electromagnetically assisted sheet metal stamping,EMAS)被提出[2-5],它把高速率电磁成形的优势结合于准静态的普通冲压成形工艺中,在压力机的一个冲压行程内,采用嵌有线圈的模具结构实现复杂形状零件的复合加工。它的典型成形过程是采用普通冲压成形完成零件的大部轮廓成形(预成形),避开零件的尖角、棱线等难成形部位;然后再用电磁成形进行工件难变形部位的局部成形。因此能有效控制工件局部的成形能量、改善应变分布、提高成形极限、加工柔性和精度,把高强度、难成形铝合金板材加工成复杂形状工件。典型的EMAS工艺原理如图 8-1 所示。该复合成形设备成本只需其对应的普通冲压设备成本的 1/4 左右,能大幅度减少加工设备和工序数量,将显著提高生产效率,非常

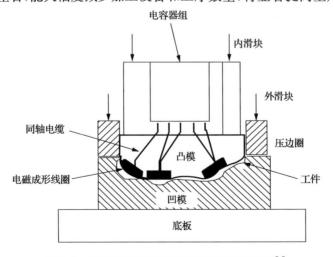

图 8-1　典型板材电磁辅助冲压成形工艺原理[3]

适于批量生产。因此,电磁辅助冲压成形方法必将成为解决铝合金等板材成形问题的有效途径之一。

与普通冲压成形技术相比,电磁辅助冲压成形有如下潜在优势[3,4,6]。

(1) 材料成形性提高。高速率电磁成形过程能显著提高室温下材料的成形极限。

(2) 改善应变分布。只需小的放电能量就可使普通冲压成形中因摩擦造成的难变形区域产生塑性变形。

(3) 抑制起皱。在高速变形条件下,板料的各部分都趋于沿启动路径运动,而起皱通常需材料改变变形流动方向,所以高速条件下材料的动量抑制了起皱的产生。

(4) 有效控制回弹。于凸模行程底部进行放电,在磁场力和模具的共同作用下控制材料回弹行为。

(5) 减小扭曲变形。脉冲磁场力作用下,工件与模具间高接触压力和高速变形能够有效减小扭曲变形。

(6) 局部细微成形。在电磁成形条件下,非常高的冲击压力足以进行细微特征的加工,如压印等。

(7) 绿色成形技术。可以不使用润滑,因而是环保的。

电磁辅助冲压成形将电磁成形技术结合于冲压成形过程中,板坯的成形性,特别是塑性,能否提高是该复合工艺的存在基础。针对铝合金板材的室温冲压成形问题,20 世纪 90 年代末,美国学者 Vohnout 等[3,4]在国际上率先提出了(整体)冲压预变形-(局部)电磁成形相结合的单步电磁辅助冲压成形的思想,并与美国三大汽车联盟联合开展了一系列创新性的研究。通常板材冲压件成形面积较大,如果只采用单一的电磁成形技术完成工件成形,需要非常大的放电能量和磁场力。考虑模具强度、设备电容量和高压绝缘能力等的限制,电磁成形技术不可能解决任意大工件的成形问题。此单步电磁辅助冲压成形的基本思想是:先进行板材的整体冲压成形,绝大部分变形在此步完成,之后高能电磁脉冲力只作用于局部难成形部位(如尖角、棱线等)。图 8-2 是采用不同加工方法成形的通用 Chevy Cavalier 车型 AA6111-T4 铝合金车门内板实物件。试验发现,该铝合金车门内板采用传统冲压工艺很难得到合格的零件。而基于电磁辅助冲压的思想,对凸模上的一些尖角和弯曲处进行了"软化"(soften)处理,先用普通冲压进行预成形,得到"棱角"不分明的车门内板。然后再采用嵌有线圈的模具进行电磁成形,得到满足初始设计要求的零件。图 8-2 中,铝合金的普通冲压预加工件(图 8-2(a))与钢质参照件(图 8-2(c))相比,工件边缘处存在较明显的皱褶,凹槽底部圆角较平滑,棱线不明显;电磁辅助冲压加工件(图 8-2(b))与铝合金的普通冲压加工件(图 8-2(a))相比,原预成形工件的弯角处贴模良好,尺寸线清晰,边缘处皱纹消失,成形性得到提高。且经电磁辅助冲压成形后的车门内板平面应变值超过 25％，远大于 AA 6111-T4 铝合金在普通冲压条件下的平面应变值。上述试验是一个标志性试验，表明把电磁线圈和普通冲压模具结合到一起是可行的，由此说明把电磁成形工艺结合到普通冲压成形技术中也是可行的。

(a) 铝合金普通冲压预成形

(b) 铝合金电磁辅助加工件

(c) 钢质参照件

图 8-2　不同加工方法成形的车门内板[3]

基于渐进成形的原理，Shang 等[6,7]进一步发展了电磁辅助冲压成形技术，基本思想是：把线圈嵌入到普通冲压模具的适当位置，在模具的闭合过程中，利用多次小能量电磁脉冲放电（而非单次高能脉冲放电）提高材料的成形性和直接控制应变分布，从而大幅度提高材料的成形能力。图 8-3 为分别通过普通冲压和改进的电磁辅助冲压技术成形的 AA6111-T4 铝合金盒形件。采用传统的冲压设备和润滑油条件的拉深件 1B 的最大深度为 44mm，而复合成形条件下工件 A6 的最大深度为 63.5mm。图 8-4 所示的大中型铝合金工件，采用普通冲压工艺需要四个成

图 8-3　AA6111-T4 盒形拉深件[6]

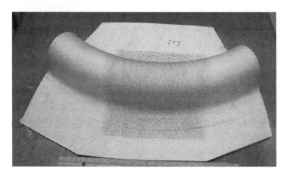

图 8-4　改进 EMAS 成形的 2219-O 大中型铝合金件[6]

形道次,每道次包括润滑、一定深度的拉深、去除润滑油和退火等。因此,生产效率非常低。采用改进的电磁辅助冲压工艺,一道次就可完成工件成形,由此大大提高生产效率。

由此可见,将电磁成形结合到准静态冲压成形过程中是可行的,能显著改善材料的成形性;且电磁成形与传统冲压的复合在工艺实现上具有很大的灵活性,电磁成形技术的优势的发挥不依赖于特定的工艺条件,因而也极大地增加了工艺的加工柔性,如可单独作为普通冲压的二次成形工艺[3,8],或利用电磁成形进行渐进柔性加工等[6,9]。板坯复合变形过程中,冲压成形是基础,用于实现零件大部分轮廓的成形;而局部电磁成形是关键,用于实现局部变形控制和提高材料塑性,从而达到提高板材整体成形性和精确变形的目的。该过程把两种成形方法的优势集成,充分发挥了传统冲压技术成本低、易于实现批量生产的优势和高速率磁脉冲成形显著改善铝合金板材塑性和能有效改善应变分布的优势,实现铝合金板材等复杂形状零件的成形加工,解决其室温成形问题。

伴随着人们对电磁成形技术在铝合金板材室温成形方面优势的认识,电磁辅助冲压技术逐渐引起了国际工业界的关注。2001年美国能源部启动了"铝合金板材电磁成形"项目[10-12],由 Ford,GM,Chrysler 等多家研究机构合作开发铝合金板材电磁成形技术,以实现铝合金板材汽车零件的经济制造。2005年的研究报告中显示,在已取得的铝合金板材高能电磁成形设备(150kJ)和耐用线圈设计与制造等研究进展的基础上,正在重点进行铝合金板材电磁辅助冲压技术和相关多物理场耦合数值模拟研究。美国橡树岭国家实验室和多特蒙德大学也在进行铝合金板材电磁成形技术和电磁辅助冲压技术的研究。而在国内,哈尔滨工业大学、北京机电研究所、西北工业大学等高校和科研机构在前期电磁成形技术研究积累的基础上逐渐意识到该复合成形工艺的重要性及其潜在应用前景,着力开展相关工艺研究和基础理论探讨。但总的来说,虽然电磁辅助冲压成形技术为铝合金等轻质板材的室温成形提供了先进的、有效的途径,具有重要的潜在工程应用前景,也为拓展电磁成形技术的工程化应用提供了一条重要途径。但目前该技术仍处于试验研究的起步阶段,工艺的变形基础和实现基础构成了现有研究的热点和主要方面。

8.2　电磁辅助冲压过程数值解析

电磁辅助冲压过程板坯的复杂变形特性及多因素的耦合影响使得采用传统解析方法和试验手段很难对其变形过程进行有效表征,而合理有效的数值分析手段可为直观系统地认识该工艺过程提供有力手段。然而,目前由于电磁辅助冲压技术尚处于初步的工艺探索和机理分析阶段,针对该过程的有限元分析手段也尚无可以借鉴的统一的程式。

依据电磁辅助冲压成形板坯的复合变形特征,较为普遍的有限元实现途径是基于多物理场耦合分析平台(如 ANSYS 等),对传统冲压成形和电磁成形两种变形模式所涉及的物理现象及板坯变形特征进行有效耦合,其本质是合理再现板坯在电磁场和结构场物理特征、相关载荷和边界的作用下顺次或交替发生变形。因此,针对电磁辅助冲压过程的有限元解析仍以传统冲压成形和电磁成形有限元分析理论为基础;其中,电磁成形过程是一个电磁场与结构场的耦合过程。因而板料冲压成形分析(结构场)和电磁场求解构成了该复合成形工艺的有限元分析的理论基础。

8.2.1　电磁辅助冲压有限元分析理论基础

1. 板材冲压成形有限元理论

1) 求解方式

动力显式求解和静力隐式求解方法是板料冲压成形问题求解的两种主要方法。区分这两种求解方法的依据是金属变形的速率对成形的影响,其次是金属成形的有限元分析是基于弹塑性还是刚塑性材料模型,这点主要是看成形过程中弹性变形是否能够忽略。虽然弹塑性模型需要复杂的处理和更多的计算时间,但目前的实际金属成形工程问题计算中,特别是在板材成形计算中,越来越多的使用了弹塑性材料模型。其原因是由于板材成形中存在弹性变形,且成形结束后工件会发生弹性回复,为了对此进行计算在板材成形的模拟中应选用弹塑性材料模型。

对于静力隐式和动力显式求解方法的选择可以从物理的角度来看,针对特定的成形工艺,动能对成形过程的影响是已知的,于是可以通过动能分为以下三类典型的过程[13]。

(1) 准静态过程。该过程动能和总的能量相比是不显著的(小于总能量的 1%,有时甚至为 0.1%)。大多数的金属成形工艺都属于这个类别。

(2) 高的应变速率现象或单纯的动态过程。该过程动能占绝对优势,一般为高能冲击过程,如爆炸。

(3) 上述两者的中间变形情况,即动能和可逆或不可逆的变形能处于同一数量级。属于这一类型的情况有:弹性振荡、中等速度的冲击如碰撞和高速变形。

在金属成形中,一般可以通过前两种类型对求解方法进行分类,第一类情况应该选用静力隐式求解方法,第二类情况应该选用动力显式求解方法。通常的板材成形过程都是准静态的变形过程,然而现在板材成形的主流商用有限元程序 DYNAFORM、ANSYS/LS-DYNA、PAM-STAMP、ABAQUS 等都采用动力显式求解方法来解决准静态问题。这是由于隐式的求解方法一般采用增量迭代法,需要转换刚度矩阵,通过一系列线性逼近来求解,对于存在内部接触这样的高度非线性动力学问题往往无法保证收敛。而显式算法一般采用显式中心差分法来进行时间积分,通过前一增量步显式地推进方式求解,该方法不需要进行迭代。此外,该方法采用集中质量矩阵,运动方程的求解时非耦合的,不需要组集成总体刚度矩阵,并且采用中心单点积分,因此能大大节省存储空间和求解机时[14]。板材成形后的回弹过程是一个应力释放的过程。这个过程如果使用动力显式算法进行求解则需要大量的求解时间来获得稳定的结果,并且还需要小心卸载和引入阻尼。由于该过程不涉及接触,并且也不属于高度非线性问题,所以应该采用静力隐式算法进行求解。

在金属成形的非线性有限元分析中,静力隐式算法是通过 Newton 方法来对非线性平衡方程(8-1)进行求解[15]。

$$KU = R - I \tag{8-1}$$

式中,K 为刚度矩阵;U 为位移矢量;R 为载荷矢量;I 为内力矢量。

动力显式算法使用显示积分准则并结合对角的单元质量矩阵进行求解,其求解的方程如式(8-2)所示[16]

$$M\ddot{U} + C\dot{U} + KU = R \tag{8-2}$$

式中,M、C 和 K 分别为质量、阻尼和刚度矩阵;R 为外载荷矢量;U、$\dot{U}$ 和 $\ddot{U}$ 分别为位移、速度和加速度矢量。求解该方程的显式中心差分方法如下表示:

$$U^{(i+1)} = U^{(i)} + \Delta t^{(i+1)} \dot{U}^{(i+1)} \tag{8-3}$$

$$\dot{U}^{(i+1/2)} = \dot{U}^{(i-1/2)} + \frac{1}{2}(\Delta t^{(i+1)} + \Delta t^{(i)})\ddot{U}^{(i)} \tag{8-4}$$

式中,$\dot{U}$ 为速度;$\ddot{U}$ 为加速度;i 为增量步 $i-1/2$ 和 $i+1/2$ 中间的增量步。

2) 弹塑性有限元法的本构关系

(1) 屈服准则。

金属材料在一定的应力状态下会发生塑性变形,在有限元分析软件中一般使用 von Mises 屈服准则来作为物体内一点能否进入塑性变形的判据,其表达式如下[17]:

$$F^0(\sigma_{ij}, k_0) = f(\sigma_{ij}) - k_0 \tag{8-5}$$

式中,$f(\sigma_{ij}) = \frac{1}{2}S_{ij}S_{ij}$,$k_0 = \frac{1}{3}\sigma_{s0}^2$,$S_{ij} = \sigma_{ij} - \sigma_m\delta_{ij}$,$\sigma_m = \frac{1}{3}(\sigma_{11} + \sigma_{22} + \sigma_{33})$,$F^0(\sigma_{ij}, k_0)$ 为空间内初始的屈服面,k_0 为给定的材料参数,σ_{ij} 为应力张量分量,σ_{s0} 为材料的初始屈服应力,S_{ij} 是偏应力张量分量,σ_m 是平均正应力,δ_{ij} 是 Kronecker delta。

（2）流动法则。

材料进入塑性变形后，其应力应变关系为非线性，与加载的路径和历史有关。流动法则描述发生屈服时塑性应变的方向，它定义了单个塑性应变分量随着屈服时怎样发展的。在一般的塑性理论中，塑性应变增量的方向是通过塑性势能函数 g 以下面的形式定义的

$$\mathrm{d}\varepsilon_{ij}^{\ell} = \mathrm{d}\lambda\, \frac{\partial g}{\partial \sigma_{ij}} \qquad\qquad (8\text{-}6)$$

式中，$\mathrm{d}\lambda$ 是与当前应力状态和加载历史相关的正比例的标量。假如势能面和屈服面重合（$f=g$），则流动法则为关联型。由式（8-6）可以看出塑性应变增量的矢量 $\mathrm{d}\varepsilon_{ij}^{\ell}$ 的方向在当前应力点 σ_{ij} 处垂直于塑性势能 g 的曲面。

（3）硬化规律。

金属材料在进入塑性变形后，或者塑性变形完成后卸载等过程，材料的屈服函数会发生变化，即发生硬化现象。一般来说，屈服面的变化是以前应变历史的函数，通常使用强化准则来表示。目前金属成形中使用的强化准则主要有：等向强化、随动强化和混合强化。等向强化是指屈服面在各方向均匀地向外扩散，其形状和中心以及应力空间的方位均保持不变。随动强化是指材料进入塑性区以后，屈服面在应力空间中作刚性运动，其形状、大小和方位均保持不变。混合模型是将上述两种硬化模型相结合。

2. 电磁成形电磁场有限元分析理论

1）Maxwell 方程组

磁脉冲成形的电磁场问题实质是求解给定边界条件下的麦克斯韦方程组（Maxwell equations）问题。对于一般的时变场，微分形式的麦克斯韦方程组如式（8-7）～式（8-10）所示[18]。

$$\nabla \times \boldsymbol{E} + \frac{\partial \boldsymbol{B}}{\partial t} = 0 \text{（法拉第定律）} \qquad\qquad (8\text{-}7)$$

$$\nabla \times \boldsymbol{H} - \frac{\partial \boldsymbol{D}}{\partial t} = \boldsymbol{J} \text{（麦克斯韦 - 安培定律）} \qquad\qquad (8\text{-}8)$$

$$\nabla \cdot \boldsymbol{D} = \rho \text{（高斯定律）} \qquad\qquad (8\text{-}9)$$

$$\nabla \cdot \boldsymbol{B} = 0 \text{（磁场高斯定律）} \qquad\qquad (8\text{-}10)$$

式中，$\boldsymbol{E}$ 为电场强度（单位：V/m）；$\boldsymbol{D}$ 为电通量密度（单位：C/m²）；$\boldsymbol{H}$ 为磁场强度（单位：A/m²）；$\boldsymbol{B}$ 为磁通量密度（单位：T）；$\boldsymbol{J}$ 为电流密度（单位：A/m²）；ρ 为电荷密度（单位：C/m³）。

另一个基本方程式连续性方程,可以写成

$$\nabla \cdot \boldsymbol{J} = -\frac{\partial \rho}{\partial t} \tag{8-11}$$

表示电荷守恒。

以上式(8-7)～式(8-11)五个方程中只有三个是独立的,方程数少于未知数个数,所以三个独立方程式非定解形式。当场量间本构关系确定后,麦克斯韦方程组就变成定解形式。本构关系描述了被考虑介质的宏观性质。对于简单介质,它们是

$$\boldsymbol{D} = \varepsilon \boldsymbol{E} \tag{8-12}$$

$$\boldsymbol{B} = \mu \boldsymbol{H} \tag{8-13}$$

$$\boldsymbol{J} = \sigma \boldsymbol{E} \tag{8-14}$$

式中,ε 为介质的介电常数(单位:F/m);μ 为介质的磁导率(单位:H/m);σ 为介质的电导率(单位:S/m)。

对各向异性介质,这些参数是矢量;对各向同性介质,它们是标量。对非均匀介质,它们是位置的函数;对均匀介质,它们不随位置变化。

在磁脉冲成形过程中,位移电流可以忽略不计,即 $\boldsymbol{D}=0$;介质属于各向同性且均匀,因而本构参数是标量且不随位置变化。式(8-8)可简化为

$$\nabla \times \boldsymbol{H} = \boldsymbol{J} \tag{8-15}$$

在磁场计算中,常常引入矢量磁位(或称磁矢势)$\boldsymbol{A}$ 简化分析过程,对 $\boldsymbol{A}$ 定义如下:

$$\boldsymbol{B} = \nabla \times \boldsymbol{A} \tag{8-16}$$

$$\nabla \cdot \boldsymbol{A} = 0 \tag{8-17}$$

$$\boldsymbol{E} = -\frac{\partial \boldsymbol{A}}{\partial t} \tag{8-18}$$

将式(8-13)、式(8-14)、式(8-17)代入式(8-15)、式(8-16)、式(8-18)中得到以矢量磁位 $\boldsymbol{A}$ 表示的方程[19]:

$$\nabla \times (\nabla \times \boldsymbol{A}) = \mu \boldsymbol{J} - \sigma \frac{\partial \boldsymbol{A}}{\partial t} \tag{8-19}$$

式中,$-\sigma \dfrac{\partial \boldsymbol{A}}{\partial t}$ 为成形工件中的涡流(单位:A)。

根据磁脉冲成形中各场域的物理性质,式(8-19)可表述为

（1）线圈与工件周围的空气域

$$\nabla \times (\nabla \times \boldsymbol{A}) = 0 \tag{8-20}$$

（2）线圈区域

$$\nabla \times (\nabla \times \boldsymbol{A}) = \mu \boldsymbol{J} \tag{8-21}$$

（3）成形工件区域

$$\nabla \times (\nabla \times \boldsymbol{A}) = -\sigma \frac{\partial \boldsymbol{A}}{\partial t} \tag{8-22}$$

即导体区域（线圈和工件）的矢量磁位 $\boldsymbol{A}$ 满足泊松方程，空气区域的 $\boldsymbol{A}$ 满足拉普拉斯方程。式(8-20)～式(8-22)是磁脉冲成形电磁场分析的数学模型。

2）电磁场求解模型的边界条件

由数学分析可知，满足给定边值条件的拉普拉斯和泊松形式的偏微分方程（泛函形式）将有唯一解。因此，把上述由矢量磁位函数（简称位函数）描述的场的求解问题称为边值问题。边值问题的定解条件通常包括以下三种情况。

（1）给定的是整个场域边界上的位函数值

$$\phi = f(s) \tag{8-23}$$

式中，$f(s)$ 为边界点 s 的点函数。这类问题称为第一类边值问题或第略赫利问题。

（2）给定的是待求位函数在边界上的法向导数值

$$\frac{\partial \phi}{\partial n} = f(s) \tag{8-24}$$

称为第二类边值问题或聂以曼问题。

（3）给定的是边界上的位函数与其法向导数的线性拟合

$$\phi + f_1(s) \frac{\partial \phi}{\partial n} = f_2(s) \tag{8-25}$$

称为第三类边值问题。

如果边值问题所定义的场域中的介质并不均匀，即存在着多种介质时，作为定解条件，还必须相应地引入不同介质分界面上的边界条件。

8.2.2　电磁辅助冲压成形有限元分析方案及流程

尽管工艺上电磁辅助冲压的实现途径仍多表现为"分步处理"的特点，但以板坯复合变形特征为基础的数值解析手段则可从原理上对该工艺进行合理的动态描述。这一数值解析手段涉及准静态冲压成形及高速率电磁成形这两种不同变形模式及二者之间的动态连接和信息传递；电磁-结构等多物理场间的耦合和变形过程中的大变形和大应变、材料和接触非线性等诸多问题。

较常见的分析方法是,仅考虑电磁场和结构场的耦合作用,而忽略其他物理场的影响,以板坯变形为主体,将电磁辅助冲压过程看做是板坯在准静态载荷和洛伦兹力顺序复合加载下发生变形和再变形的过程,是一个不同加载方式下的"多工步"成形过程。具体过程如下:

(1) 将整个电磁辅助冲压成形过程视作一个板坯在不同载荷作用下的"多工步"成形过程,将冲压成形和电磁成形分别视作变形"子步"。

(2) 冲压变形过程通常涉及大变形和接触、材料等高度非线性问题,通常采用非线性动力显式算法求解。

(3) 电磁成形过程板坯非线性、大变形的同时涉及电磁-结构场的耦合影响,依据二者的耦合特征,可参照常规电磁成形有限元分析方法进行"松散"或"顺序"耦合处理。

(4) 冲压成形和电磁成形子步间必须能实现变形几何特征和材料变形信息间的继承和传递。

上述过程通常涉及如下关键技术。

1) 变形多工步法处理技术

多工步成形数值模拟中,最重要的问题是各工步变形历史信息的传递。为保证前后工步间节点几何力学信息、单元应力应变场信息的准确传递,模拟中应当遵循以下几个原则。

(1) 工步间变形历史信息传递过程中变形体的节点、单元和 ID 编号固定不变。

(2) 工步间变形历史信息传递中禁止增减变形体单元或节点。

(3) 后续工步前处理过程中,遵循新增部件网格编号向后排序原则,避免新增网格信息读入过程中新旧网格编号发生干涉。

工步间的信息继承与传递可通过用户子程序法控制法(如 APDL 等)或有限元软件单元信息更新或继承功能实现(如 ANSYS 中的几何更新和重启动分析技术等)。

2) 电磁成形电磁-结构耦合分析技术

耦合场分析是指在有限元分析的过程中考虑了两种或者多种工程学科(物理场)的交叉作用和相互影响(耦合)。目前,在 ANSYS 多物理场分析环境下,存在三种基本的求解方法可以实现对磁脉冲成形中电磁-结构耦合问题的分析,即直接耦合法(direct coupling)、顺序耦合法(sequential coupling)和松散耦合法(loose coupling)[20]。直接耦合法利用包含所有必须自由度的耦合单元,仅通过一次求解就能得出耦合场的分析结果,又称为强耦合法或全耦合法。在这种情况下,耦合是通过计算包含所有必须项的单元矩阵或单元载荷向量来实现的。因此,该分析方法只需一次计算就能够完成一次耦合响应。求解这类耦合场相互作用问题都有专门的单元供直接选用。但是,直接耦合法存在最大的问题是求解的收敛性,特别在大变形求解过程中面临很大的考验。顺序耦合的基本思路是在每个求解时间步上,首先计算电磁场模型下工件上的洛伦兹力并将其作为边界载荷传递给结构模型,然后求解工件的变形并更新相应的电磁场几何模型,如此往复,从而实现在整个时间段上的求解。顺序耦合法是目前较精确的磁脉冲成形耦合分析手段,但截至目前也尚不存在成熟的软件实现手段,且此算法也存在有接触算法和大变形情况下的不收敛等问题。松散耦合就是指首先求解得到工件没有变形时的磁场力即静态磁场力,然后调用不同时间点上的磁场力完成变形分析。尽管这种方法求解精度不如前两种耦合算法,但是该方法极大增大了分析过程的灵活性,实现了求解范围的推广。

上述思路下,借助于多物理场有限元分析平台,可建立针对具体电磁辅助冲压工艺的有限元分析流程。如图 8-5[21]和图 8-6[22]为两种典型的电磁辅助冲压过程的有限元分析流程。图 8-5 为单步电磁辅助冲压成形的有限元分析流程,分析过程基于 ANSYS Multiphysics/LS-DYNA 平台实现,电磁成形过程分析采用电磁-结构松散耦合的求解方式,板坯多工步变形基于 LS-DYNA 完全重启动法实现;而图 8-6 为多步或渐进式电磁辅助冲压有限元分析流程,电磁场分析基于 ANSYS/EMAG 模块,结构场分析基于 ANSYS/LS-DYNA 模块,二者采用顺序耦合实现变形分析,工步间变形信息传递基于 ANSYS 几何构形更新和 LS-DYNA 重启动技术。

8.2.3　电磁辅助冲压有限元分析实例

1. 单步电磁辅助冲压成形

图 8-7 为建立的单步圆筒件磁脉冲辅助拉深成形有限元分析模型。板坯经历拉深预成形后,通过在底部圆角部位布置电磁成形线圈完成底部圆角部位的动态再成形,该复合工艺形式可实现铝合金等难变形材料复杂构件局部难变形部位的有效成形,提高板坯的成形极限[21,23]。

尽管工艺上作单步处理,但可借助有限元技术实现过程的动态耦合处理。如图 8-7 过程中,板坯电磁辅助变形发生在冲压预成形构形上,电磁成形采用电磁-结构松散耦算法,电磁场有限元模型基于板坯预变形构形,整个变形过程的继承基于重启动技术。由图 6-8 所示变形过程及等效塑性应变时间历程可以看出,板坯在整个变形过程中依次经历准静态拉深变形和高速率磁脉冲局部圆角贴模胀形。采用的有限元分析方案能在一个完整的时间历程内实现电磁辅助拉深变形过程分析,且电磁成形阶段的初始构形和变形信息(应变信息)能成功继承对应的冲压预

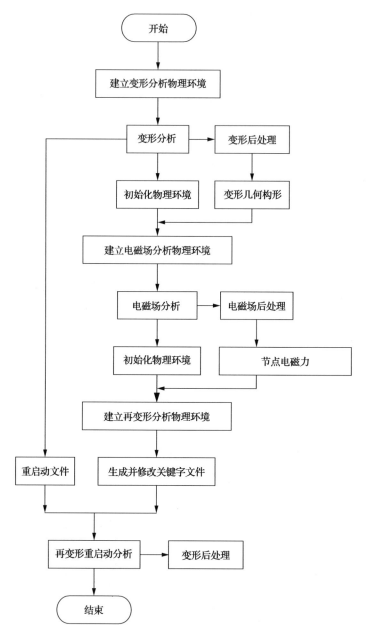

图 8-5　单步电磁辅助冲压有限元分析流程[21]

变形过程的终了状态信息(如图 8-8(d)～(e)),表现为冲压预变形终了状态应力应变信息与磁脉冲成形初始板坯内应力和应变信息相同,从而实现准静态冲压成形过程和动态电磁成形过程有效结合。

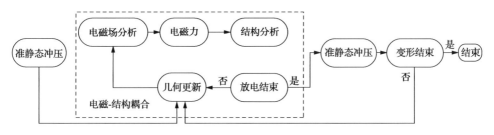

图 8-6 渐进电磁辅助冲压有限元分析流程[22]

  同时,借助有限元分析手段,可合理对板坯动态变形过程进行有效表征[21,23]:图 8-7 的拉深变形阶段,板坯的塑性变形相对稳定,速度波动小,呈现出准静态变形的特征;局部电磁成形阶段,速度波动较大,但由于已变形材料的变形抗力较大,变形则表现为稳态特性。电磁成形阶段开始时刻,变形出现短暂的延迟现象;变形终了时刻,圆角中心部位变形波动较明显。具体表现为:放电开始后,圆角区域变形存在一定时间的延迟。随后筒形件侧壁首先发生变形并在贴模的过程中与凹模发生碰撞造成轻微的回弹;筒形件底部在贴模的过程中,与模具碰撞后回弹严重。当圆角处磁场力逐渐减弱时,圆角处仍将在惯性力的作用下带动侧壁和底部板坯继续变形。底部板坯在惯性力的作用下板坯的径向变形速度高于轴向速度,径向"拉延"效果显著。由此可知,电磁辅助冲压成形时,准静态冲压和动态电磁成形板坯变形间存在显著的变形特征的差异,动态变形和冲压变形呈现相对的独立性,动态变形的局部成形特征显著,动态变形似乎不受准静态变形形成的边界约束的影响。

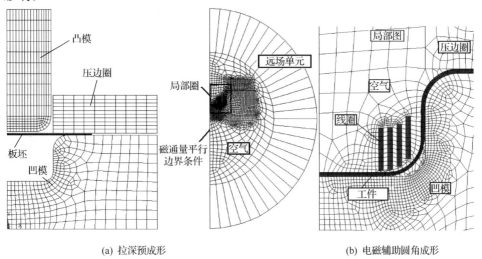

(a) 拉深预成形   (b) 电磁辅助圆角成形

图 8-7 筒形件单步电磁辅助拉深有限元模型[21]

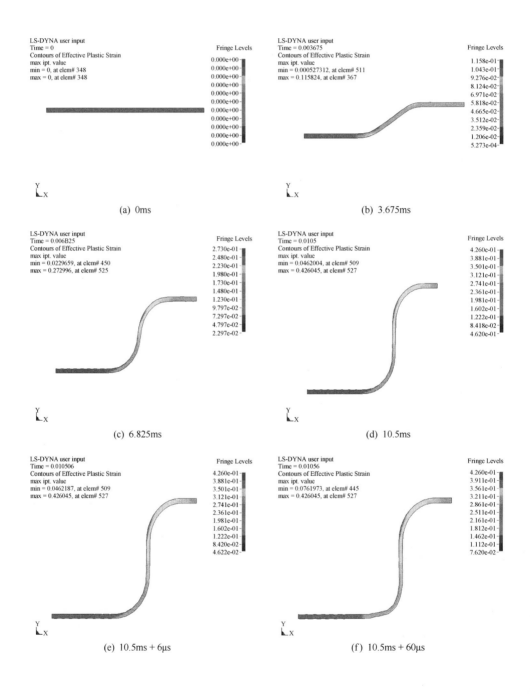

(a) 0ms

(b) 3.675ms

(c) 6.825ms

(d) 10.5ms

(e) 10.5ms + 6μs

(f) 10.5ms + 60μs

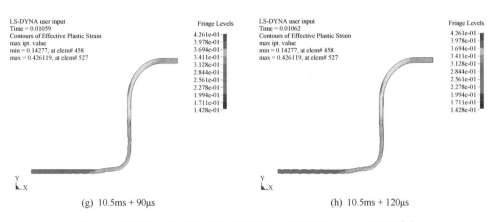

(g) 10.5ms + 90μs　　　　　　　　　　(h) 10.5ms + 120μs

图 8-8　筒形件电磁辅助拉深成形变形和等效塑性应变时间历程[23]

2. 渐进电磁辅助冲压成形

采用图 8-6 有限元分析方案可有效实现图 8-9 所示筒形件渐进电磁辅助拉深成形过程的有限元分析[22]。图 8-9 中,通过在拉深件法兰区和凹模圆角处布置成形线圈以实现对准静态拉深成形过程的电磁辅助加工。该复合变形过程中,电磁成形和准静态拉深成形过程交替进行,电磁-结构顺序耦合分析。

借助于该有限元分析手段可对电磁辅助板坯成形的特征进行揭示,针对图 8-9 过程的有限元仿真可更为直观有效地反映出复合工艺对板坯拉深过程的"辅助"方式和原理,即通过在板坯法兰区和凹模圆角区布置成形线圈,产生的脉冲电磁力有助于改善法兰区金属的材料流动,可减少板坯变形危险区的厚度变化和拉应力(图 8-10),从而可提高筒形件的拉深极限。

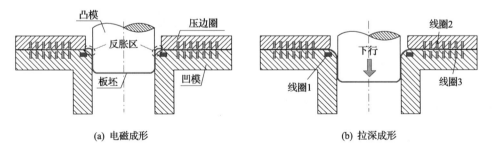

(a) 电磁成形　　　　　　　　　　　　　(b) 拉深成形

图 8-9　渐进电磁辅助拉深成形[22]

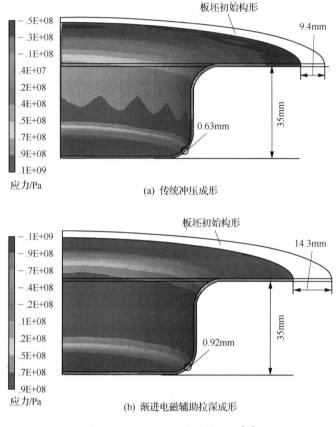

(a) 传统冲压成形

(b) 渐进电磁辅助拉深成形

图 8-10　板坯厚度和应力分布[22]

8.3　电磁辅助冲压成形分析

　　电磁辅助冲压过程中,板坯依次经历准静态和动态加载。考虑塑性变形的加载路径的历史相关性,板坯的塑性行为和变形特征与传统冲压成形和单纯的磁脉冲成形有所不同。针对电磁辅助冲压过程不同变形模式影响下的材料和结构响应问题的研究仍为该工艺研究的热点,也是促进该工艺工程化应用亟须解决的基础问题。

8.3.1　板坯准静态-动态顺序加载塑性行为

1. 本构响应特征

　　电磁辅助冲压中,板坯经历跨尺度应变率的作用。高应变率作用时,铝合金等板坯的应变率敏感性增加,材料变形的应力阈值提高。图 8-11 和图 8-12 为 5052 铝合金板材在准静态-动态复合拉伸过程中的材料本构响应特征。相比准静态变形,由于动态变形的介入,5052 铝合金板材的应变速率敏感性增加,材料变形的应力阈值提高,且随着应变速率的增大,材料的应变率强化效应增强。复合加载过程中,材料的形变强化和应变率强化现象共存。准静态预变形较小时,应变率强化占主导,而当预变形较大时,形变强化起主导作用。同一应变率水平下,随着板坯准静态预变形程度的加剧,材料的形变强化效应增强[24]。

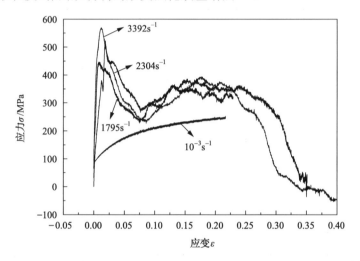

图 8-11　不同应变速率下 5052 铝合金预变形(15%)板坯的应力-应变关系[24]

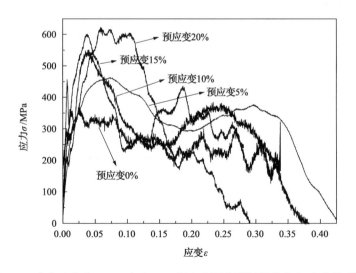

图 8-12　应变速率为 2400s⁻¹时 5052 铝合金预变形板材的应力-应变关系[24]

2. 复合成形极限

考虑加载路径的影响,典型的电磁辅助冲压变形过程中,准静态-动态复合加载路径下板坯极限变形能力是否提高构成了该工艺的存在基础。

成形极限图(FLD)能够较为直观地反映板坯的局部极限变形能力。图 8-13 所示为基于准静态拉伸和电磁成形试验获得的准静态、动态(电磁成形)和准静态-动态复合变形模式加载下 5052 铝合金板材的成形极限分布情况[23]。在成形极限图上的三个典型应变状态(单向拉伸、平面应变和双等拉伸),复合成形过程均能显著改善 5052 铝合金板材的极限变形能力;且与完全电磁成形过程相比,复合成形过程表现出与其相当且略高于其的极限应变水平。卢文[25]针对高强钢等应变率敏感材料在近单向拉伸状态时的成形极限的研究中也获得了相似的结果,图 8-14 为获得的 DP590 和 B280VK 在不同加载条件下的极限应变的分布情况。

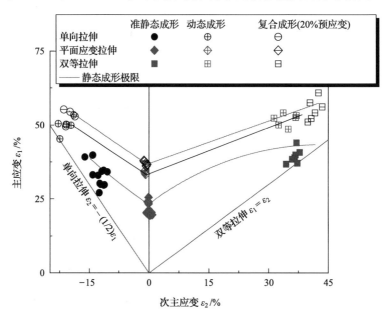

图 8-13　不同变形模式下 5052 铝合金板坯的极限应变分布情况[23]

进一步考虑具体应变率水平下的加载特征,周文华[24]基于霍普金森拉杆实验获得了单向拉伸状态下不同准静态预变形试样在高应变率加载时的延伸率的对比情况,如表 8-1 所示。在 $10^3 \mathrm{s}^{-1}$ 应变率水平段(1500～1700s^{-1}(低),2300～2800s^{-1}(中)和 3300～3600s^{-1}(高)),动态变形后试样延伸率相较于准静态变形有显著提高,但不同预变形板坯的动态延伸率表现出应变率相关性。随着应变率水平的提高,板坯的极限变形能力增强。同样,基于具体电磁成形过程的试验研究也

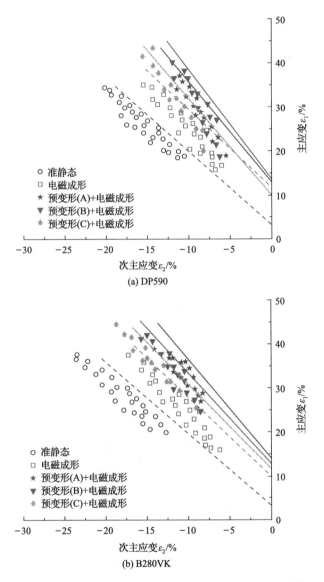

图 8-14　高强钢板在不同变形模式下成形极限的对比[25]

获得了相似的结果,如图 8-15 所示。同一预应变水平下,增加放电能量,板坯的变形速率增加,复合成形延伸率增加。并且在较高变形速度下(M 和 H),随着预应变水平的增加,复合成形延伸率呈现单调的上升趋势,表明较高的变形速度下,预变形对动态变形过程增塑性的强化效应显著,材料的复合成形性增加显著[23]。

表 8-1 不同预变形、不同应变率试样拉伸延伸率[24]

预应变/%	应变率水平	延伸率/%
0	准静态	22.3
0	低	31.1
	中	33.7
	高	35.3
5	低	31.8
	中	34.5
	高	36.1
10	低	34.2
	中	34.5
	高	36.9
15	低	31.7
	中	35.6
	高	37.7
20	低	32.9
	中	34.2
	高	38.7

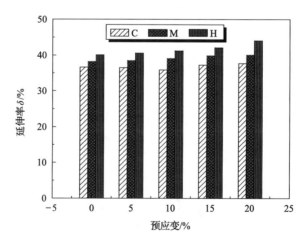

图 8-15 不同变形速率下复合成形伸长率的分布[23]
C、M 和 H 分别表示临界、中、高放电能量下的变形速率状态

3. 准静态预变形的影响

相比于完全电磁成形过程,电磁辅助冲压变形中冲压预变形的存在改变了板

坯动态变形的初始状态,进而影响板坯的极限变形能力。

准静态预变形的存在能够促进板坯的动态再变形能力,从而提高复合成形的终态应变水平[23,26,27]。式(8-26)和式(8-27)为 Vohnout[3] 基于因素分析法获得的平面应变状态下 6111 和 5754 铝合金准静态-动态复合极限应变与各主要相关因素的定量关系,可以发现预变形对复合成形终态应变有显著影响,预变形的存在有利于板坯极限变形能力的提高。

$$
\begin{aligned}
\text{MaxStr6111} = {}& 0.40437 + 0.00688 \times \text{Energy} + 0.05063 \times \text{Prstrain} \\
& + 0.015627 \times \text{Foil} - 0.02187 \times (\text{Energy} \times \text{Prstrain})
\end{aligned}
$$

$$(8\text{-}26)$$

$$
\text{MaxStr5754} = 0.4994 + 0.02813 \times \text{Energy} + 0.03813 \times \text{Prstrain} + 0.02687 \times \text{Foil}
$$

$$(8\text{-}27)$$

图 8-16 所示为在图 8-13 的试验条件下获得的 5052 铝合金板材在不同应变状

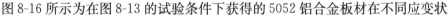

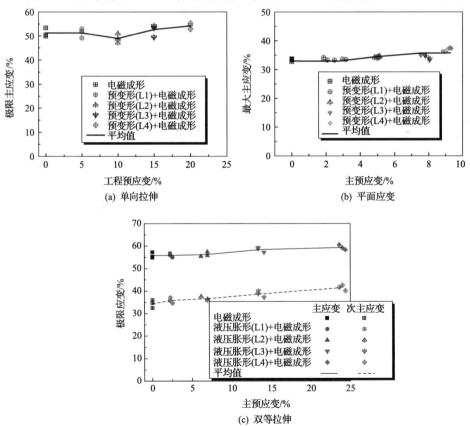

图 8-16　准静态预变形对复合成形极限应变的影响[23]

态下复合成形极限应变与准静态预变形的关系[23]。在板坯同一变形位置,尽管单向拉伸应变状态下,随着准静态预应变水平的增加,复合成形极限应变呈现先降低后增加的趋势;而在平面应变和近双向拉伸应变状态,随着预应变水平的增加,复合成形极限上升,但总体而言,复合成形极限呈现上升的趋势。并且值得注意的是,对于变形已经接近于材料准静态成形极限的板坯而言,动态磁脉冲变形过程的增塑依然显著,增加准静态预变形水平能获得更大的复合成形极限应变。

对板坯的再变形伸长率和极限应变与预应变水平的关系进行表征,如图 8-17 所示[23],发现,随着预应变水平的增加,材料的准静态再变形能力和动态再变形能

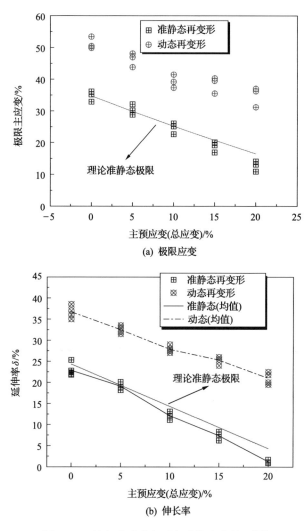

(a) 极限应变

(b) 伸长率

图 8-17　预变形对动态再变形能力的关系[23]

力均降低,并且材料的准静态再变形下降幅度大于动态再变形。由此可知,一方面,准静态再变形加载下 5052 铝合金的塑性降低,而准静态-动态复合加载下该铝合金材料的塑性提高;另一方面,准静态预变形的存在对动态变形的增塑性有促进作用,随着预变形水平的增加,动态变形的增塑性增强。也就是说,复合加载过程中,准静态变形更有利于动态变形过程对材料塑性的提高。

在较高应变率水平下,板坯准静态预变形对复合成形极限变形能力的促进作用更为显著,如图 8-18 所示[24]。由于预变形的存在,板坯动态变形初始变形阈值提高,较高的应变率水平(或变形能量)时,动态变形的增塑效应才能得以发挥。

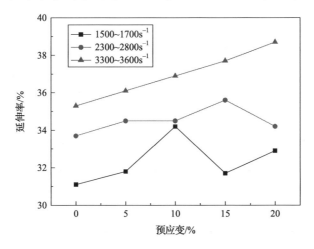

图 8-18　不同应变率水平下预变形对 AA5052 板坯延伸率的影响[24]

在金属变形的微观特征方面,由于常规冲压变形和动态冲击成形造成的微观组态的差异性[28],预变形形成的初始组态也同时会对后续的动态变形组态产生影响。图 8-19 为铝合金板坯在不同变形模式下位错组态的分布情况[27]。铝合金具

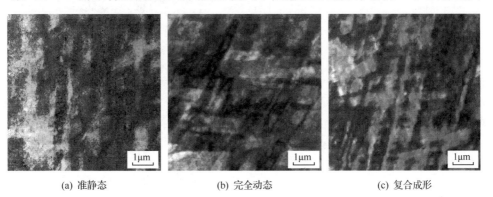

(a) 准静态　　　　　　　(b) 完全动态　　　　　　　(c) 复合成形

图 8-19　不同变形模式下 5052 铝合金板坯断口区 TEM 形貌[27]

有高堆垛层错能,其面心立方的晶体结构多滑移系的特点使得铝合金的变形无论在常规冲压还是电磁成形中都更易由位错运动产生;不过在任何情况下,位错受到冲击时的分布要比常规变形中的分布更加均匀。但在高速率变形时,尤其是冲击成形时,变形表现为以波的形式在金属或合金中扩展,合金的最终微观组态与初始结构或波前组织密切相关。准静态预变形形成的初始位错一方面有利于冲击加载时位错的形成和重组,另一方面会阻碍后续位错的移动或滑移,因而更易形成组态均匀的交滑移组态,从而使复合变现后板坯表现出较高的塑性和强度[23,27,29]。

8.3.2　电磁辅助板坯变形特征

电磁辅助冲压成形时,动态变形的"局部"作用特点显著。利用局部脉冲电磁力辅助冲压成形,可充分发挥电磁成形在改善板坯冲压成形性方面的优势。

将脉冲电磁力作用于冲压成形难变形区域,可显著提高板坯的极限变形能力。图 8-20 为脉冲电磁力用于铝合金筒形件底部圆角填充时,圆角区的板坯再变形特征。尽管圆角区已经历较大的冲压预变形,且采用传统冲压工艺无法实现其准静态再变形,但随着放电电压(能量)的增加,圆角区的再变形程度加剧(图 8-20(a)),且动态变形分散变形,提高变形均匀化程度的特征显著(图 8-20(b))[23]。

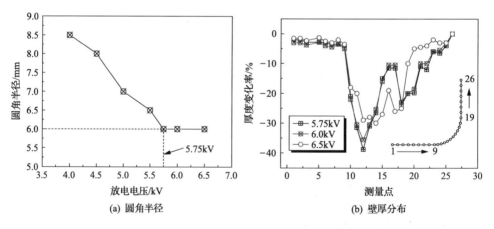

(a) 圆角半径　　　　　　　　　　　　　(b) 壁厚分布

图 8-20　电磁辅助筒形件底部圆角填充[23]

将脉冲电磁力应用到弯曲回弹角部可有效减小弯曲件的回弹(图 8-21 和图 8-22),提高形状精度[30]。脉冲电磁力既可以有效改善弯曲角部的应变分布,又可充分利用板坯/模具间的冲击改善应力分布,两者均可有效抑制回弹,且在该过程中,采用多次小能量放电是最佳的工艺实现过程。

电磁辅助冲压中,尽管板坯经历准静态-动态耦合变形,但电磁成形的局部加载和变形特性更为显著,电磁成形可实现与冲压成形的柔性结合。脉冲电磁力作为一种局部加载手段以辅助冲压成形可有效实现铝合金等复杂构件的局部增塑和

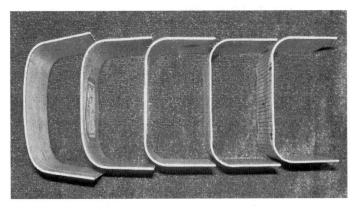

图 8-21　不同放电电压下的 AA5052 板材弯曲件(由左到右,电压增大)[30]

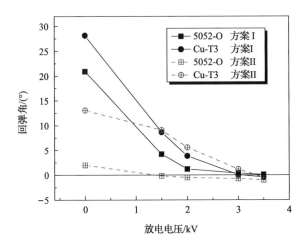

图 8-22　放电电压对回弹角的影响[30]

回弹控制,更具工程应用价值。

8.4　展　　望

　　经过约半个世纪的研究和发展,虽然电磁成形技术在汽车制造、航空航天、军工、电子等领域得到不同程度的应用,但是从未获得能够和传统成形工艺比肩的地位,或达到"应用广泛"的程度。除了 20 世纪七八十年代国内外历史的原因,主要因为掌握磁脉冲放电理论和实践的人员与研究金属成形的人员几乎没有进行过很好的交流和沟通,因此,电磁成形设备制造者和工程技术人员既不熟悉此工艺又未受到相关的训练;而研究金属成形工艺的学者多对该技术的原理陌生,并对其实践有畏惧感。所以,电磁成形技术的应用一直未得到真正的推广。

　　自 20 世纪 90 年代中期以来,电磁成形技术又重新引起了人们的关注,其原因在于:一方面,汽车、飞行器等交通工具面临减重、节能降耗等问题;另一方面,高能成形设备开发和有限元数值模拟技术的应用使电磁成形技术的理论研究和过程预测取得了新进展。

　　电磁辅助冲压成形技术是电磁成形技术用于大型铝合金等板料成形加工的主要途径之一,也是电磁成形技术在汽车制造和航空航天领域的轻质合金板料成形中真正得到广泛应用的希望所在。除了需要从事电气工程学科和金属成形工艺的专业人员进行有效的交流和合作,实现 EMAS 工业化应用还需要解决如下关键问题:①耐用线圈的设计和优化;②多物理场的数值模拟;③磁脉冲作用下的材料性能;④工艺的设计和优化等。

　　实际上,不同性能的材料在市场上的成功应用与否取决于其成本,而不是材料常数。如果新材料工件成本高过原材料工件,则不可能实现新旧替代。目前,在大批量的汽车制造中,钢板材仍处于无可替代的地位,而在高端产品和中、小批量生产中铝合金板材占优势。可以预见,在不久的将来,随着以 EMAS 技术为代表的铝合金板材成形技术的推广应用,铝合金必将在各主要工业领域成为最主要的结构材料。因此,在国内开展铝合金 EMAS 技术的研究,以及借此扩大此类轻质材料在汽车、航天航空及 3G 行业的应用,不仅具有重要的学术价值,而且还具有十分重要的经济和战略意义。

参 考 文 献

[1] 李春峰. 高能率成形技术. 北京:机械工业出版社,2001.

[2] 李春峰,于海平,刘大海. 铝合金磁脉冲辅助板材冲压技术研究进展. 中国机械工程,2008,19(1):108-113.

[3] Vohnout V J. A Hybrid Quasi-Static/Dynamic Process for Forming Large Sheet Metal Parts from Aluminum Alloys. Columbus: Ohio State University,1998:1-199.

[4] Daehn G S, Vohnout V J, Datta S. Hyperplastic forming: Process potential and factors affecting formability. Materials Research Society Symposium Proceedings,2000,601:247-252.

[5] Okoye C N, Jiang J H, Hu Z D. Application of electromagnetic-assisted stamping (EMAS) technique in incremental sheet metal forming. International Journal of Machine Tools & Manufacture,2006,(46):1248-1252.

[6] Shang J H. Electromagnetically assisted sheet metal stamping. Columbus: Ohio State University,2006:1-214.

[7] Shang J H, Daehn G. Electromagnetically assisted sheet metal stamping. Journal of Materials Processing Technology,2011,211:868-874.

[8] Imbert J, Worswick M. Reduction of a pre-formed radius in aluminum sheet using electromagtic and conventional forming. Journal of Materials Processing Technology,2012,212:1963-1972.

[9] Cui X H, Li J J, Mo J H, et al. Investigation of large sheet deformation process in electromagnetic incremental forming. Materials and Design,2015,76:86-96.

[10] Office of Advanced Automotive Technologies. Automotive Lightweighting Materials E:Electromagnetic Forming of Aluminum Sheet. http://www. eere. doe. gov/vehiclesandfuels/pdfs/program/2001_pr_auto _ltweight_mat. pdf.

[11] Office of Advanced Automotive Technologies. Automotive Lightweighting Materials D:Electromagnetic Forming of Aluminum Sheet. http://www. eere. energy. gov/ vehiclesandfuels/pdfs/program/2002_ alm. pdf.

[12] Office of Advanced Automotive Technologies. Automotive Lightweighting Materials C:Electromagnetic Forming of Aluminum Sheet. http://www. eere. energy. gov/ vehiclesandfuels/pdfs/ alm_03/2_auto-motive_aluminum. pdf.

[13] Wagoner R H,Chenot J L. Metal Forming Analysis. Cambridge:Cambridge University Press,2001: 77-125.

[14] 赵海鸥. LS-DYNA 动力分析指南. 北京:兵器工业出版社,2003:1-140.

[15] Bathe K J. Finite Element Procedures. Upper Saddle River:Prentice-Hall,Inc. ,1996:148-214.

[16] Belyschko T,Liu W K,Moran B. 连续体和结构的非线性有限元. 庄茁,译. 北京:清华大学出版社, 2002:268-276.

[17] 王仲仁. 塑性加工力学基础. 北京:国防工业出版社,1989:15-58.

[18] 金建铭. 电磁场有限元方法. 西安:西安电子科技大学出版社,1998:1-7.

[19] Bendjima B. A coupling model for analyzing dynamical behaviors of an electromagnetic forming system. IEEE Transactions on Magnetics,1997,33(2):1638-1641.

[20] Mamalis A G,Manolakos D E,Kladas A G,et al. Electromagnetic forming tools and processing condi-tions:Numerical Simulation. Materials and Manufacturing Processes,2006,21:411-423.

[21] Liu D H,Li C F,Yu H P. Numerical modeling and deformation analysis for electromagnetically assisted deep drawing of AA5052 sheet. Transactions of Nonferrous Metals Society of China,2009,19(5):1294-1302.

[22] Cui X H,Mo J H,Fang J X,et al. Deep drawing of cylindrical cup using incremental electromagnetic assisted stamping with radial magnetic pressure. Procedia Engineering,2014,81:813-818.

[23] 刘大海. 5052 铝合金板材磁脉冲辅助冲压成形变形行为及机理研究. 哈尔滨:哈尔滨工业大学博士学位论文,2010:1-150.

[24] 周文华. 预变形铝合金板材高应变率塑性变形行为研究. 南昌:南昌航空大学硕士学位论文,2014.

[25] 卢文. 单向预应变对车身高强钢电磁成形成形极限的影响. 武汉:武汉理工大学硕士学位论文,2014.

[26] Li C F,Liu D H,Yu H P,et al. Research on formability of 5052 aluminum alloy sheet in a quasi-static-dynamic tensile process. International Journal of Machine Tools and Manufacture,2009,49(2):117-124.

[27] Liu D H,Yu H P,Li C F. Comparative study of microstructure of 5052 aluminum alloy sheets under quasi-static and high-velocity tension. Materials Science and Engineering A,2012,551:280-287.

[28] Meyers M A. 材料的动力学行为. 张庆明,刘彦,黄风雷,等,译. 北京:国防工业出版社,2006:265-377.

[29] 刘大海,于海平,李春峰. 5052 铝合金板材磁脉冲动态拉伸塑性失稳分析. 金属学报,2012,48(5): 519-525.

[30] 刘大海,周文华,李春峰. U 形件磁脉冲辅助弯曲回弹控制及变形分析. 中国有色金属学报,2013, 23(11):3075-3082.

第9章 粉末磁脉冲压实

9.1 引　　言

磁脉冲压实是通过高压储能电容对线圈瞬时放电产生强脉冲磁场,使粉末在冲击磁场力作用下高速成形[1]。此方法可以使粉末在加热、真空或保护气氛条件下成形。它能得到完全致密的粉末压坯,压坯强度高、制品收缩小、烧结时间短、机械性能良好、制造成本低、可以实现零件的近净成形,能压制各种不同形貌的微米和纳米粉末材料,包括黑色金属、有色金属、金属间化合物、陶瓷、复合材料等[1-4]。又由于其能最大限度地减小成分偏析和晶粒长大等不利影响,所以在纳米粉末等超细粉末成形中具有广泛的应用前景[5-7]。在加热的条件下对粉末磁脉冲压实是在磁脉冲压实基础上发展起来的一种新颖的粉末压实方法,综合了温度场和脉冲磁压力对粉末压实的影响。在粉末压实过程中,既增加粉末扩散活性,又提高粉末颗粒的塑性,使粉末颗粒实现紧密结合,并保持超细粉末结构的非平衡状态[8,9]。

磁脉冲压实过程涉及材料学、电磁学、电动力学和塑性动力学等多学科理论的交叉融合,采用解析方法难以准确描述整个过程。随着计算机和有限元技术的发展,数值模拟技术为该过程描述提供了一条有效的途径。

9.1.1　磁脉冲压实原理

磁脉冲压实是通过高压储能电容对线圈瞬时放电产生强脉冲磁场,强脉冲磁场作用于驱动片并使其瞬间产生强大的动能,驱动片把动能传递给粉末,从而使粉末在冲击力作用下高速压实。磁脉冲压实有两种压实方式,一种是采用螺线管线圈径向压实,另一种是采用平板线圈轴向压实。螺线管线圈径向压实的基本原理如图 9-1 所示[10],粉末被装入一个导电的容器(包套)内,置于螺线管线圈中。线圈通入高频脉冲电流,线圈中形成高频磁场,包套(驱动片)上因而产生感应电流,感应电流与施加的磁场相互作用,产生了二维径向压实力,整个致密过程时间不足1ms。在此过程中,如果磁场渗透过金属管,就会在粉末体内也激发出电动势,击穿粉末颗粒之间的氧化物,使粉末体内也产生电流。一方面,电流的热效应和击穿氧化物所产生的热量使粉末颗粒局部融化,起到了烧结的作用;另一方面,粉末体内的电流也会使之受到磁场力的作用而使粉末压实。但用这种方法压实时,由于趋肤效应,磁场较难渗透到粉末体内,所以中心部分可能压实不足,故适于加工外形复杂或中空的零件,如各种齿轮、齿环、轮毂等[11]。

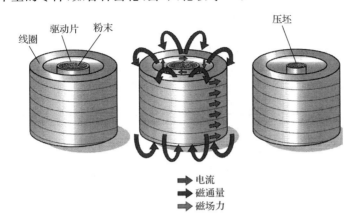

图 9-1　螺线管线圈磁脉冲压实原理图[10]

平板线圈轴向压实的基本原理如图 9-2 所示,工作线圈与电磁成形机放电电容连接在一起,电容对工作线圈放电,工作线圈中流过冲击电流,紫铜驱动片在冲击磁场力作用下推动放大器一起向下运动,从而实现粉末压实。放大器前端设计成一定锥角,这是为了利于应力波的传递和放大。刚性放大器还改善了平板线圈磁场中磁场力分布的不均匀性。轴向压制特别适于加工致密的圆片状制品。

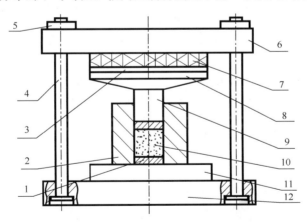

图 9-2　平板线圈磁脉冲压实原理图

1-垫块;2-凹模;3-驱动片;4-螺栓;5-螺母;6-上固定板;7-平板线圈;8-放大器;9-冲头;
10-粉末体;11-垫板;12-下固定板

9.1.2 磁脉冲压实的应用

1. 磁脉冲压实在普通金属粉末成形中的应用

1995 年,美国开始研究一种新型高性能粉末近终压实成形技术——动态电磁脉冲粉末压实技术(dynamic magnetic compaction),该技术适合于制造柱形对称的零件、薄壁管、大高径比部件和内部形状复杂的零件。现可以生产最大尺寸达 $\Phi12.7\times76.2$mm,$\Phi127\times25.4$mm 的部件[12]。这个方法具有如下三个优点。

(1)由于不使用模具,因而压制压力更高,维修费用与生产成本低。

(2)在任何温度与气氛中均能施压,并适用于所有材料,因而工作条件更加灵活。

(3)该工艺可不使用润滑剂与黏结剂,固有利于环保。

2000 年,美国学者 Chelluri 等[10]采用动态磁力压实的方法对钢铁合金和钨粉末等进行了压实试验,得到了晶粒细小、高性能的制品,并且研制了一套可以实现 1min 压实 10 个压坯的磁脉冲压实系统,加工出了可以用于汽车传力的高强度齿轮。图 9-3 为磁脉冲压实的不同铁合金粉末压坯密度,从图中可以看出,铁合金粉末压坯的相对密度一般都高于 95%,有的甚至能达到理论密度。图 9-4 为磁脉冲压实的铁合金齿轮,其性能比传统方法压制的齿轮性能高。4405 钢经磁脉冲压制和烧结后,硬度可达到 HRC 50。Chelluri 等[13]对不同的铁合金及非铁合金粉末进行了磁脉冲压实,压实过程中未使用润滑剂,大部分铁合金的相对密度超过 95%,添加 0.5%的 4401 铁合金的相对密度超过 97%,压实后的相对密度如图 9-5 所示,磁脉冲压实也可以压制矩形的零件如图 9-6 所示。2001 年,日本学者 Murakoshi 等用螺旋线圈对 Al 粉末进行压实[14],制造出了圆柱形零件。包套中的心轴为带螺纹的圆柱或锥体。经真空烧结后密度可达到 2.0g/cm^3,抗压强度达到 50MPa。

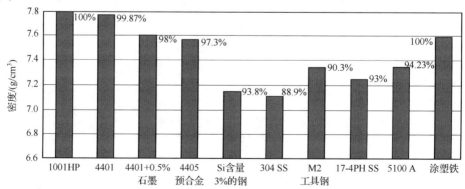

图 9-3　磁脉冲压实的不同铁合金粉末压坯密度[10]

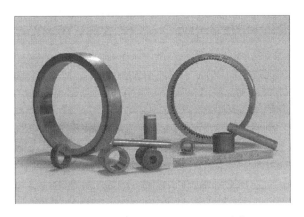

图 9-4　磁脉冲压实的铁合金齿轮[10]

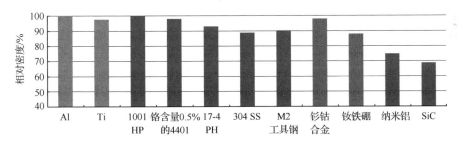

图 9-5　不同材料的粉末用磁脉冲压实后的相对密度[13]

图 9-6　轴向磁脉冲压实的碳化硅零件[13]

　　目前,中国学者也针对本课题进行了相关的研究工作。哈尔滨工业大学的李春峰等分别利用螺线管线圈和平板线圈对 Cu 粉末和 Ti6Al4V 粉末进行了磁脉冲压实[15-18],平板线圈压制的纯铜粉末相对密度可达 98％以上。采用平板线圈对微米级的 Al 合金粉末进行了压实试验[18],在此基础上采用粉末加热和磁脉冲压实相结合的方法对 Ti6Al4V 合金粉末和 Cu 粉末进行了压实试验研究[19-23]，Ti6Al4V 合金粉末的相对密度可以达到 95％以上，抗压强度可以达到 900 MPa 以上。通过上述研究认为，随着放电电压和粉末体径高比的增加，压实坯体密度增大；随着压实温度和放电次数增加，压实坯体的密度基本上是不断升高；单向加载时，沿着加载方向存在密度梯度，在压实坯底部轴心处的密度最低；凹模内壁与粉末的摩擦导致压实坯体侧壁的密度高于心部的密度；厚度适宜的驱动片益于提高压实坯的致密度。当设备放电能量有限时，多次压实和双向压实方法是获得致密均匀、高密度粉末制品的有效途径。武汉理工大学的黄尚宇等将低电压电磁成形方法用于粉末材料压实，采用平板线圈进行粉末致密，对铝、铜和锡粉末进行压实试验[24,25]，得到了相对密度达 99％的 Al 粉末压坯，分析了电压、电容、摩擦、压实次数等对压坯致密度的影响，还采用理论分析和试验研究相结合的研究方法[26]，对粉末制品在压缩试验下的屈服极限、致密均匀性等进行了较为系统的研究。低电压、大电容有益于提高粉末压坯的密度和均匀性。国外对于金属粉末的磁脉冲压实研究，已经从试验阶段向工业应用阶段转化；虽然国内进行了大量相关研究，但是还主要停留在试验阶段，应加强向工业应用阶段的转化。

Mironov 等[27]利用磁脉冲压实的方法研究了铁粉末件与不锈钢芯轴的连接，以及粉末件与粉末件的连接，如图 9-7 所示。研究表明磁脉冲压实方法可以应用于铁粉末件的成形和连接。Mironov 等[28]还利用磁脉冲压实的方法在工件表面包覆一层 Fe-C-Cu 耐磨损材料，然后经过烧结和机加工艺得到最终的产品，如图 9-8 所示。

图 9-7　用磁脉冲方法连接前的粉末件[27]

2. 磁脉冲压实在纳米粉末成形中的应用

俄罗斯的 Ivanov 等用磁脉冲压实的方法，对纳米材料的制备进行了大量的研究工作。1995 年，他们在抽真空加热温度为 300～600℃，磁压力为 1～5GPa，作用时间为 3～300μs 的条件下对纳米 Al_2O_3 粉末进行轴向和径向动态压制[29]，压坯

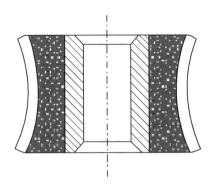

图 9-8　经磁脉冲压实并烧结机加后的工件[28]

相对密度为 62%～83%,并且保持纳米晶结构。2004 年,他们用磁脉冲压实的方法,在抽真空加热到 400～500℃ 保温 2h,磁压力为 1GPa,作用时间为 300ms 的条件下制备了氧化物颗粒均匀分布的 Al-Al$_2$O$_3$ 纳米铝基复合材料[30],为了消除残余应力在 400～525℃ 退火,复合材料烧结后具有精细均匀的结构、完全致密。2005 年,他们用磁脉冲压实的方法,制备了纳米晶 ZrO$_2$ 粉末压坯[31],其相对密度为 96%,晶粒尺寸为 50nm;在真空条件下用磁脉冲压实法,制备了纳米 Al$_2$O$_3$＋Fe 复合材料[32],烧结后得到了(～300nm)精细晶粒。2006 年,他们用磁脉冲压实法制备了纳米 Fe＋Fe$_3$C 复合材料[33];对纳米 YSZ 粉末进行轴向和径向动态压制[34],轴向压制后坯体的表观密度达到理论值的 50%～70%,在 900～1250℃ 烧结后其相对密度达到 92%～98%,制备的超细固体电解质的电导率和结构符合固体氧化物燃料电池的要求。2007 年,他们用磁脉冲压实的方法,压制了纳米 Y$_2$O$_3$:Nd^{3+} 陶瓷材料[5]。为了评估制备条件对显微结构、平均厚度、晶界稳定性的影响,在液氮的温度下分析了非平衡态热声子的传输,结果显示这种透明陶瓷的平均晶界厚度与 Y$_2$O$_3$ 材料的晶格参数类似;对纳米晶 1Nd：Y$_2$O$_3$ 粉末进行压制[7],粉末压坯在低于 1750℃ 的真空条件下烧结,在 900℃ 下烧结后陶瓷材料的透明度增加,辐射衰减系数降低,半透明陶瓷试样的显微硬度(11.8GPa)和断裂韧性都比同成分的单晶制品高;对纳米粉末进行磁脉冲压实,经过烧结后得到了纳米尺寸的 ZrO$_2$-Al$_2$O$_3$ 复合材料[2]。

　　韩国的学者也开展了对磁脉冲压实的研究。2004 年,Lee 等对纳米 Cu 粉进行了磁脉冲压实研究[8],得到相对密度为 95% 的致密铜粉压坯,晶体结构精细均匀,未出现晶粒长大现象,在 300℃ 的致密温度下,压坯保持纳米结构,并且其硬度达到 2.6GPa,为传统微米级纯铜硬度的 3 倍。2004 年,Han 等用磁脉冲压实的方法,在磁压力为 1.6GPa,压制时间为 300ms、压实温度为 20～300℃ 下对纳米 Al 粉进行压实[35],得到了相对密度为 93.4%～97.6% 的粉末压坯,随着压实温度的升高,残余气孔的体积分数降低,氧化铝的体积分数增加。2007 年,Hong 等用磁脉冲压实的方法，对纳米晶含 Fe 量 6.5％的 Si 粉末[9]在加热温度为 23～400℃，磁压力为 0.3～2.0GPa 的条件下进行压制，压坯致密度的最高值超过 82％，含 Fe 量 6.5％的 Si 软磁芯的磁导率随着相对密度的升高而增大。

磁脉冲压实在纳米材料成形中的研究主要偏重于针对各种纳米材料进行试验性的研究，而对于微观机理研究较少。国外的研究学者主要集中在俄罗斯和韩国，国内的研究鲜少。

3. 磁脉冲压实在功能材料及陶瓷材料成形中的应用

2002 年，美国的 Walmer 等用磁脉冲压实方法制备永磁体，得到的永磁体的最大磁能积比普通机械压制的高 40％，并且达到理论磁能积的 99％，孔隙率为 0％，使用温度从室温到 550℃，磁脉冲压实时间比永磁体微粒的热时间常数要低，没有对包套和永磁体微粒结构产生不利影响。

希腊的 Mamalis 等把磁脉冲压实应用于超导材料的制备[36-38]，研究了陶瓷高温超导材料 YBa_2Cu_3O 的块体近净成形，得到了相对密度接近 82％的超导块体，发现其内部显微结构发生变化，新增的晶界会增加电流的传输，从而提高临界电流密度。1997 年，美国的 Chelluri 等研制了一套用磁脉冲压实方法生产超导线和超导带的工艺装备，并申请了一项美国专利。

武汉理工大学的黄尚宇等采用间接加工方式，在电磁成形设备上对几种电子陶瓷粉末进行了低电压磁脉冲压实的试验研究[4,39-47]。压制的 PZT 压坯相对密度接近 70％，烧结后的相对密度大部分都在 97％以上；TiO_2 压坯的密度接近 60％，烧结后的相对密度大部分在 98％以上。磁脉冲压实的粉末压坯密度比常规静压的高，其烧结后的密度也较高。

由于磁脉冲压实既可实现轴向压实，又可以实现径向压实，所以在功能材料成形中具有很大的应用前景。利用其径向压实可以成形较长的线材和带材，利用其轴向压实可以成形密度均匀的高密度块体。

桂衍旭[48]采用磁脉冲压实的方法对碳化硅粉末进行压实，获得的压坯相对密度达到 75.6％，比常规模压的高 7％。

4. 磁脉冲压实在锂离子电池组件成形中的应用

荷兰的 Jak 等利用磁脉冲压实法制备锂离子电池组件[49,50]，如 Li_xBPO_4 陶瓷固体电解质、石墨阳极材料、全固态可充电锂离子电池等，并且对致密效果与爆炸粉末烧结进行了分析和比较，得出磁脉冲压实效果优于爆炸粉末压实的结论。图 9-9 为荷兰的 Jak 使用的磁脉冲压实的工装图，从图中可以看出，此工装中含有真空箱，可以在抽真空或通保护气体的条件下进行磁脉冲压实。

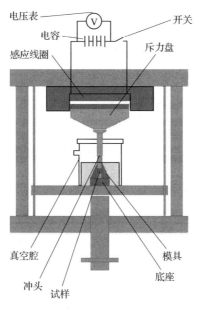

图 9-9 磁脉冲压实的工装图[43]

5. 磁脉冲压实的数值模拟研究

武汉理工大学的黄尚宇等研究了人工神经网络在粉末低电压磁脉冲压实中的应用[51],建立了基于整体系统的磁脉冲压实人工神经网络模型,并编制了计算机程序。2006 年,他们用有限元分析软件 ANSYS,针对间接加工模式下的功能陶瓷粉末低电压磁脉冲压实进行数值模拟研究[52],对该工艺所涉及的电路、电磁场以及粉末压制三个方面,分别进行了较为系统的模拟研究,考察了各种成形参数对粉末压制结果的影响规律。俄罗斯的 Ivanov 等对径向磁脉冲压实进行了模拟[53-55],并对径向压实的数学模型进行了研究,通过设置初始参数可以预测压坯的密度和均匀性。

Olevsky 等[56]利用磁脉冲压实的方法对纳米氧化铝粉末进行了轴向压实,并提出了脉冲磁场与磁脉冲压实的理论模型。

磁脉冲压实的试验研究比较多,而压实机理研究较少。

9.2 磁脉冲压实数值解析及有限元模拟

9.2.1 磁脉冲压实方程的建立

由于磁脉冲压实分为轴向压实和径向压实,所以磁脉冲压实方程也分轴向压实方程和径向压实方程。其中轴向压实方程是李春峰老师课题组多年的研究结果,以 Ti6Al4V 粉末为研究对象[23],对于其他粉末可以借鉴此方法及思路。俄罗斯的 Ivanov 等建立了一个半经验的轴向压实方程[55],并且也建立了径向压实方程[53,55]。这里首先介绍轴向压实方程,然后介绍径向压实方程。

1. 轴向磁脉冲压力的测量

磁脉冲压力的测量使用压电冲击力传感器。当电荷放大器的灵敏度设为 1pC/N 时,求解冲击力的表达式为

$$F = U/(K_1 K_2) \tag{9-1}$$

式中,F 为测得的冲击力(单位:N);U 为测量时输出到示波器上的电压值(单位:mV);K_1 为电荷放大器放大/缩小倍数(单位:mV/pC);K_2 为传感器灵敏度(单位:pC/N)。

图 9-10 为冲头的磁脉冲压力随时间的变化曲线。从图中可以看出,磁脉冲压力呈锯齿形,并且压力降到零以后,又经过一段时间出现一个波峰,这主要是由铁磁性线圈套反弹后造成的。当放电电压比较高时,这个力也是比较大的。随着放电电压的增加,磁脉冲压力峰值不断增大。

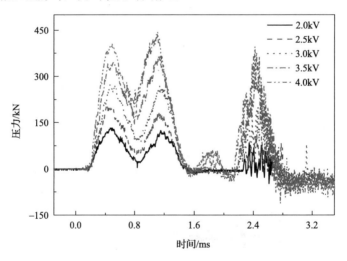

图 9-10　冲头的磁脉冲压力随时间的变化曲线

图 9-11 为放电电压 3.5kV 时垫块的力随时间的变化。从图中可以看出,磁脉冲压实力穿过粉末以后,其波形发生了明显的变化,是一个单峰的波形。但是压力峰值是比较大的,这说明冲击波能量有一部分传递到了垫块,作为其弹性变形能。粉末压实时,大部分能量被粉末吸收,当坯体被压实到最大密度后,垫块的力

达到最大。据此可以得出粉末压坯密度达到最大时所用的时间。

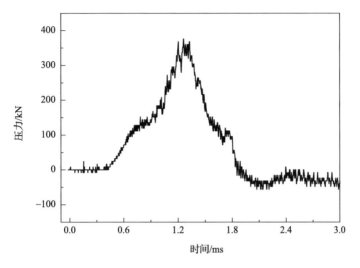

图 9-11　放电电压 3.5kV 时垫块的力随时间的变化

2. 轴向磁脉冲压实参数的计算

磁脉冲压实的平均速度可以表示为

$$V_a = H/t_{\max} \tag{9-2}$$

式中，V_a 为磁脉冲压实的平均速度（单位：m/s）；H 为冲头的行程（单位：m）；$t_{\max}$ 为垫块的压力达到最大值时所用的时间（单位：s）。

磁脉冲压实的压实能量可以表示为

$$W = F_{\max} H \tag{9-3}$$

式中，W 为磁脉冲压实能量（单位：J）；$F_{\max}$ 为磁脉冲压实力的峰值（单位：N）。

磁脉冲压实过程是一个脉冲放电过程，即储能电容器通过线圈向驱动片放电并产生相互排斥的磁场力，磁场力推动驱动片和放大器以及冲头对粉末进行压实。电容器储存的能量可以表示为

$$W_0 = \frac{1}{2}CU^2 \tag{9-4}$$

式中，W_0 为电容器储存能量（单位：J）；C 为电容器电容量（单位：F）；U 为电容器放电电压（单位：V）。

电容器储能 W_0 在放电过程中通过以下几个部分消耗：W（粉末磁脉冲压实能量，单位：J），W_1（摩擦消耗的功，单位：J），W_2（磁场渗入驱动片所消耗的功，单位：

J），W_3（放电线圈的电阻热损耗，单位：J），W_4（磁场剩余能量，最后也转化为热，单位：J），W_5（冲击波穿过粉末对垫块做的功，单位：J）。以上六项中，仅 W 为有用功，成形效率 η 可以表示为

$$\eta = \frac{W}{W_0} \times 100\% \tag{9-5}$$

可见，欲提高成形效率必须设法减小 $W_1 \sim W_5$。

要减小 W_1，可以选用适当的润滑剂涂于凹模内壁。要减小 W_3，就必须减小磁场的渗透深度，减小涡流损耗。由渗透深度公式

$$d = \sqrt{\frac{2\sqrt{LC}}{\mu\gamma}} \tag{9-6}$$

式中，d 为渗透深度（单位：m）；L 为放电电感（单位：H）；μ 为磁导率（单位：H/m）；γ 为电导率（单位：S/m）。

可见，合理选择放电电感及电容的值，便能减小磁场渗透深度，提高成形效率[57]。要减小 W_3，就必须选用电阻率小的材料来缠制线圈，同时也可加大导线截面和减小线圈长度。对于 W_4 这部分能量没法减小，但是对于平板线圈的成形，这部分能量要大于 W_0 的一半，所以应该设法利用这部分能量。要减小 W_5，可以采用增加粉末高度的方法。

当放电电容为 2304μF，Ti6Al4V 粉末质量为 7g，不同放电电压下测量并计算得到的数据如表 9-1 所示。从表中可以看出，随着放电能量的增加，能量利用率基本上是增大的，但是总的来看，能量利用率比较低。

表 9-1　放电电压对压实参数的影响

放电电压 /kV	放电能量 /J	压实能量/J	能量利用率/%	磁脉冲压力峰值/kN	冲头行程/mm	平均压实速度/(m/s)	冲头压力峰值/MPa
2.0	4608	477.84	10.37	132	3.62	4.36	420.38
2.5	7200	844.76	11.73	196	4.31	5.19	624.20
3.0	10368	1283.84	12.38	272	4.72	5.69	866.24
3.5	14112	1851.96	13.12	366	5.06	6.10	1165.61
4.0	18432	2313.24	12.55	444	5.21	6.28	1414.01

压实速度对压坯密度的影响，如图 9-12 所示。从图中可以看出，随着压实速度的增加，压坯密度呈线性单调升高。这说明可以通过提高压实速度的办法来提高压坯密度。在其他条件不变的情况下，根据动量和能量守恒的原则可知，减小放大器的质量可以提高压实速度。

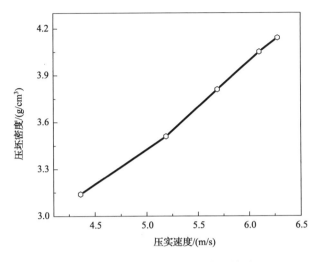

图 9-12　压实速度与压坯密度的关系

3. 轴向磁脉冲压实的能量密度与压坯孔隙率的关系

果世驹等对高速压制致密化机制进行了探讨,提出了"热软化剪切致密化机制",假设高速压制得到的压坯密度与热软化区域的量有关,热剪切带的量与外加冲击的能量密度 E 相关,既与能够升高的温度相关,也与产生剪切带的"缺口"的数量或压坯的孔隙率 φ 相关。并假定剪切带温度随外加冲击能量按指数规律上升,于是,高速压制生坯的相对密度随外加冲击能量密度的变化关系为[58]

$$d(1-\varphi) = k_1\varphi\exp[k_2(1-E/\Delta H_L)]dE \tag{9-7}$$

将上式积分后得

$$\ln\varphi = k_1\Delta H_L\exp[k_2(1-E/\Delta H_L)]/k_2 + c \tag{9-8}$$

式中, k_1 为系数; k_2 为系数; ΔH_L 为粉末材料的熔化潜热(单位:J/g); E 为压实能量密度(单位:J/g); c 为常数。

选用文献[59]中钛的剪切带温度 800℃ 进行计算。可得: $k_2=0.12$, $k_1=5.05\times10^{-3}$, $c=-1000.82$。即对于 Ti6Al4V 粉末压坯有

$$\ln\varphi = 887.78\exp(0.12 - 5.69\times10^{-6}E) - 1000.82 \tag{9-9}$$

由上式和试验数据绘制能量密度 E 与压坯孔隙率 $\ln\varphi$ 的关系,如图 9-13 所示。从图中可以看出,试验值和计算值吻合较好。表明上式能很好地预测 Ti6Al4V 粉末磁脉冲压实能量密度与压坯孔隙率的关系。同时也表明 Ti6Al4V 粉末磁脉冲压实时,粉末颗粒表面的温度可以达到 800℃。

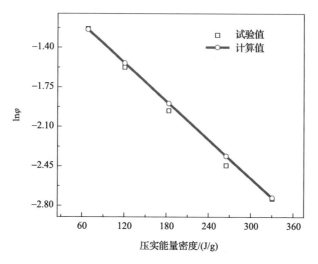

图 9-13　剪切带温度为 800℃ 时能量密度 E 与压坯孔隙率 $\ln\varphi$ 的关系

综合考虑粉末松装高径比和压实温度的影响,得出磁脉冲压实的能量密度与压坯孔隙率的关系通式为

$$\ln\varphi = k_1 \Delta H_L \exp(k_2\{1 - E[1 + K_3(h - h_0)/D$$
$$+ K_4(T - T_0)/(T_m - T_0)]/\Delta H_L\})/k_2 + c \qquad (9\text{-}10)$$

Ti6Al4V 粉末磁脉冲压实能量密度与压坯孔隙率关系通式为

$$\ln\varphi = 887.78\exp\{0.12 - E[1 - 0.73(h - 7.66)/D$$
$$+ 1.09(T - 20)/1580]\} - 1000.82 \qquad (9\text{-}11)$$

4. 轴向磁脉冲压力与压坯密度的关系

从 1923 年以来,国内外很多学者对粉末压制成形规律进行了研究,提出了上百个压形理论和压制方程式。但是通过实践验证都存在着不同的问题,所以不是每个压制方程都适合某一特定的粉末材料在一定条件下的压制。本书试用过几个著名的粉末压制方程,发现黄培云方程比较适合 Ti6Al4V 粉末的磁脉冲压实。黄培云方程是在考虑非线性弹滞体特征和压形时应变大幅度变化事实的基础上提出的[60],其形式为

$$n\lg\ln\frac{(\rho_m - \rho_0)\rho}{(\rho_m - \rho)\rho_0} = \lg P - \lg M \qquad (9\text{-}12)$$

式中,ρ 为压坯密度(单位:g/cm^3);ρ_0 为粉末压制前的密度(单位:g/cm^3);ρ_m 为致密金属的密度(单位:g/cm^3);P 为压制压应力(单位:MPa);M 为压制模量(单

位:MPa);n 为粉末体压制过程的非线性指数,$n=1$ 时,无硬化出现。

　　式(9-12)中 M 相当于硬化指数,它的量纲与 P 相同,M 值的大小表征粉末体压制的难易,M 值越大表示粉末体越难压制。n 值的大小表征粉末体压制过程中硬化趋势的大小,n 值越大,表示粉末体硬化趋势越强。$n=1$ 时,表示粉末体在压制过程呈线性变化,全无硬化趋势。一般情况下 $n>1$。

　　将式(9-12)改写一下,即为

$$\lg P = n\lg\ln\frac{(\rho_m - \rho_0)\rho}{(\rho_m - \rho)\rho_0} + \lg M \tag{9-13}$$

由上式可知,$\lg\ln\dfrac{(\rho_m - \rho_0)\rho}{(\rho_m - \rho)\rho_0}$ 与 $\lg P$ 呈直线关系,符合线性方程 $Y = Kx + b$ 最普通的形式,直线的斜率即为 n,直线与纵轴的截距为 $\lg M$。利用试验数据进行拟合便可得到 n 与 M 的值。7g Ti6Al4V 粉末在室温下磁脉冲压实的双对数曲线如图 9-14 所示。从图中可以看出,试验数据呈直线关系,这表明了黄培云方程对 Ti6Al4V 粉末的磁脉冲压实具有很好的适应性。

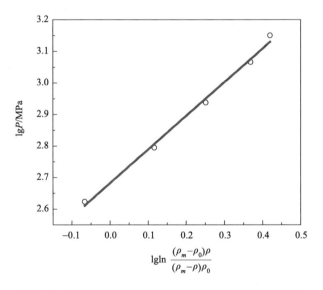

图 9-14　Ti6Al4V 粉末室温下磁脉冲压实的双对数曲线

　　经过对试验数据进行线性拟合得出 $n=1.07, M=478.63\text{MPa}$。由于 n 值比较小,且接近于 1,这表明磁脉冲压实的硬化趋势非常小。这主要是因为磁脉冲压实的时间非常短,颗粒之间摩擦产生的热量使得颗粒表面软化。M 值比较大,这表明 Ti6Al4V 粉末的压缩性比较差。Ti6Al4V 粉末室温下磁脉冲压实的压制方程为

$$\lg P = 1.07 \lg n \frac{(\rho_m - \rho_0)\rho}{(\rho_m - \rho)\rho_0} + \lg 478.63 \tag{9-14}$$

由式(9-14)经过变换得到的室温下磁脉冲压力与压坯密度的关系式为

$$\rho = \frac{9.968 e^{\left(\frac{P}{478.63}\right)^{0.94}}}{2.25 e^{\left(\frac{P}{478.63}\right)^{0.94}} + 2.18} \tag{9-15}$$

由式(9-15)和试验数据可得 Ti6Al4V 粉末的磁脉冲压力与压坯密度的关系曲线,如图 9-15 所示。从图中可以看出,试验值和计算值吻合较好。

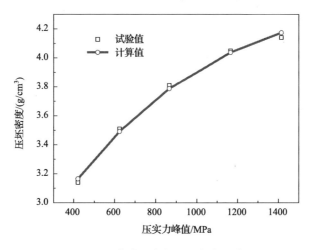

图 9-15　磁脉冲压力与压坯密度的关系

综合考虑粉末高径比和压实温度的影响,得出磁脉冲压力与压坯密度的关系通式为

$$\rho^3 = f_1 \frac{(h - h_1)}{D} + f_2 \frac{(T - T_0)}{(T_m - T_0)} + \frac{9.968 e^{\left(\frac{P}{478.63}\right)^{0.94}}}{2.25 e^{\left(\frac{P}{478.63}\right)^{0.94}} + 2.18} \tag{9-16}$$

把相关数值代入式(9-36)后可得 Ti6Al4V 粉末磁脉冲压力与压坯密度的关系通式

$$\rho^3 = \frac{0.54(T - 20)}{1580} - \frac{0.48(h - 10.32)}{D} + \frac{9.968 e^{\left(\frac{P}{478.63}\right)^{0.94}}}{2.25 e^{\left(\frac{P}{478.63}\right)^{0.94}} + 2.18} \tag{9-17}$$

5. 半经验轴向压实方程

研究中使用两种纳米粉末,分别为$(Al + 1.3\%Mg)_2O_3$(简称为 AM)和 $Al_2O_3 +$

$4\%\mathrm{MgAl_2O_4}$(简称为 α-AM)[①]。颗粒材料在压实过程中,可以看成是连续的不可压缩的颗粒。根据贝尔特拉米假说,多孔介质的弹性应变能达到一个临界值时将发生塑性变形。在此条件下,应力表面将变成凸面、闭合及光滑,表达式为

$$\frac{p^2}{\psi(\theta)} + \frac{\tau^2}{\phi(\theta)} = (1-\theta)k^2 \tag{9-18}$$

式中,$p = -\dfrac{1}{3}\sigma$ 是应力张量 $\boldsymbol{\sigma}^{ij}(\sigma = \mathrm{Tr}\boldsymbol{\sigma}^{ij})$ 的流体静力组分。τ 是应力偏量,$\tau^{ij} = \sigma^{ij} + pg^{ij}(\boldsymbol{g}^{ij}$ 是度量张量)。θ 是孔隙率,k 是材料的屈服强度。多孔材料弹性模量的表达式为 $\xi = 2\eta_0\psi(\theta)$,体积黏度与剪切黏度的表达式为 $\eta = \eta_0\phi(\theta)$,其中 η_0 是多孔体结构的剪切黏度。

累计变形 Γ_0 与外部压力 P_z 的关系式($P_z = -\sigma_z$,σ_z 是张量 $\boldsymbol{\sigma}^{ij}$ 的主要组成部分):

$$\Gamma_0 = \int_\theta^{\theta_0} \sqrt{\psi + \frac{2}{3}\phi}\,\frac{\mathrm{d}\theta}{(1-\theta)^{3/2}} \tag{9-19}$$

$$p_z(\theta,\theta_0) = \left(\psi + \frac{2}{3}\phi\right)^{1/2}(1-\theta)^{1/2}k(\Gamma_0) \tag{9-20}$$

式中,θ_0 是介质初始的体积孔隙率(AM 粉末的 $\theta_0 \approx 0.79$,α-AM 粉末的 $\theta_0 \approx 0.73$)。

6. 径向磁脉冲压实方程

研究中考虑粉末的径向圆柱轴对称,并且在对称轴上有一个半径为 r_m 的钢棒。在柱坐标系中 (r,ϕ,z),应变率场具有如下形式 $v = (v(r),0,0)$ 并且张量 $e^i_{;j}$ 非零的主要组分为 $e_r = v'$,$e_\phi = v/r$(对于 r 衍生的主要标记为 $v' = \dfrac{\partial v}{\partial r}$)。应力张量 $e^i_{;j}$ 的主要组分包括:σ_r,σ_φ 和 σ_z。

对于压实的圆柱体的外径 $(r_0 = R)$,建立了孔隙率与外加压力的关系式 $p_r = -\sigma_r$。特别当 $R \gg r_m$ 时,得到如下公式:

$$p_r = \left(\psi + \frac{\phi}{6}\right)^{1/2}(1-\theta)^{1/2}k(\Gamma_0)$$

$$\Gamma_0 = \int_\theta^{\theta_0} \sqrt{\psi + \frac{\phi}{6}}\,\frac{\mathrm{d}\theta}{(1-\theta)^{3/2}} \tag{9-21}$$

---

① 　这里的 1.3% 和 4% 均指质量分数。

9.2.2 磁脉冲压实有限元分析

磁脉冲压实过程是电场、磁场及粉末压实相互耦合的过程,所以磁脉冲压实理论分析主要为电磁场分析和粉末压实分析。磁脉冲压制方程只能从宏观上描述粉末压实过程中各参数之间的关系,但无法对整个粉末压实过程进行准确完整的描述。随着计算机能力的迅速提高及有限元技术的发展,数值模拟技术已成为研究问题的一种有效的方法,是理论研究的主要手段之一。在有限元理论分析的基础上,采用松散耦合法,在商业有限元软件 ANSYS 中,将放电回路简化为一个 RLC 电路,研究放电参数对线圈放电电流的影响。把模拟得到的电流作为边界条件,利用 ANSYS/Multiphysics 模块建立电流激励的电磁场模型,研究铁磁性线圈套对磁场和磁压力的影响[23,52]。以磁压力为边界条件,可以在 MSC. MARC 中,利用 powder 模块和 Shima 屈服准则建立粉末压实模型[23],也可以在 ANSYS 中利用 Drucker-Prager 材料模型,研究工艺参数对压坯相对密度和压实速度的影响。有限元分析对工艺研究具有重要的指导意义,并对工艺研究起到部分替代作用。

1. 耦合方法选择

耦合场分析是指在有限元分析过程中考虑 2 种及以上工程学科(物理场)的相互影响(耦合)和交叉作用。磁脉冲压实是电磁成形的一个应用分支,其理论研究与电磁成形理论研究相辅相成。电磁成形过程涉及多个学科的内容,目前还无法求解变形过程中耦合的热塑性动力学方程、电动力学方程,所以理论研究主要集中在电磁场分析和工件变形分析。在 ANSYS 多物理场分析环境下,存在三种方法可以实现对电磁成形中电磁-结构耦合问题的分析,即直接耦合法、顺序耦合法和松散耦合法[61,62]。由于磁脉冲压实过程的放电时间远小于粉末压实的时间,可以忽略粉末压实对磁场力的影响,所以在进行磁脉冲压实分析时采用松散耦合的求解方式。松散耦合法的计算流程如图 9-16 所示。

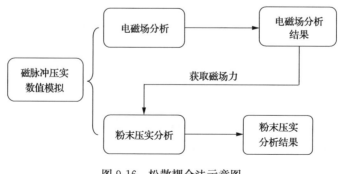

图 9-16 松散耦合法示意图

2. 粉末磁脉冲压实有限元分析

磁脉冲压实理论分析可在有限元软件 MSC. MARC 中进行,采用基于更新拉格朗日方法的热-机耦合方法。

一些材料在某一加工阶段具有颗粒特性,尤其是在粉末锻造和热等静压过程中。这些材料的性质是温度和密度的函数。土介质材料模型和粉末材料具有一些相同的性质。MSC. MARC 集成了这个模型,利用塑性力学求解。

(1)模型和单元的选取。由于磁脉冲压实模型具有空间对称体的特征,所以,在建模时只需选取任意对称轴的 1/2 即可。驱动片、放大器和上冲模简化为一体。模型采用具有网格自动划分功能的 4 节点平面单元,粉末材料选用 powder 模块,其采用的是 Shima 屈服准则。

(2)网格划分。由于粉末区域为矩形,因而采用映射网格划分;鉴于放大器-冲模区域几何形状较为复杂,因而采用自由网格划分。网格划分后的模型如图 9-17 所示。

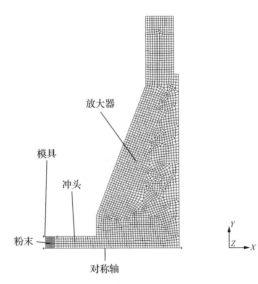

图 9-17　划分网格后的粉末压制模型

(3)粉末材料参数设置。初始粉末体的相对密度 ρ 为 0.51,弹性模量 E(单位:Pa)随相对密度变化关系可以表示为[63]

$$E = E_0 \rho^{3.2} \tag{9-22}$$

泊松比随相对密度的变化关系式为[64]

$$\nu = \nu_0 e^{-12.5(1-\rho)^2} \tag{9-23}$$

式中，E_0 和 ν_0 分别为不同温度下致密材料的弹性模量和泊松比。初始屈服应力为 60MPa。

导热系数 λ（单位：$W/(m \cdot K)$）与相对密度之间的关系式可以表示为[63]

$$\lambda = \lambda_0 (1.5\rho - 0.5) \tag{9-24}$$

式中，λ_0 为在不同温度下致密材料的导热系数（单位：$W/(m \cdot K)$）。

由于粉末磁脉冲压实属于瞬态动力学范畴，所以考虑惯性力和阻尼的作用。选用 Raleigh 阻尼，由于磁脉冲压实中坯体质量较小，其结构阻尼可忽略不计。质量阻尼与速度成正比[65]，其阻尼系数 a 为

$$a = \rho^1 v \tag{9-25}$$

式中，ρ^1 为介质密度（单位：kg/m^3）；v 为声速（单位：m/s）。

（4）边界条件的施加。从电磁场模拟结果中提取出驱动片最外层（靠近线圈的那一层）的节点磁感应强度 B（单位：T），然后根据下式计算出节点的磁压力[66]

$$P_m = B^2/2\mu \tag{9-26}$$

式中，P_m 为磁压力（单位：Pa）；μ 为磁导率（单位：H）。磁压力为驱动片半径和时间的函数，把计算得到的磁压力数据存储于记事本中，然后导入 MARC 中的 table，最后在 MARC 中把磁压力施加到驱动片的单元边上。对粉末的左端节点施加 x 方向零位移。并对粉末定义塑性功发热的热边界条件。

（5）接触条件的确定。采用全自动接触功能进行接触定义，先定义粉末为可变形接触体，然后定义放大器-冲模为变形体。凹模定义为刚性接触体，定义 x 轴为对称体，设定接触时环境温度，并定义接触表，输入分离极限值和摩擦系数。选用基于节点应力的库仑摩擦模型。

（6）求解方法的设置。粉末压实过程是一个典型的几何非线性、材料非线性、边界条件非线性三者合一的组合非线性问题。迭代方法采用了修正的牛顿-拉夫森法。选用大位移、大应变以及更新拉格朗日方法。采用直接约束法来施加接触约束。

磁脉冲压实理论分析也可在有限元软件 ANSYS 中进行，利用 Plane82 单元对放大器、凸模和粉末进行建模。对于粉末压制的模拟有以下几个过程。

（1）单元类型的选择与设置。对于放大器、凸模以及粉末均采用 Plane82 单元对其进行建模，并且需要设置该单元为轴对称单元（即 keyopt(3)=1）。

（2）材料属性的设置。在压制过程中，放大器与凸模紧密地连接在一起，并且两种材料的力学性能相近，为了简化计算，在模拟中采用一个区域对两者进行模拟。由于对粉末进行压制时，放大器-凸模区域始终处于弹性变形的阶段，所以只需要定义该部分材料的弹性模量（EX）和泊松比（PRXY）；由于粉末材料产生了塑

性变形,除了需要定义其弹性模量(EX)和泊松比(PRXY),还需要定义其 Drucker-
Prager 材料属性参数。

(3) 建立模型。分别对放大器-凸模和粉末进行建模。

(4) 划分网格。由于加载的需要,在对放大器-凸模区域进行网格划分的时候
应当注意与驱动片的网格尺寸相匹配,此外由于该区域的几何形状较为复杂,因而
在设定了网格尺寸后,对其进行自由网格划分。对于粉末区域,鉴于其几何形状为
矩形,因而对其采用映射网格划分。

(5) 设置边界条件。根据实际的工况,施加对应的位移及对称边界条件。

(6) 设置载荷。首先,从电磁场模拟得到的电磁力文件读入到参数数组中。
在对模型施加载荷时,可以通过一个循环(＋DO)将某一时刻下的电磁力施加在相
应的节点位置上。

(7) 求解。对于粉末压制部分的求解,由于载荷为冲量,在压制成形的过程
中,模型已经处于瞬态动力学的分析范畴。载荷和时间的相关性使得惯性力和阻
尼作用比较重要,亦即放大器、凸模和粉末的位移、速度以及加速度对压制过程的
影响已不能忽略。为了提高求解精度设置求解精度为双精度(PREC)。此外,由
于粉末的变形属于大应变的范畴,因而还须设置大应变选项(NLGEOM),求解通
过载荷文件进行求解(LSSOLVE)。

图 9-18 为室温下放电电压对 Ti6Al4V 粉末压坯平均相对密度的影响。从图
中可以看出,随着放电电压的增加,平均相对密度不断升高;当放电电压超过
3.0kV 时,其增幅不断减小。出现以上现象的原因为,当放电电容固定时,放电电
压的大小决定着放电能量的大小,所以随着放电电压的增加,放电能量不断提高,

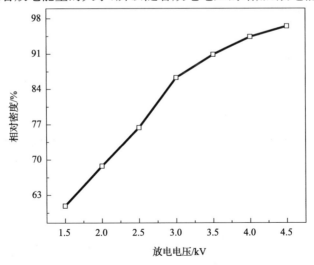

图 9-18　放电电压对平均相对密度的影响

从而导致压实力增加,平均相对密度不断增加;但是随着密度的提高,压坯的屈服强度提高,所以平均相对密度的增幅减小。

图 9-19 为放电电压 3.5kV 时 Ti6Al4V 粉末压实温度对压坯平均相对密度的影响。从图中可见,随着温度的升高,平均相对密度不断增加。这是由于随着温度的升高,粉末的塑性增强,屈服强度下降。

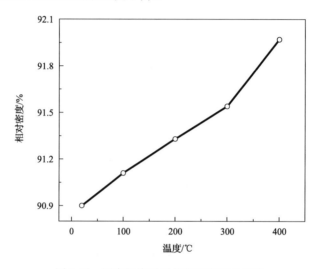

图 9-19　压实温度对平均相对密度的影响

TiO₂ 粉末的磁脉冲压实后的平均相对密度如图 9-20 所示[65]。从图中可见,随着电压的增加,压坯的相对密度有所增加,在电压 900V 时达到最大,随后又有所降低,可见陶瓷粉末的压制电压有一个最佳范围。

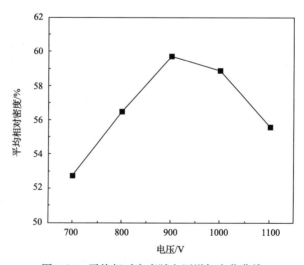

图 9-20　平均相对密度随电压增加变化曲线

3. 粉末磁脉冲压实微观有限元分析

为了进一步对磁脉冲压实机理进行研究,通过数值模拟的方法从微观上对磁脉冲压实过程中颗粒间的变形机理进行分析。首先用二维数值模拟的方法从微观上对磁脉冲压实过程中的颗粒变形和颗粒间孔隙塌缩进行了分析,把模拟得到的压实速度作为边界条件,利用 Johnson-Cook 本构关系建立粉末微观变形模型,采用热机耦合的方法,利用 MSC. MARC 软件对粉末颗粒间的微观变形和传热进行研究;然后通过压坯显微形貌分析观察了颗粒间的冶金现象最后综合分析,提出磁脉冲压实机理。

(1) 几何模型与有限元模型。数值模拟中采用的模型如图 9-21 所示,粉末颗粒简化成直径为 50μm 的圆,其四周为刚性墙,其中上面的刚性墙以一定的速度撞击粉末颗粒,其余的刚性墙固定。从模型中可以清楚看到颗粒及其周围孔隙,用这一模型可对压实过程中颗粒表面局部大变形进行有效分析。采用 4 节点 2 维实体单元对颗粒进行单元网格划分,网格尺寸为 2.5μm。

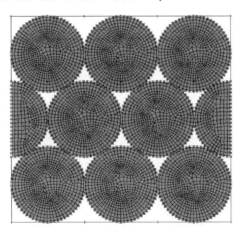

图 9-21　微观变形数值模拟模型图

(2) 材料模型及参数设置。给材料选择合理的本构关系是进行可靠数值模拟的基本条件。磁脉冲压实过程是一个高速冲击的过程,涉及材料的应变强化、应变速率强化及热软化等参数。Johnson-Cook 模型是一种热粘塑性本构关系,这一模型可较好地描述金属材料的加工硬化效应、应变率效应和软化效应,适用于各种晶体结构,主要应用于爆炸成形、弹道侵彻和冲击问题中。其一般形式为

$$\sigma = (A + B\varepsilon^n) \cdot (1 + C\ln\dot{\varepsilon}^*) \cdot (1 - T^{*m}) \tag{9-27}$$

$$\dot{\varepsilon}^* = \frac{\dot{\varepsilon}}{\dot{\varepsilon}_0} \tag{9-28}$$

$$T^* = \frac{T - T_r}{T_m - T_r} \qquad\qquad (9\text{-}29)$$

式中，A 为材料在准静态下的屈服强度（单位：Pa）；B、n 为应变硬化影响系数；C 为应变速率敏感指数；m 为温度软化系数；ε 为等效塑性应变；$\dot{\varepsilon}$ 为应变速率；$\dot{\varepsilon}_0$ 为参考应变速率；T 为材料温度（单位：℃）；T_r 为室温（单位：℃）；T_m 为材料熔点（单位：℃）。

式(9-27)描述了材料的应变强化效应；式(9-28)描述了材料的应变速率强化效应；式(9-29)描述了材料的温度软化效应。由于形式简单、使用方便，这一模型得到了广泛的应用。本书中的计算采用此模型，其相关的参数如表 9-2 和表 9-3 所示。

表 9-2　室温下数值模拟中所用的材料参数

符号	含义	材料常数值
A（单位：Pa）	屈服应力常数	1.098×10^9
B（单位：Pa）	应变硬化常数	1.092×10^9
n	应变硬化指数	0.93
c	应变率相关系数	0.014
m	温度相关系数	1.1
T_m（单位：℃）	材料熔点	1630
T_r（单位：℃）	室温	20

表 9-3　与温度相关的数值模拟中的材料参数

温度/℃	20	100	200	300	400
屈服应力常数 A/Pa	1.098×10^9	7.9×10^8	7.07×10^8	6.3×10^8	5.86×10^8
弹性模量/Pa	1.12×10^{11}	1.1×10^{11}	1.04×10^{11}	9.8×10^{10}	9.2×10^{10}
泊松比	0.34	0.34	0.34	0.35	0.37
热传导率/(W·m^{-1}·K^{-1})	6.8	7.4	8.7	9.8	10.3
比容/(J·kg^{-1}·K^{-1})	611	624	653	674	691
热胀系数/K^{-1}	6.8	7.4	8.7	9.8	10.3
环境温度/℃	20	100	200	300	400

（3）边界条件的施加。由于磁脉冲压实属于大变形，所以对粉末颗粒定义塑性功发热的热边界条件。

（4）接触条件的确定。采用全自动接触功能进行接触定义，先定义每个粉末颗粒为可变形接触体,然后定义刚性墙为刚性接触体,设定接触时环境温度,并定义接触表,摩擦系数为0.4。选用基于节点应力的库仑摩擦模型。定义活动刚形体的速度,其值为粉末压实数值模拟中得到的冲头的最大速度,不同的放电电压对应不同的速度。

(5) 求解方法的设置。粉末压实过程是一个典型的几何非线性、材料非线性、边界条件非线性三者合一的组合非线性问题。迭代方法采用了修正的牛顿-拉夫森法。选用大位移、大应变以及更新拉格朗日方法。采用直接约束法来施加接触约束。

压实温度为室温,放电电压为 3.5kV 时磁脉冲压实的颗粒变形过程,如图 9-22 所示。上边界为刚性墙,向下以 8.61m/s 的速度撞击粉末颗粒。从数值模拟的结果看,在刚性墙的冲击加载下,颗粒在极短的时间内发生了较大的变形,孔隙闭合的时间仅为 2.779μs 左右。从单个颗粒来看,每个颗粒都发生了较大的变形,颗粒的变形主要集中于其表面层,而颗粒内部变形则小得多。并且单个颗粒一周不同位置的变形方式和变形量不同,与之相对应,也将存在不同的沉能方式。由

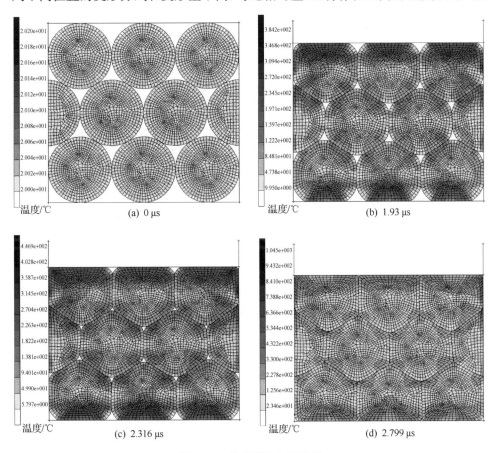

图 9-22　粉末颗粒变形过程

于磁脉冲压实过程中。颗粒温升主要由极短的时间内塑性大变形引起的,故与之相对应颗粒温升主要集中于颗粒表面层。随着颗粒变形的增加,粉末颗粒的整体温度和表面温度都不断升高。当时间为 2.779 μs 时,颗粒局部温度已达到 1045℃。颗粒整体温度的升高是由冲击压力对颗粒整体绝热压缩造成的。

压实温度为室温时,放电电压对粉末颗粒变形和温度的影响,如图 9-23 所示。

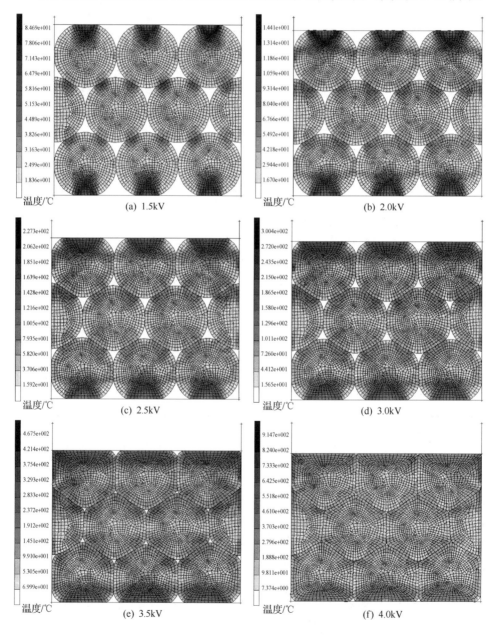

(a) 1.5kV

(b) 2.0kV

(c) 2.5kV

(d) 3.0kV

(e) 3.5kV

(f) 4.0kV

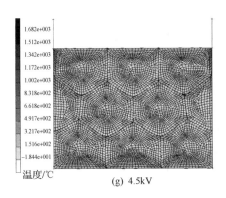

图 9-23　放电电压对颗粒变形及温度的影响

随着放电电压的增加,颗粒的变形越来越大,孔隙越来越小,颗粒表层的温度越来越高。可见,增加放电电压(即增加压实速度),可以有效地提高颗粒的变形量,增加颗粒表面的温度。当放电电压为 4.5kV 时,颗粒表面层的最高温度达到了 Ti6Al4V 的熔点。这表明当放电电压超过 4.5kV(即压实速度超过 11.2m/s)时,颗粒表层将出现熔化现象。

9.3　粉末磁脉冲压实工艺分析

9.3.1　温度对 Ti6Al4V 粉末压坯性能的影响

在每个温度条件下压制三个试样,然后拟合出温度对氢含量 0.01% 的 Ti6Al4V 粉末压坯相对密度的影响规律曲线。图 9-24 为温度对压坯相对密度的影响规律曲线,从室温到 500 ℃ 的区间内,粉末压坯的相对密度随着温度的升高而增大。相对密度随温度的增加而上升,这是由于随着温度的升高,增加了粉末颗粒之间重排的机会,并促进小粉末颗粒填充到大粉末颗粒的间隙中,粉末颗粒的屈服强度、加工硬化速度和程度均有所降低,增大了粉末颗粒的塑性变形能力,以上因素使得粉末压坯密度不断升高。虽然粉末压坯的相对密度随着温度的升高而增加,但是随着温度的增加,加热时间和消耗的能量也在增加,而且当加热温度超过 400℃ 以后模具就会有一层氧化物生成,凸模和凹模在高温高压下也会产生一定的变形,综合考虑以上因素,制定各氢含量 Ti6Al4V 粉末的压实试验温度为20~ 400℃。

9.3.2　放电电压对 Ti6Al4V 粉末压坯性能的影响

由于作用于驱动片的磁压力峰值与放电电压平方成正比,放电电压对粉末压坯的相对密度有直接的影响。在设备允许条件下,以氢含量 0.01% 的 Ti6Al4V 粉

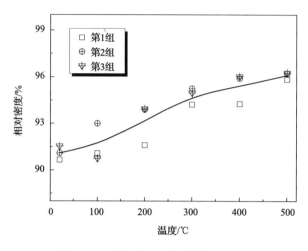

图 9-24　温度对压坯相对密度的影响

末为原料,试验的参数设为:放电电压分别为 2.75kV、3.0kV、3.25kV、3.5kV,压实温度为 200℃。图 9-25 为放电电压对压坯相对密度的影响。由图可知,随着放电电压的增加,压坯相对密度近似单调增加。

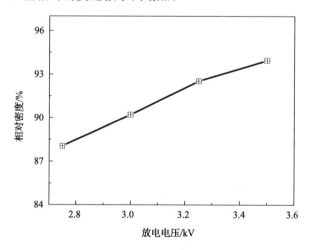

图 9-25　放电电压对压坯相对密度的影响

9.3.3　加热温度对 Cu 粉末压坯密度的影响

电容为 $8 \times 192 \mu F$,放电电压为 3.0kV,温度分别为 20℃,100℃,200℃,300℃时,进行放电压制。由图 9-26 可见,致密度并非随温度的增加而一直上升,而是存在最大值。在放电电压,电容一定的情况下,200℃之前随着温度的升高,致密度逐渐增加。这其中一方面与放电能量及铜粉比较软有关,另一方面,温度在其中起到很大作用。

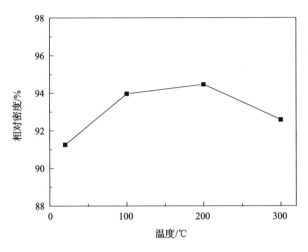

图 9-26　加热温度对压坯致密度的影响

9.3.4　电压对 Cu 粉末压坯密度的影响

从温度的试验可知,当温度为 200℃时,压坯的致密度最高,因此,以后各组试验均在该温度下进行。电容为 $8 \times 192 \mu F$,温度为 200℃,放电电压分别为 3.0kV,3.2kV,3.4kV,3.6kV 时进行放电压制,得到粉末制品的致密度情况如图 9-27 所示。电容、温度不变,放电电压增加,压坯致密度提高。

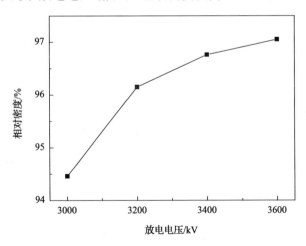

图 9-27　放电电压对压坯致密度的影响

9.3.5　TiO₂ 粉末的磁脉冲压实

试验所用材料为 TiO₂ 粉末,粉末经过预烧、球磨、烘干、碾磨后备用。在 TiO₂ 粉末中加入适量黏结剂(PVC 溶液)、粉末及黏结剂在研钵中充分研磨后,过 40 目筛,再进行压制。压制试验中,主要改变放电电压参数,在 500~1100V 每隔 100V 压制一批试样,以分析放电电压对 TiO₂ 的成型性及最终性能的影响。另外改变电容参量,以分析不同电容下 TiO₂ 粉末的压制性能[65]。

本试验分为单向压制和双向压制两组进行。在 123009F 的电容,通过 15 匝线圈压制 1.5gTiO₂ 粉末,分别将电压调节到 700V,800V,900V,1000V,1100V 成型后试样的平均相对密度如表 9-4 所示。随着电压的增加压坯的相对密度先增加达到最大之后又呈现出下降趋势,可见电压的选取对于压坯相对密度的增加有一个最佳值,单向压制和双向压制放电电压的最佳值均在 900V 左右。

表 9-4　压坯平均密度比较

电压/V	单向压制		双向压制	
	密度/(g/cm³)	相对密度/%	密度/(g/cm³)	相对密度/%
700	2.24	52.53	1.92	45.05
800	2.44	57.34	1.99	46.77
900	2.57	60.33	2.10	49.50
1000	2.50	58.60	2.11	49.70
1100	2.38	55.92	2.10	49.27

9.3.6　PZT 陶瓷粉末的磁脉冲压实

试验所用材料为 Pb(Zr0.5Ti0.5)O₃ PZT 粉末,压制试验中,主要改变放电电压参数,在 400~1200V 每隔 100V 压制一批试样,以分析放电电压对 PZT 的成形性及最终性能的影响。另外改变压制粉末的质量,以分析不同径高比下 PZT 粉末的压制性能。考虑金属粉末在不脱模条件下多次放电压制能取得较好的压制效果,因此对 PZT 陶瓷粉末也进行同样的压制试验,以分析多次压制对制品密度的影响[45]。

图 9-28 为放电电容为 14350μF、放电线圈为 10 匝时改变放电电压、粉末质量和放电次数所获得的压制试样相对密度与放电电压的关系曲线。由图可知,随着放电电压的增加,PZT 生坯压实密度增加,电压较低时(400~500V),密度增加幅度较大,当电压增加到一定值时(600~800V,与毛坯质量和压制次数有关),密度增幅趋缓甚至不再提高,密度-电压分布曲线上出现一段平台。电压分别增加到 700~900V 以上时,密度反而出现下降趋势,放电电压增加到 1000V 时密度下降

较为明显。

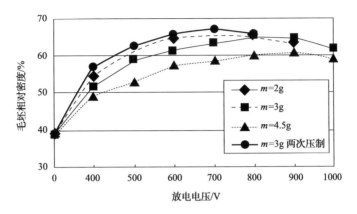

图 9-28　PZT 试样压实密度与放电电压的关系

9.3.7　xPMS-$(1-x)$PZN 陶瓷粉末的磁脉冲压实

为保证合成纯钙钛矿结构的压电陶瓷,采用预合成 $MnSb_2O_6$ 和钙钛矿结构的 PZT,按照配比合成钙钛矿结构的 xPMS-$(1-x)$PZN 压电陶瓷粉末,分别采用普通干压法与磁脉冲粉末压实制备直径为 12m,厚度为 1mm 的圆片。由表 9-5 样品的密度测试结果也可以看出,采用磁脉冲压实法成型样品的致密度基本达到了 95％以上,并且致密度明显高于干压法成型所制备的样品。说明磁脉冲压实法确实可以用于功能陶瓷的制备。这可能是由于磁脉冲压实过程中瞬间的强脉冲,避免了模具强度及颗粒与模具壁之间的摩擦力对压制密度的影响[45]。

表 9-5　陶瓷的体积密度

x	干压法成型		磁脉冲压实	
	密度/(g/cm³)	相对密度/%	密度/(g/cm³)	相对密度/%
0.2	7.39	89.8	7.96	96.8
0.3	7.27	88.5	7.87	95.8
0.4	7.76	95.4	8.00	98.3
0.5	7.81	95.1	8.03	97.8
0.55	7.79	94.7	7.93	96.4
0.6	7.64	92.7	7.92	96.1
0.7	7.65	92.9	7.73	93.9
0.8	7.57	92.4	7.79	95.0

9.3.8　铁磁性纳米粉末的磁脉冲压实

　　直径范围在 20～40μm 的 Fe-6.5％Si 和 Fe-6％Al-9％Si 合金粉末①通过气体雾化法快速凝固获得。气体雾化的粉末在 600℃及 1h 的条件下通过氢-氨混合气体氮化,从而增加粉末的电阻率及脆性。经过氮化后的气体雾化 Fe-6.5％Si 合金粉末通过机械化学工艺的研磨方法形成纳米结构。不同的 Fe-6.5％Si 粉末磁脉冲压实密度如图 9-29 所示。从图中可以看出,随着压实压力从 1.3～1.5GPa 的增加,研磨后的粉末压坯密度不断增加,但是温度对压坯的密度影响很小。在压力为 1.5GPa,温度为 300℃ 时的压坯密度最大,其值为 5.1g/cm³(相对密度约 68.9％)[3]。

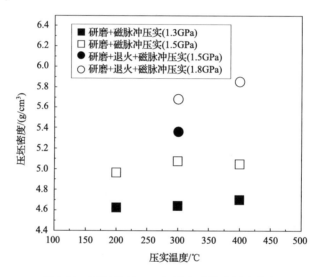

图 9-29　不同的 Fe-6.5Si 粉末磁脉冲压实密度

　　由于压坯的密度与压实粉末的晶体结构有关,所以为了得到更高的密度,需要改变机械研磨粉末的相,从纳米晶＋非晶相转化为纳米晶相。研磨的粉末经过 600℃下 1h 的退火处理后完成了晶型的转变,准变为 α-Fe 相的纳米晶。在压实温度 300～400℃下,退火处理后的粉末压坯密度有较小的提高,其值大在 5.7～5.9g/cm³。在压实温度为 400℃,压力为 1.8GPa 的条件下退火处理后的粉末压坯密度的最大值为 5.9g/cm³,相对密度为 79.7％。

---

　　①　这里的 6.5％、6％和9％均指质量分数。

9.4　磁脉冲压实机理分析

图 9-30 为磁脉冲压实过程的示意图。磁脉冲压实大致可以分为以下三个阶段[23]。

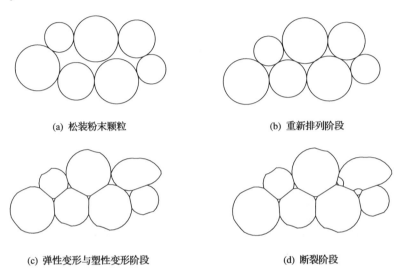

(a) 松装粉末颗粒　　　　　　　　　　(b) 重新排列阶段

(c) 弹性变形与塑性变形阶段　　　　　(d) 断裂阶段

图 9-30　磁脉冲压实过程示意图

（1）粉末颗粒的重新排列阶段。粉末在松装堆集时，表面不规则，彼此之间有摩擦，颗粒相互搭架而形成拱桥孔洞，从而使得粉末的松装密度很低。松散堆集状态下的粉末在极短的时间内受到冲头的快速冲击而发生收缩，颗粒与颗粒表面间以及边际粉末颗粒与凹模壁间，发生碰撞和摩擦，拱桥孔洞遭到破坏，粉末颗粒向邻近的孔隙内充填，并且产生相对滑动和转动等，颗粒重新排列，增加接触，由于磁脉冲压实速度非常快，压实时间非常短，所以在颗粒表面形成大量的热，颗粒间隙中形成高温高压绝热气体。此阶段需要的压实力比较小，压实力做的功大部分转化为颗粒表面的热能和绝热压缩气体的内能。在此过程中，密度随着压实过程的进行急剧增加。

（2）弹性变形与塑性变形阶段。随着磁脉冲压实力的增加，粉末颗粒开始发生弹性变形，当压实力超过粉末的弹性极限时，粉末颗粒发生塑性变形，使颗粒之间的接触面积增加，变形的颗粒进一步填充到颗粒之间的孔隙中，密度进一步增加。颗粒的塑性变形引起其加工硬化，使得颗粒变形所需要的压力增加。在此过程中，粉末颗粒充分接触，粉末颗粒表面发生微摩擦和大变形，使得粉末颗粒的动能以及凸模的动能全部转化为颗粒紧密堆集的接触点处的热能，颗粒间隙中的高温高压绝热气体穿过颗粒交界处形成大量的热,热能使得颗粒接触点升温、焊接,细小颗粒发生熔化。

(3) 粉末颗粒断裂阶段。当磁脉冲压实力超过粉末颗粒的强度极限后,粉末颗粒就产生裂纹甚至断裂。因为在此过程中,颗粒被加工硬化,并且颗粒接触区的面积已经很大,外压力被刚性接触面支持,内部残存的微小孔隙很难消除,所以密度变化很小。唯一提高密度的方式是颗粒碎裂并进一步填充到残存孔隙。

在磁脉冲压实的过程中,这三个阶段的划分,并没有明显的界限,而是相互重叠的,对于不同种类的粉末,这三个的阶段对压坯密度的作用也是不一样的。

根据上述分析,磁脉冲压实的机理可归纳为:粉末颗粒表面的大变形以及微摩擦使得颗粒表面产生大量的热,形成局部焊接;在磁脉冲压实的极短时间内,颗粒间隙内的空气来不及排出在颗粒间隙内形成高温高压绝热气体,此气体穿过颗粒之间时产生大量的热,使得颗粒之间发生局部焊接。

9.5　展　　望

磁脉冲压实是一种先进的粉末压实技术,可以压制各种金属及非金属粉末,它为传统压制方式不易压制的纳米等超细粉末的压实提供了先进的、有效的途径,具有广阔的应用前景。截至目前,国外发达国家对该工艺进行了较多相关研究,并向工业化阶段发展,而国内研究尚处于试验研究的起步阶段,仅仅对该工艺进行了一系列可行性研究和验证。国内关于磁脉冲压实基础理论的研究工作很少涉及。因此应该开展磁脉冲压实理论和工艺的研究,进一步完善磁脉冲压实理论,促进其工业化应用,缩短与发达国家的差距。

参 考 文 献

[1] Yu H P, Li C F. Dynamic compaction of pure copper powder using pulsed magnetic force. Acta Metallurgic Sinica, 2007, 20(4): 277-283.

[2] Khrustov V R, Ivanov V V, Kotov Y A, et al. Nanostructured composite ceramic materials in the ZrO_2-Al_2O_3 system. Glass Physics and Chemistry, 2007, 33(4): 379-386.

[3] Hong S J, Lee G H, Rhee C K, et al. Magnetic pulsed compaction of ferromagnetic nano-powders for soft-magnetic core. Materials Science and Engineering A, 2007, 449-451: 401-406.

[4] Meng Z H, Huang S Y, Yang M. Effects of processing parameters on density and electric properties of electric ceramic compacted by low-voltage electromagnetic compaction. Journal of Materials Processing Technology, 2009, 209(2): 672-678.

[5] Ivanov V V, Ivanov S N, Kaigorodov A S, et al. Transparent Y_2O_3: Nd^{3+} ceramics produced from nano-powders by magnetic pulse compaction and sintering. Inorganic Materials, 2007, 43(12): 1365-1370.

[6] Khrustov V R, Ivanov V V, Kotov Y A, et al. Nanostructured composite ceramic materials in the ZrO_2-Al_2O_3 system. Glass Physics and Chemistry, 2007, 33(4): 379-386.

[7] Ivanov V V, Kaigorodov A S, Khrustov V R. Properties of the translucent ceramics Nd: Y_2O_3 prepared by pulsed compaction and sintering of weakly aggregated nanopowders. Glass Physics and Chemistry, 2007, 33(4): 387-393.

[8] Lee G H, Rheea C K, Lee M K, et al. Nanostructures and mechanical properties of copper compacts prepared by magnetic pulsed compaction method. Materials Science and Engineering A, 2004, 375-377: 604-608.

[9] Hong S J, Lee G H, Rhee C K, et al. Magnetic pulsed compaction of ferromagnetic nano-powders for soft-magnetic core. Materials Science and Engineering A, 2007, 449-451: 401-406.

[10] Chelluri B, Knoth E, Bauer D, et al. Magnetic compaction process nears market. Metal Powder Report, 2000, 55(2): 22-55.

[11] 孙伟, 黄尚宇. 电磁成形技术在粉末成形中的应用. 电加工与模具, 2005, (5): 62-65.

[12] David W. $8.5 million project to explore potential of magnetic compaction process. Metal Powder Report, 1996, 51(1): 5-7.

[13] Chelluri B, Knoth E. Powder forming using dynamic magnetic compaction//4th International Conference on High Speed Forming, Columbus, USA, 2010: 26-34.

[14] Murakoshi Y, Takahashi M, Hanada K, et al. Dynamic powder compaction method by electromagnetic force. Journal of the Japan Society of Powder and Powder Metallurgy, 2001, 48(6): 565-570.

[15] 薛强. 粉末磁脉冲致密工艺试验研究. 哈尔滨: 哈尔滨工业大学硕士学位论文, 2005: 21-49.

[16] 于海平, 李春峰, 邓将华. Cu 粉末电磁脉冲压实试验研究. 材料科学与工艺, 2006, 14(6): 588-591.

[17] 薛强, 于海平, 李春峰. 铜粉螺线管线圈磁脉冲致密试验研究. 锻压技术, 2006, (1): 76-79.

[18] 邱大胜. 电磁成形粉末压实实验研究. 哈尔滨: 哈尔滨工业大学硕士学位论文, 2003: 38-51.

[19] 于海平, 李春峰, 丁朋辉. 热复合磁脉冲粉末压坯致密度的试验研究. 材料科学与工艺, 2008, 16(2): 153-157.

[20] 丁朋辉. 热复合磁脉冲粉末致密试验研究. 哈尔滨: 哈尔滨工业大学硕士学位论文, 2007: 20-46.

[21] 于海平, 丁朋辉, 李春峰. 钛合金粉末热复合磁脉冲压制试验研究. 粉末冶金技术, 2008, 26(3): 173-177.

[22] Li M, Yu H P, Li C F, et al. Effects of processing parameters on the density and mechanical properties of compacts prepared by magnetic pulse compaction of hydrogenated Ti6Al4V powder. Materials and Manufacturing Processes, 2012, 27(1): 26-32.

[23] 李敏. 置氢 Ti6Al4V 粉末磁脉冲压实——烧结体组织结构与性能. 哈尔滨: 哈尔滨工业大学博士学位论文, 2011: 16-96.

[24] Wu Y C, Huang S Y, Chang Z H, et al. The low-voltage electromagnetic compaction of powder materials. Journal of Wuhan University of Technology-Materials Science Edition, 2002, 17(4): 39-43.

[25] 黄尚宇, 常志华, 田贞武, 等. 粉末低电压电磁压制实验研究. 塑性工程学报, 2001, 8(3): 10-13.

[26] 张棋飞. 粉末低电压电磁压制致密机制及制品力学性能研究. 武汉: 武汉理工大学硕士学位论文, 2003: 35-49.

[27] Mironov V, Kolbe M, Zemchenkov V, et al. Investigation of magnetic pulse deformation of powder parts//5th International Conference on High Speed Forming, Dortmund, Germany, 2012: 3-11.

[28] Mironov V, Lapkovskis V, Kolbe M, et al. Applications of pulsed electromagnetic fields in powder materials high speed forming//6th International Conference on High Speed Forming, Daejeon, Korea, 2014: 61-67.

[29] Ivanov V V, Kotov Y A, Samatov O H, et al. Synthesis and dynamic compaction of ceramic nano powders

by techniques based on electric pulsed power. Nano Structured Materials,1995,6(1-4):287-290.

[30] Ivanov V V,Zajats S V,Medvedev A I,et al. Formation of metal matrix composite by magnetic pulsed compaction of partially oxidized Al nanopowder. Journal of Materials Science, 2004, 39 (16-17): 5231-5234.

[31] Ivanov V V,Khrustov V R,Paranin S N. Stabilized zirconia nanoceramics prepared by magnetic pulsed compaction of nanosized powders. Glass Physics and Chemistry,2005,31(4):465-470.

[32] Abramovich A A,Karban O V,Ivanov V V,et al. Influence of the structure on the thermal conductivity of the Al_2O_3＋Fe nanocomposite. Glass Physics and Chemistry,2005,31(5):709-711.

[33] Elsukov E P,Konygin G N,Ivanov V V,et al. Iron-cementite nanocomposites obtained by mechanical alloying and subsequent magnetic pulsed pressing. The Physics of Metals and Metallography, 2006, 101(5):491-497.

[34] Ivanov V V,Lipilin A S,Kotov Y A,et al. Formation of a thin-layer electrolyte for SOFC by magnetic pulse compaction of tapes cast of nanopowders. Journal of Power Sources,2006,159(1):605-612.

[35] Han Y S,Seonga B S,Lee C H,et al. SANS study of microstructural inhomogeneities on Al nano-powder compacts. Physica B:Condensed Matter,2004,350(1-3):e1015-e1018.

[36] Mamalis A G. Manufacturing of bulk high-T_c superconductors. International Journal of Inorganic Materials,2000,2(6):623-633.

[37] Mamalis A G. Near net-shape manufacturing of bulk ceramic high-T_c superconductors for application in electricity and transportation. Journal of Materials Processing Technology,2001,108(2):126-140.

[38] Mamalis A G,Szalay A,Göbl N,et al. Near net-shape manufacturing of metal sheathed superconductors by high energy rate forming techniques. Materials Science and Engineering B,1998,53(1-2):119-124.

[39] 孟正华,黄尚宇,常宏,等. 线圈及集磁器结构对陶瓷粉末电磁压制的影响. 锻压技术,2006,31(4): 138-144.

[40] 周静,赵然,黄尚宇,等. 粉末电磁压制法制备 xPMS-$(1-x)$PZN 陶瓷. 硅酸盐通报,2006,25(6): 176-178.

[41] 孟正华. 功能陶瓷低电压电磁压制实验研究. 武汉:武汉理工大学硕士学位论文,2004:31-46.

[42] 孟正华,黄尚宇. 压制方式对锆钛酸铅压电陶瓷密度及性能影响的研究. 粉末冶金技术,2008,26(1): 49-56.

[43] 欧阳伟. 功能陶瓷低电压电磁压制及制品性能的实验研究. 武汉:武汉理工大学硕士学位论文,2005:20-42.

[44] 吴彦春. 电磁压制设备研制及其在功能陶瓷制备中的应用研究. 武汉:武汉理工大学博士学位论文,2007: 85-107.

[45] 黄尚宇,施健,孟正华,等. PZT 陶瓷粉末低电压电磁压制实验研究. 塑性工程学报,2007,14(1):42-47.

[46] 孙伟,黄尚宇,孟正华,等. 低电压电磁压制 PZT 粉末致密度的试验研究. 中国机械工程,2006,17(19): 2063-2066.

[47] Meng Z H,Huang S Y,Sun W. Low-voltage electromagnetic compaction of metal and ceramic powders. Journal of Wuhan University of Technology-Materials Science Edition,2007,22(4):714-717.

[48] 桂衍旭. 碳化硅粉末磁脉冲致密/无压烧结试验研究. 哈尔滨:哈尔滨工业大学硕士学位论文,2012: 25-44.

[49] Huang H,Kelder E M,Jak M J G,et al. Influences of dynamic compaction on lithium intercalation into graphite anode. Solid State Ionics,2001,139(1-2):67-74.

[50] Schoonman J. Nanoionics. Solid State Ionics, 2003, 157(1-4):319-326.

[51] 舒行军, 尹海星, 黄尚宇, 等. 人工神经网络在粉末低电压电磁压制中的应用. 武汉理工大学学报·信息与管理工程版, 2002, 24(2):16-18.

[52] 施健. 功能陶瓷低电压电磁压制的成形机制及模拟研究. 武汉：武汉理工大学硕士学位论文, 2006:16-67.

[53] Dobrov S V, Ivanov V V. Simulation of pulsed magnetic molding of long powdered products. Technical Physics, 2004, 49(4):413-419.

[54] Boltachev G S, Volkov N B, Ivanov V V, et al. Dynamic compaction model for a granular medium. Journal of Applied Mechanics and Technical Physics, 2008, 49(2):336-339.

[55] Boltachev G S, Volkov N B, Dobrov S V, et al. Simulation of radial pulsed magnetic compaction of a granulated medium in a quasi-static approximation. Technical Physics, 2007, 52(10):1306-1315.

[56] Olevsky E A, Bokov A A, Boltachev G S, et al. Modeling and optimization of uniaxial magnetic pulse compaction of nanopowders. Acta Mechanica, 2013, 224:3177-3195.

[57] 李春峰. 特种成形与连接技术. 北京：高等教育出版社, 2005:13-14.

[58] 果世驹, 迟悦, 孟飞, 等. 粉末冶金高速压制成形的压制方程. 粉末冶金材料科学与工程, 2006, 11(1):24-27.

[59] Meyers M A, Park H R. Observation of an adiabatic shear band in titanium by high-voltage transmission electron microscopy. Acta Materialia, 1986, 34(12):2493-2499.

[60] 叶途明. 粉末冶金材料的温压行为及其致密化机理研究. 长沙：中南大学博士学位论文, 2007:63-64.

[61] Mamalis A G, Manolakos D E, Kladas A G, et al. Electromagnetic forming tools and processing conditions: Numerical simulation. Materials and Manufacturing Processes, 2006, 21(4):411-423.

[62] 刘大海. 5052铝合金板材磁脉冲辅助冲压成形变形行为及机理研究. 哈尔滨：哈尔滨工业大学博士学位论文, 2010:24-48.

[63] 王德广, 吴玉程, 焦明华, 等. 压制方式对粉末冶金制品性能影响的有限元模拟. 粉末冶金技术, 2008, 26(2):88-93.

[64] 任学平, 康永林. 粉末塑性加工原理及其应用. 北京：冶金工业出版社, 1998:47-90.

[65] 常宏. 功能陶瓷低电压电磁双向压制的成型机制及模拟研究. 武汉：武汉理工大学硕士学位论文, 2007:36-54.

[66] 邓将华. 电磁铆接数值模拟与实验研究. 哈尔滨：哈尔滨工业大学博士学位论文, 2008:40-41.

第 10 章　管坯电磁连接

10.1　引　　言

汽车、航天等工程领域对于减重的要求使得以铝-钢为代表的异种金属连接结构需求日益增多。管坯电磁连接技术是在电磁成形技术的基础上发展起来的一种先进特种连接技术,它将电磁成形设备中存贮的电能通过放电回路转化为金属材料的动能,通过两种材料的高速碰撞实现待连接件机械或冶金连接,在异种金属连接方面有广阔的应用前景。

本章首先介绍管坯电磁连接技术的工艺原理、特点及工艺应用现状;接着介绍实现冶金连接的磁脉冲焊接接头的力学性能及微观组织特征;最后以具有代表性的铝-钢异种金属管件磁脉冲焊接工艺为例,分析磁脉冲焊接过程中覆管(外管)的变形规律以及主要工艺参数对碰撞速度的影响。

10.2　管坯电磁连接技术概况

10.2.1　管坯电磁连接技术原理与特点

管坯电磁连接技术(magnetic pulse joining,MPJ)的基本原理如图 10-1 所示[1]。当工频交流电源通过变压器对电容器组充电后,闭合高压放电开关,此时在放电回路的线圈内将通过高频衰减振荡电流($>$10kA,$\sim$50kHz),与此同时外管表面产

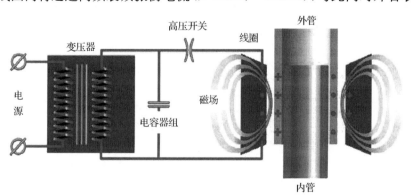

图 10-1　管坯电磁连接工艺原理[1]

生与线圈电流反向的感应电流,两股电流之间强烈的排斥作用使外管受到幅值巨大的脉冲电磁力作用,外管发生高速率变形并向内管金属(被连接件)猛烈撞击,最终实现两金属管的机械或冶金连接。通常情况下,成形连接时间不到 1ms,冲击速度可达 100m/s 以上。目前,电磁连接技术已不局限于管形件的连接,还可进行板材的连接[2]。

对于实现了冶金连接的电磁连接技术习惯上称为磁脉冲焊接技术(magnetic pulse welding,MPW)。在金属碰撞过程中能否形成金属射流是判断冶金连接的一个重要标准,这是因为具有表面"自清理"功能的射流行为为磁脉冲焊接提供了有利的表面条件。当冲击角度与冲击速度匹配合适时,管件表层因剧烈剪切变形而形成的射流可以将表层其他夹杂物除去,促使新鲜表面曝露,且在新鲜表面被氧化之前完成管件的焊接。在磁脉冲焊接过程中,影响射流形成的运动参数包括管坯的变形速度、冲击点速度和冲击点角度,三者之间的关系如图 10-2 所示[3]。

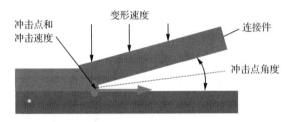

图 10-2　MPW 三要素[3]

磁脉冲焊接过程中的射流形成条件分析模型如图 10-3 所示,其中 L 为焊接区长度,d 为焊接区半径差值,V_0 为变形速度(或称内外管碰撞速度),V_p 为冲击速度(或称碰撞点移动速度),V_w 为外管沿轴向运动速度分量。外管以 V_0 速度向内管碰撞,冲击角度为 α,当 V_0 和 α 为已知量时,可以由几何关系可求得各个速度表达式:

$$V_p = \frac{V_0}{\sin\alpha} \tag{10-1}$$

$$V_w = \frac{V_0}{\tan\alpha} = V_0 \cot\alpha \tag{10-2}$$

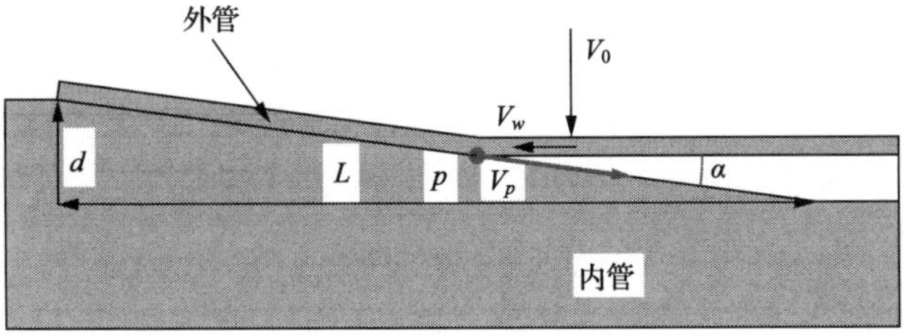

图 10-3　射流形成条件分析模型

为使两种金属相互碰撞时形成射流,首先要求在碰撞点位置由碰撞产生的压力达到金属材料屈服强度的 10 倍以上,以便保证两种材料均能发生塑性流动。该撞击点移动速度被称作金属材料碰撞速度的流动限,用式(10-3)表示。

$$V_{\rho_{\min}} = \sqrt{\frac{2K_v\sigma_{b_{\max}}}{\rho_{\min}}} \tag{10-3}$$

式中,K_v 为常数,通常取 10～12;$\sigma_{b_{\max}}$ 为两种金属材料屈服强度的最大值;$\rho_{\min}$ 为两种金属材料密度的最小值。

在焊接过程中,高速碰撞产生的界面压力可以达到 GPa 数量级,在此高压条件下材料抗剪强度相对于压力而言是一个小量,因此对焊接过程中的射流的形成可以用流体力学理论进行分析。在理想碰撞的假设前提下,俄国学者奥尔连科[4]给出了射流形成判据:

(1) 当 $V_0\cot\alpha$ 为亚声速且 $\alpha \geqslant \arctan\dfrac{V_0}{C_0}$ 时,则形成射流,其中 C_0 为内管材料的声速,由于金属声速相差不大,对于异种金属焊接可取其平均值。

(2) 当 $V_0\cot\alpha$ 为超声速且 $\alpha \geqslant \arctan\dfrac{V_0}{C_0}$ 时,则射流为径向粒子流。

(3) 当 $V_0\cot\alpha$ 为超声速且 $\alpha \leqslant \arctan\dfrac{V_0}{C_0}$ 时,则不会形成射流。

对于铝-钢异种金属磁脉冲焊接工艺而言,实验测得的 3A21 铝合金和 20 号钢材料的声速结果如表 10-1、表 10-2 所示。由高速摄像方法给出的测量结果发现,当放电电压达到 14kV 时,外管(铝管)的碰撞速度可以达到 350m/s 以上,由此可知 3A21 铝合金-20 号钢材料的冲击角度应该满足 $\alpha \geqslant \arctan\dfrac{V_0}{C_0} \approx 3.08°$。

表 10-1　3A21 铝合金声速测量结果

试件编号	$T_1/\mu s$	$T_2/\mu s$	D/mm	$V/(m/s)$	$V_{avg}/(m/s)$
1	5.674	6.499	5.341	6471	
2	5.329	6.174	5.613	6642	6592
3	5.920	6.661	4.935	6663	

表 10-2　20 号钢声速测量结果

试件编号	$T_1/\mu s$	$T_2/\mu s$	D/mm	$V/(m/s)$	$V_{avg}/(m/s)$
1	4.386	5.640	7.852	6262	
2	5.012	6.285	8.085	6352	6217
3	4.953	6.220	7.635	6027	

与传统的焊接工艺相比,磁脉冲焊接技术具有以下优势:

(1) 焊接过程在微秒级时间内完成,生产效率高。

(2) 焊接过程无尘烟,绿色环保;无需进行后续热处理,节省工序。

(3) 放电能量精确可控,制件重复性好,实现自动控制后易于进行工业生产。

(4) 焊接接头具有高于母材的强度,焊接接头气密性好,耐腐蚀性好。

(5) 焊接过程在室温下进行,可以用于高差异性异种金属焊接,应用范围更为广泛。

10.2.2　管坯电磁连接技术应用现状

从 20 世纪 90 年代初期以来,国内部分高等院校及研究院所进行了电磁连接技术的研究工作。熊海芝等[5]研究了管件在磁脉冲力作用下的连接工艺,结果表明当放电能量一定时,提高放电电压更有利于改善连接质量。曹建等[6]利用脉冲磁场力进行了陶瓷件与金属件的压接工艺研究。王永志等[7]进行了管与杆件的电磁连接实验研究,分析了放电参数、接头结构形式及径向连接间隙等因素对连接强度的影响。贺锡纯等[8]采用电磁连接技术进行了大弹壳的组装,成功实现了紫铜弹壳与铝合金圆锥体的连接,连接质量完全达到了技术要求,无需常规机械加压方法所需的密封圈配件。

随着大型通用软件的快速发展,电磁连接技术在过程预测方面取得了新进展,促进了异种金属电磁焊接效果的实现。Masumoto 等[9]采用独立线圈对磁脉冲焊接工艺进行了系统研究,对 Al-Fe、Al-Cu、Al-Ti 等不同材料匹配进行工艺试验,得到了磁脉冲焊接工艺的最佳参数匹配。Tamaki 等[10]和 Kojima 等[11]的研究结果表明,碰撞能量和碰撞角度是决定磁脉冲焊接效果的两个重要参数。Raoelison 等[12]通过 6060 铝合金管-棒磁脉冲焊接试验建立了以放电电压-径向间隙为坐标轴的磁脉冲焊接工艺窗口,如图 10-4 所示。由于放电电压与径向间隙实际反映的是变形速度的影响,所以,磁脉冲焊接工艺窗口中的“C”形曲线是临界变形速度等值线,跨越该等值线界面形貌将由平直向波形界面转变以及良好焊接界面向缺陷界面转变。

在工业应用方面,早在 20 世纪 70 年代美国已将电磁连接技术应用于核燃料棒封装焊接[13]。美国 Grumman 公司在军机制造中应用电磁连接技术实现了铝合金轴管-钢质端头传动轴类件的装配,极大提高了轴管和端头之间的连接强度和传动轴服役寿命,而此前,通常以键接方式实现轴管与端零件的连接。1993 年,Grumman 公司把电磁连接技术专利以 1000 万美元 10 年的协议转让给 Boeing 公司,用于民用飞机异种金属传动轴的连接装配。2001 年,Boeing 公司采用电磁连接技术进行高压液压系统所使用的厚壁钛合金管与钛合金密封端头的连接,避免了采用辊锻、弹性介质胀形和熔化焊等加工方法引起的诸多问题,如模具寿命短、

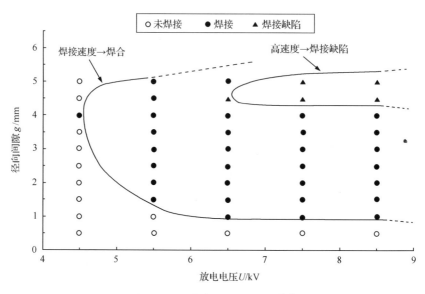

图 10-4　磁脉冲焊接工艺窗口[12]

需额外的去油处理工序、焊缝存在热影响区等。采用 MPW 制造的汽车构件较被替代构件可轻 1/3 左右，进而使燃油节约 8％～10％，在 1995～1998 年期间，ATP(Advanced Technology Program)资助美国 DANA 公司进行 MPW 技术研究。以色列 Pulsar 公司在相关磁脉冲焊接设备和线圈的研制与开发方面做了大量工作，开发了放电能量 5～100kJ、电压 6～25kV、频率达 100kHz、充电速率 5kJ/s 的系列成形设备[14]。

10.3　异种金属磁脉冲焊接接头力学性能及微观组织

10.3.1　磁脉冲焊接接头力学性能

一般情况下，异种金属材料的连接存在如下问题：一是易形成高裂纹敏感性的微观结构；二是由于异种金属物理性能的差异在连接接头产生大的应力梯度。因此人们开始越来越关注异种金属的固相连接技术，以求能完全抑制或大幅度减小易裂微观结构中的金属间相，提高接头的力学性能。

磁脉冲焊接接头的抗拉性能是衡量接头质量的一个重要力学指标。由于在一些特殊场合使用的接头会受到轴向力的作用，所以应保证接头的抗拉强度大于母材本身的抗拉强度。

$$\sigma_{\min} < \sigma_{ab} \tag{10-4}$$

式中，σ_{ab} 为接头结合强度；$\sigma_{\min}$ 为较弱母材的抗拉强度。

　　当接头强度满足式(10-4)时,可以保证接头在受轴向力的作用时断裂发生在母材处。对不同工艺参数下的接头进行抗拉试验得到两种结果:接头拉脱和母材断裂。Yu 等[15]研究了 AA3003-O 铝合金和 20 号钢管的磁脉冲焊接接头抗拉性能与抗扭转性能。试验得到的接头所受拉力与位移曲线如图 10-5 所示。当搭接角度为 0°、放电电压低于 8kV 时,抗拉试验结果为接头拉脱。当放电电压达到 8kV 及以上时拉脱试验结果为铝管母材发生断裂。图 10-6 所示为接头进行扭转试验后的效果图,结果如表 10-3 所示,接头的抗扭矩约为 280N·m,扭转角在 50°~60°。由扭转试验结果可知,接头处并未发生破坏,扭转破坏发生在铝合金母材处,因此接头的抗扭转强度应大于母材强度。

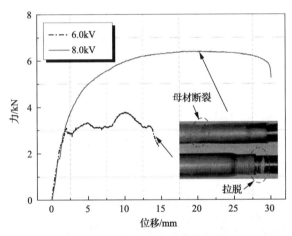

图 10-5　拉伸试验力-位移曲线

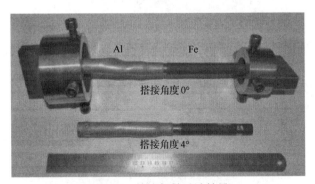

图 10-6　接头扭转试验结果

表 10-3　扭转试验结果

放电电压/kV	初始间隙/mm	锥角/(°)	扭矩/(N·m)	扭转角/(°)
15	1.4	0	280	60
		4	279	49

　　与铝合金-钢材料匹配相比,铜-钢的异种焊接难度更高,后者在固态下完全不固溶。于海平等[16]进行了 T2 紫铜与 50 号钢磁脉冲焊接工艺研究,对铜-钢磁脉冲焊接接头力学性能进行了多项测试。通过液体耐压试验检测了铜-钢磁脉冲焊接接头的密封性,试验结果表明在整个检测过程中接头处无泄露现象,当压力值达到 18MPa 时,在铜管母材上发生破裂,如图 10-7 所示,说明磁脉冲焊接接头具有优良的密封耐压性。通过带膛线模具压剪试验发现铜-钢磁脉冲焊接接头的轴向压剪强度可达到 91MPa,显著高于铜环母材的初始屈服强度,压剪前后试样的对比效果如图 10-8 所示。接头扭转测试表明当扭矩为 84.36N·m 时,T2 紫铜铜管发生扭转失稳,然而焊接接头处未发生显著塑性变形,如图 10-9 所示,由此可见,所获接头的扭转强度高于较弱母材。

(a) 试验前

(b) 试验后

图 10-7　打压试验结果

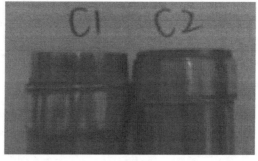

(a) 试验前

(b) 试验后

图 10-8　模拟膛线压剪试验结果

(a) 试验前

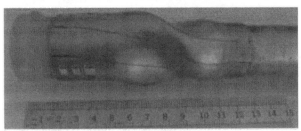

(b) 试验后

图 10-9　扭转试验结果

根据已有文献,截至目前,可用于磁脉冲焊接技术的材料包括了 Al-Fe、Al-Mg、Al-Cu、Al-Ni、Cu-Fe 等[17]。

10.3.2　波形界面特征

典型的磁脉冲焊接接头界面形貌如图 10-10 所示[18]。根据匹配材料的不同,焊接接头表现出不同的界面形貌特征:波形界面和平直状界面[19]。磁脉冲焊接接头波形界面形貌与爆炸焊接接头形貌类似。微波型界面增大了界面的接触面积,客观上形成了界面"互锁(interlock)"效应,对于提高接头的抗拉强度具有有益作用。

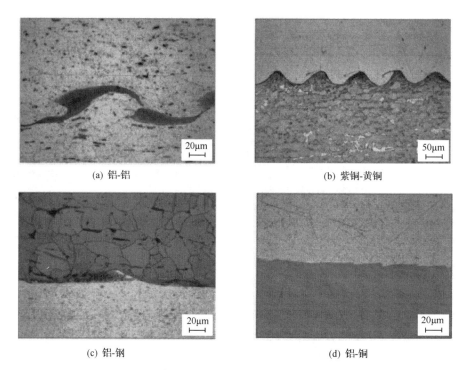

(a) 铝-铝　　　　　　　　　　　　　　(b) 紫铜-黄铜

(c) 铝-钢　　　　　　　　　　　　　　(d) 铝-铜

图 10-10　磁脉冲焊接接头界面形貌[18]

德国学者 Elsen 等[20]通过数值模拟方法研究了不同碰撞速度条件下冲击速度与接头界面波长的关系,发现当冲击速度超过某一临界值时平直状界面将过渡到波形界面。Nassiri 等[21]的研究则进一步证实了界面波长与幅值对冲击速度的依赖关系。

磁脉冲焊接的波形界面与爆炸焊接的波形界面在形貌上具有相似性,目前,关于爆炸焊接波形界面形成机制主要有三种解释[22]:一种解释认为波形界面来自于塑性变形区飞板与主板的剪切运动产生了漩涡,随后漩涡迅速冷却成为固态停滞区形成波形接头;另一种解释认为当射流进入主板的瞬间,由于此区域金属非常不稳定,因此在主板表层形成"驼峰",后面的金属跳过此区域形成新"驼峰";第三种解释认为当两种金属发生高速碰撞时,在碰撞点产生应力波,应力波在接头处来回反射,金属在此应力波作用下运动形成波形接头。通过借鉴爆炸焊接波形接头形成机制的相关理论,以色列学者 Ben-Artzy 等[23]认为磁脉冲焊接接头波形界面的形成与 Kelvin-Helmholtz 不稳定性有关,其形成过程如图 10-11 所示。当两种金属材料发生碰撞时,首先在两种材料内部沿着管件径向产生方向相反的反射波,如图 10-11(a)所示。在随后内、外管的反射波分别在内管内壁和外管外壁发生反射,如图 10-11(b)所示,由于内外管的壁厚不同,因此反射波的振荡周期也不相同。

在内管中的反射冲击波与碰撞时产生的入射冲击波在碰撞点迭加形成压力峰值。在碰撞点处的碰撞速度明显高于碰撞点之后的金属流动速度，因此在此处形成波峰(图 10-11(c))。由此可知，界面波的波长与冲击波在内外管中运动的时间有关。Ben-Artzy 等采用非等壁厚管对冲击波的影响进行了试验验证，如图 10-12 所示。在图 10-12(a)中内管壁厚较薄，内管中的冲击波反射周期短，因此波长较小；而在图 10-12(b)中由于内管壁厚较厚，形成的界面波波长约为图 10-12(a)中波长的两倍。

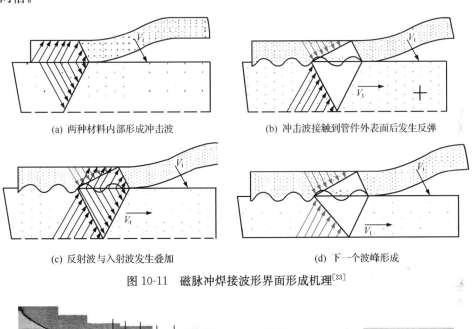

V_i
V_i
V_t
(a) 两种材料内部形成冲击波
(b) 冲击波接触到管件外表面后发生反弹
V_i
V_t
V_i
V_t
(c) 反射波与入射波发生叠加
(d) 下一个波峰形成

图 10-11　磁脉冲焊接波形界面形成机理[23]

(a)
Al
Mg
Mg
1mm
Al
(b)
10mm
(c)

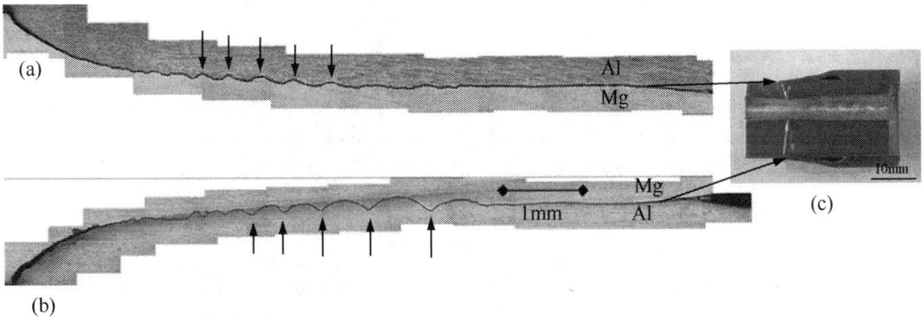

图 10-12　不同壁厚管件磁脉冲焊接试验[23]

10.3.3　晶粒细化现象

Stern 等[24]通过对 1050 铝-低碳钢磁脉冲焊接接头进行微观组织与力学性能关系的研究发现，在界面处显微硬度值显著提高，并指出这是由于界面附近材料发生剧烈塑性变形而引起的晶粒细化所导致。Zhang[25]对 6063 铝合金/1018 低碳钢磁脉冲焊接接头的界面晶粒细化行为进行了研究,图 10-13 所示的是界面处的背散射电子衍射(EBSD)照片,由图可见,在波峰处晶粒被拉长,而且随着放电能量的增大,界面附近晶粒得到显著细化。

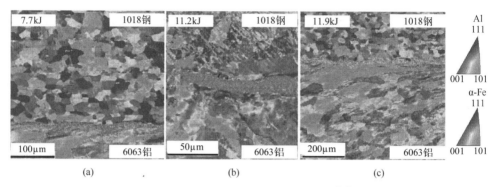

图 10-13　界面附近晶粒 EBSD 反极图[25]

10.3.4　过渡区形貌、结构及成分

界面是否发生熔化一直是磁脉冲焊接领域的研究热点之一。在磁脉冲焊接过程中,如果碰撞速度过快,能量过大,撞击后界面的温度高于低熔点母材的熔点,则会在界面发生熔化现象。一旦熔化现象发生,磁脉冲焊接界面将形成与母材结构和成分相异的过渡区。

Al/Fe 磁脉冲焊接接头过渡区的透射电子显微(TEM)形貌如图 10-14 所示,图 10-15、图 10-16 分别为 A、B 两点的电子衍射图,标定结果显示,A 区金属晶格

图 10-14　过渡区 TEM 形貌

常数 $a = 0.286$mm，与铁晶格常数一致，由此确定 A 区为钢母材。对图 10-16 中衍射圆环进行标定可知 B 区为铝材。沿接头界面法线方向取 4 点进行能谱分析，成分如图 10-17 所示。1 点位于铁材内部靠近过渡区的位置，在 1 点全部为铁元素，可见过渡区与铁材之间存在明显的分界。2 点位于中线处，从能谱分析结果可知，在过渡区中心处，铁元素含量略高于铝元素含量。3 点位于铝材内部靠近过渡区位置，在此处仍有少量铁元素存在。在过渡区与铁材之间存在明显的边界，而过渡区与铝材之间的边界并不明显。4 点位于铝材内部 0.5μm 处，此处仍有少量铁元素存在。

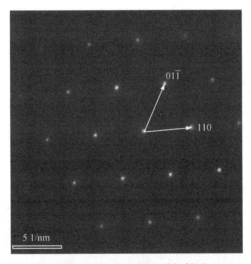

图 10-15　A 区金属电子衍射图

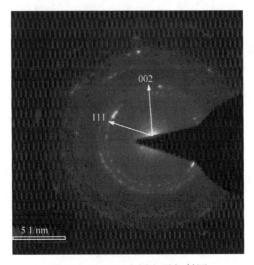

图 10-16　B 区金属电子衍射图

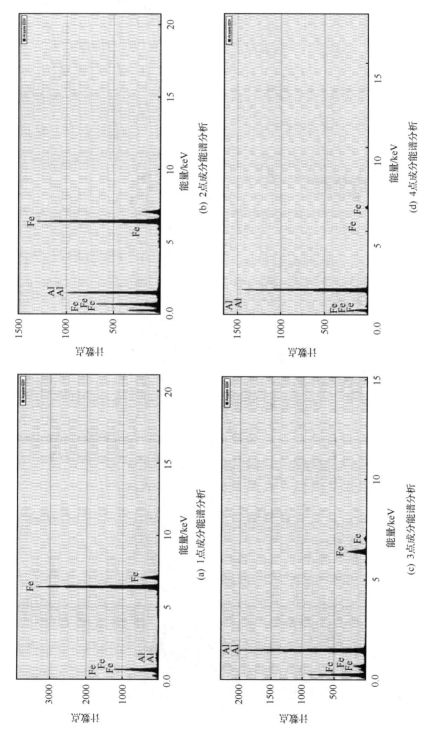

图 10-17　界面附近各点能谱分析结果

同种金属磁脉冲焊接接头的硬化是由于在焊接过程中界面晶粒细化导致,而对于异种金属焊接则是与过渡区内生成的第二相相关联。图 10-18 所示为 Al/Fe 磁脉冲焊接接头过渡区暗场像形貌,由图可见,在过渡区形成了均匀分布的纳米晶颗粒,晶粒尺寸小于 10nm。采用 Nano Indeniter XP 纳米压痕试验机检测 Al/Fe 磁脉冲焊接接头界面附近的硬度分布,在接头两侧分别选取 4 个点进行纳米压痕试验,结果如图 10-19 所示,由图可见,过渡区处硬度显著高于其两侧基体,最大硬度值达到了 5.10GPa,过渡区两侧随着试验点距离接头的距离增加,硬度逐渐减小。

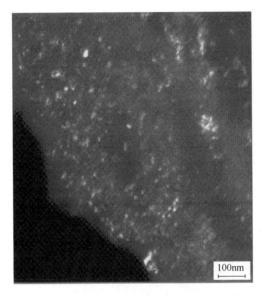

图 10-18　过渡区暗场像

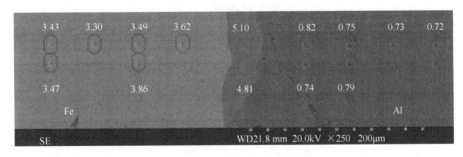

图 10-19　界面处硬度分布

磁脉冲焊接接头过渡区是微观缺陷(如缩孔、微裂纹)的多发区。磁脉冲焊接界面的裂纹可以分为两类:过渡层局部出现的横向裂纹及贯穿整个过渡区的纵向裂纹,如图 10-20 所示。裂纹的存在会严重影响接头的耐腐蚀性和气密性。裂纹的产生原因主要是受应力波的影响,由于在磁脉冲焊接过程中内、外管发生高速碰撞产生冲击波,冲击波经过界面时由压缩波变为拉伸波,如果界面焊接质量差,界面强度偏低,即使已经实现冶金连接,仍然会在拉伸波作用下被拉裂,则会在界面上形成横向裂纹。从图10-20中可以看出,微裂纹的产生大多在靠近钢材一侧,这是由于钢材硬度高于铝材,因此在碰撞过程中在钢管表面处形成能量聚集,因而产生裂纹以释放能量。其次,在内、外管撞击的过程中,界面波的形成需要剧烈的塑性变形,因此会在界面处形成很大的残余应力。当焊接结束时部分残余应力开始释放,因此在界面内部形成微裂纹。

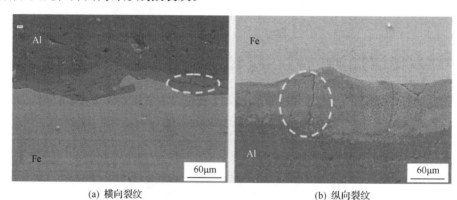

(a) 横向裂纹   (b) 纵向裂纹

图 10-20　界面处裂纹

10.4　铝/钢异种金属管件磁脉冲焊接工艺

本节以铝/钢异种金属管件磁脉冲焊接工艺为例,分析磁脉冲焊接过程中外管(铝管)的变形规律以及主要工艺参数对碰撞速度的影响,以加深对磁脉冲焊接工艺主要参数的理解。

10.4.1　外管变形过程

图10-21所示为采用数值模拟技术给出的外管(铝管)的变形过程[26],由图可见,在外管变形区与集磁器工作区全部重叠情况下,整个管件焊接过程大致可以分为以下四个阶段:

(1) 初始未变形阶段。在放电初始时刻,管件虽然受到磁场力的作用,但是磁场力小于管件的变形抗力,因此管件并未发生变形(图10-21(a))。

(2) 管坯端部变形阶段。约6μs后,磁场力增大到使外管变形的强度,但此时感应电流和线圈电流较小,产生的磁场力不足以使整个变形区发生变形,因此变形首先发生在变形抗力较小的自由端,此时端部金属发生环向收缩(图10-21(b))。

（3）管坯整体变形阶段。此后随着磁场力增加，外管开始加速运动，整个变形区同时向内管运动；从图 10-21(c) 中可以看出，在这一过程中，外管在变形区中心部位始终与内管保持平行。

（4）碰撞阶段。管坯端部首先以一定角度与内管发生碰撞（图 10-21(c)），之后变形区其余部位同时与内管发生碰撞（图 10-21(d)），这一部分的碰撞并未出现角度。由于两种金属在高速碰撞完成焊接的一个重要前提是存在一定的碰撞角度，因此，在连接区外管的端部更容易实现焊接，而其余部分则是焊接接头的薄弱区。

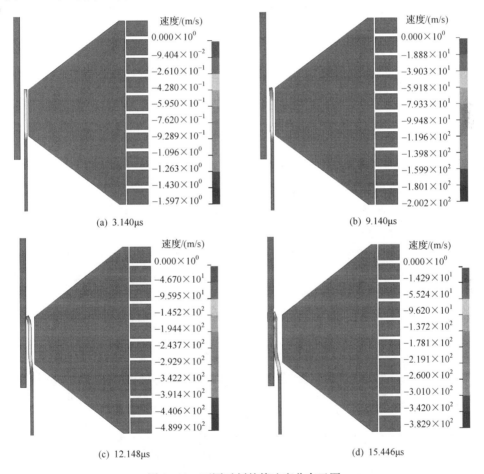

图 10-21　不同时刻外管速度分布云图

外管的速度和所受磁场力随时间的变化如图 10-22 所示，由图可知，外管的运动相对于磁场力有一段时间的滞后，但是从外管开始运动到内、外管碰撞在磁场力波形的前四分之一个周期内完成。对于磁脉冲成形过程来说，磁场力作用的有效时间主要集中在前四分之一周期，此时材料已经获得很大速度，后续的变形主要靠材料的惯性作用。所以磁脉冲焊接装置设计中,使管件在磁场力前四分之一周期内完成碰撞是合适的。

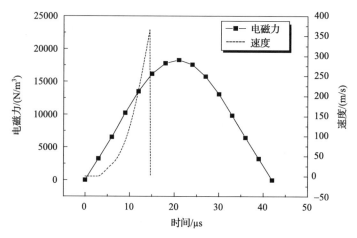

图 10-22　外管速度和所受磁场力随时间变化曲线

10.4.2　冲击速度测量

对于管件磁脉冲焊接工艺而言,最重要的影响因素是外管与内管碰撞前瞬时速度。由于磁脉冲焊接工装结构的限制,摄像机只能采集到外管自由端的变形。并且在测量过程中,外管在磁场力作用下沿轴向方向变形不同步,导致变形区内测量点与内管发生碰撞时,其他位置由于发生碰撞产生火花,直接影响测量结果。然而,由于外管的屏蔽作用,内管周围的磁场可以忽略不计。因此,内管的存在几乎不会对外管所受的磁场力及运动规律造成影响。所以在进行测量时,将内管取出,仅保留外管。

测量系统采用 Photron 生产的型号为 FASTCAM SA5 1000K-M2 的高速摄像机,对外管运动情况进行记录。测量系统如图 10-23 所示,系统包括高速摄像机、脉冲触发器、图像采集计算机三部分。当测量系统的脉冲触发器给出触发信号

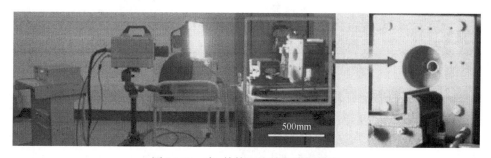

图 10-23　内、外管碰撞速度测量系统

后,高速摄像机开始对管件变形过程进行录制。采用 52.5 万帧/s 的速度进行图片采集,即每两张照片的时间间隔为 1.9μs。

速度测量分以下几个过程:

(1) 高速摄像机触发。为保证可以捕捉到管件变形的整个过程,应在磁脉冲成形设备放电之前启动高速摄像机。高速摄像机采用下降沿信号触发,触发后开始进行摄像。

(2) 磁脉冲焊接设备放电。由于录像时间以及存储容量的限制,高速摄像机录制的时间仅为 1s。因此在摄像机触发后,应尽可能在极短的时间内使磁脉冲成形设备放电,否则难以捕捉到管件变形过程。

(3) 将高速摄像机记录的图片导入 AUTOCAD 软件。利用 AUTOCAD 软件的标注功能对不同时刻外管内壁直径进行测量。为保证测量精度,在周向以 45° 为间隔,选取如图 10-24 所示的 aa'、bb'、cc'、dd' 4个方向进行测量并求平均值。

(4) 对测量结果进行计算。由于连续两张图片的时间间隔为定值,因此可以通过两张图片中管件直径的变化得出管件的移动规律以及不同时刻的速度。

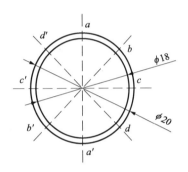

图 10-24　速度测量位置示意图

图 10-25 为放电电压 14kV 条件下,高速摄像机采集的不同时刻的图像。在磁脉冲焊接过程中,外管在磁场力的作用下发生的变形经过了先加速再减速的过程,整个变形过程为外管自由缩径和失稳起皱两个过程。而在磁脉冲焊接工艺中,内、外管将在外管的自由缩径过程中发生碰撞。不同的内外管间隙导致内外管碰撞速度不同,若间隙过大,则外管变形过大,发生失稳起皱;间隙过小,则外管难以获得足够的加速时间,造成碰撞速度过小,难以达到焊接效果。由图 10-25 可以看出,当外管内径缩小至 15mm 以下时开始发生起皱,此时内、外管之间的间隙为1.5mm,在此之前外管缩颈速度持续增大。因此,在 14kV 的放电电压条件下,当内外管间隙为 1.4mm 时可以得到较好的焊接效果。

通过对放电电压分别为 9kV、11kV、13kV 和 14kV 的高速摄像图片进行处理,对外管内径进行测量取平均值,可以得到外管内径在不同时刻的精确值,测量结果如图 10-26 所示,由图可见,随着放电电压增大,外管收缩速度加快。在内径缩小至 15mm 之前,由于磁场力的持续作用,外管的运动一直为加速过程。当外管内径缩小至 15mm 以下时,尽管此时仍有磁场力的作用,但是管件发生起皱,变形抗力增大,因此管件速度基本不发生变化。由于在管件端部沿周向各点速度分布不均匀,测量结果误差较大。此时内、外管已经发生碰撞,因此不会对内、外管碰

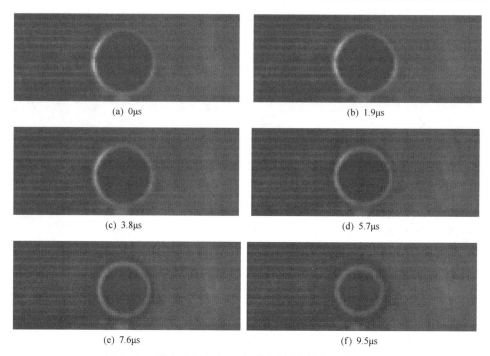

图 10-25　放电电压 14kV 时不同时刻外管高速变形照片

撞速度的测量造成影响。

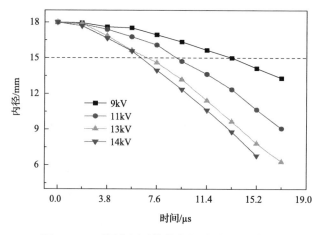

图 10-26　不同电压时外管内径随时间变化规律

　　表 10-4 为图 10-26 所示不同电压下外管达到最大碰撞速度时各测量方向的速度。在放电过程中,外管获得的速度完全来自于磁脉冲成形机存储的能量。根据磁脉冲成形能量计算公式 $E = \frac{1}{2}CU^2$ 可知,磁脉冲成形机存储的能量与充电电

压的平方成正比。由表 10-4 可知,放电能量每提高 1.5kJ,该实验条件下的内、外管碰撞速度提高约 40m/s。

表 10-4　内、外管碰撞速度

U/kV	E/kJ	aa'/(m/s)	bb'/(m/s)	cc'/(m/s)	dd'/(m/s)	$V_{测量}$/(m/s)
9	4	232	226	220	230	227
11	6	271	278	281	283	278
13	8.5	306	319	332	329	322
14	10	350	348	364	353	355

10.4.3　工艺参数对碰撞速度的影响

以测速试验结果为基础,主要讨论内外管搭接角度、放电电压和管件间隙对碰撞速度的影响。

1. 搭接角度对碰撞速度的影响

由连接过程的变形数值仿真分析可知,当接头为平直型接头时,仅在外管端部发生带有角度的内外管碰撞,其余部分为正向碰撞。当内外管以一定角度进行搭接时,可以保证内、外管在整个连接区均能以一定角度进行碰撞。由于搭接角度的存在,外管沿轴向的不同位置与内管的距离也不相同,因此搭接角度同时影响碰撞时外管的速度分布,在外管上取不同位置的节点进行分析,典型节点如图 10-27 所示。

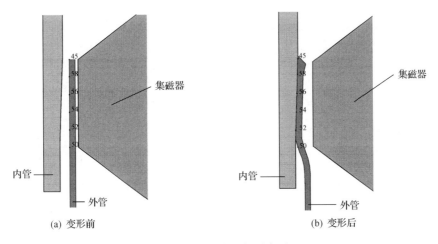

(a) 变形前　　　　　　　　　　　　　　(b) 变形后

图 10-27　节点选择示意图

　　图 10-28 为放电电压 14kV、初始间隙为 1.2mm 时，不同搭接角度的内、外管各节点运动速度与时间的关系，搭接角度分别为 0°、2°、3°和 4°。

　　当搭接角度为 0°时，如图 10-28(a)所示，碰撞时外管端部的 45 号节点碰撞速度最大，外管中间部位各节点碰撞速度差别不大，而在连接区末端的 50 号节点碰撞速度最小。当内、外管以一定角度搭接时，如图 10-28(b)~(d)所示，在外管中心部位的各节点由于运动距离增加，磁场力做功增大，因此碰撞速度随之提高。当搭接角度达到 4°时，56 号、58 号两个节点处的碰撞速度与外管端部的 45 号节点碰撞速度接近。因此带有搭接角度的接头可以保证外管在连接区均能以同样的速度与内管发生碰撞。然而，在连接区的末端(50 号节点位置)由于距离的增加，管件变形严重，磁场力提供的能量难以使内外管产生贴合，因此在此区域无法实现焊接。

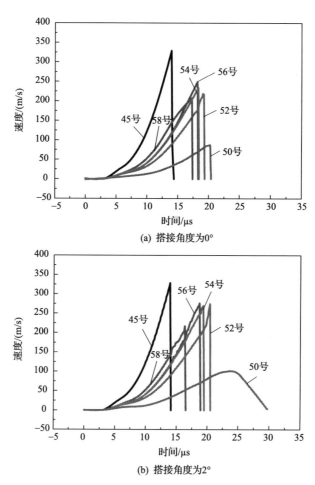

(a) 搭接角度为0°

(b) 搭接角度为2°

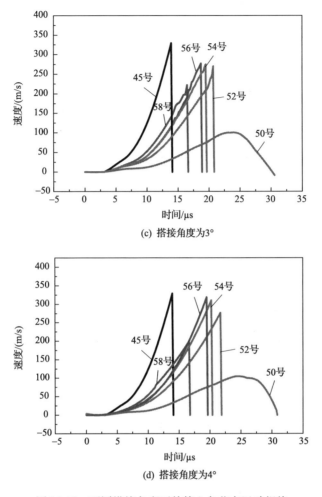

图 10-28 不同搭接角度下外管上各节点运动规律

由上述有限元分析结果可知,对于管件磁脉冲焊接工艺而言,合理的搭接角度是非常必要的。在板材的爆炸焊接工艺中,为形成理想的焊接接头,理想的金属之间的夹角(预置角)为 $5° < \alpha < 30°$。设置预置角的目的是控制碰撞点 p 的移动速度 V_p 在材料声速的 $30\% \sim 50\%$ 之间。由于板材在变形过程中可以以任何角度发生碰撞,因此碰撞角度可以在合理范围内自由选取。而在磁脉冲焊接工艺中,过大或者过小的搭接角度都会对磁脉冲焊接接头强度产生负面影响。在焊接过程中需要合适的焊接速度和搭接角度,焊接速度可以由放电电压自由控制,因此合理的搭接角度应该是首先考虑的因素。在确定搭接角度时应该从以下几方面考虑:

(1) 避免因搭接角度过大而在最大间隙处导致外管发生失稳起皱,必要时在端部采用较小的初始间隙,同时采用平直型接头搭接方式,靠端部管件的自由变形形成角度。

（2）焊接过程中两种金属发生碰撞产生的巨大压力是必要的,此压力与内外管的碰撞速度有关,因此碰撞速度存在最小值。

（3）射流速度 V_J 应远大于碰撞点移动速度 V_p。由于射流中含有大量的原表面的杂质成分,如果碰撞点移动速度接近射流速度,射流有可能被焊接接头捕捉,则会在接头内部形成杂质相,导致接头结合强度降低。为防止射流成分卷入接头,应保证射流速度大于焊接速度。

下面以 3A21 铝合金-20 号钢管磁脉冲焊接工艺为例,分析冲击角度的改变对磁脉冲焊接效果的影响。冲击角度的控制通过改变搭接角度实现,图 10-29 为带有搭接角度的磁脉冲焊接结构示意图,搭接角度为 α,焊接区长度为 L。外管为退火态 3A21 铝合金,内管为 20 号钢,放电电容为 $100\mu F$,放电电压为 14kV,搭接角度分别为 3°、4°、5°。

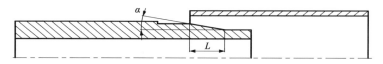

图 10-29　带有搭接角度的磁脉冲焊接结构

采用剥离试验对焊接接头进行检验,剥离后的试样如图 10-30 所示。当搭接角度为 3°时,仅在连接区两端出现了白色撞痕,中间部分未实现焊接。当搭接角度为 4°时,白色撞痕布满整个连接区。当搭接角度为 5°时,仅在外管端部与内管碰撞的区域出现了宽度约 2mm 的白色撞痕,在连接区另一侧,焊接区仅形成 1mm 的白线,因此理想的搭接角度为 4°左右,由此根据式（10-1）可知,此时碰撞点移动速度约为 5000m/s。当放电电压、电容及内外管间隙一定时,根据式（10-1）可知,碰撞点移动速度 V_p 随着搭接角度的增大而减小。由于磁脉冲焊接和爆炸焊接类似,都是两种金属在外力作用下发生高速碰撞实现的焊接,而对于爆炸焊接来说,

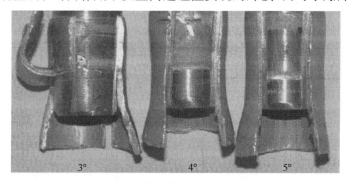

图 10-30　不同搭接角度接头剥离试验结果

为形成焊接接头,要求碰撞点移动速度在声速的 30%～50% 之间。由剥离试验的结果可知,当搭接角度为 4° 时,整个连接区的内外管碰撞速度均能保证在此范围之内。由于两种材料的声速都在 6000m/s 左右,因此可知,在此试验条件下,碰撞点移动速度 V_p 在 3000m/s 左右,合理的碰撞速度在 210m/s 以上。

取接头焊接区域,沿轴向进行取样并对试样进行扫描电镜(SEM)形貌分析,将不同搭接角度下的接头界面进行对比。

图 10-31 所示为平直型接头界面。碰撞速度为 355m/s、接头为平直型接头时,由式(10-1)可知,碰撞点移动速度趋近于无穷大,远远大于材料的声速。在此试验条件下得到的磁脉冲焊接接头为波形接头,波长约为 70μm。波峰高度分布不均匀,在碰撞速度较大的端部附近波峰较高,连接区中心部位由于碰撞速度较低,波形并不明显。在该试验条件下接头附近并未出现明显的过渡区。

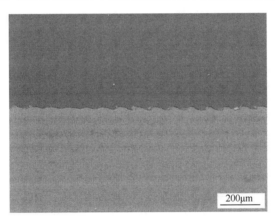

200μm

图 10-31　搭接角度 $\alpha = 0°$ 界面形貌

当搭接角度为 3° 时界面形貌如图 10-32 所示,此时,碰撞点移动速度约为 6687m/s,接近材料声速。由图 10-32 可以看出,在以铝材为基准的波谷处,接头呈现不连续的过渡区,接头波长约为 120μm,但是由于过渡区厚度不均,过渡区最宽处约为 20μm。

当搭接角度在 4° 时界面形貌如图 10-33 所示,此时碰撞点移动速度为 5017m/s 左右,从图中可以看出接头出现了连续的过渡区,过渡区宽度均匀且位于波峰之后,过渡区最宽处达到 40μm 左右。

当搭接角度达到 5° 时,碰撞点移动速度约为 4015m/s 左右,此时形成的界面形貌如图 10-34 所示,由于碰撞点移动速度低于其他搭接角度条件下的移动速度,因此过渡区宽度厚度开始不均匀,有部分区域并未出现过渡区,而在部分区域过渡区最宽可达 50μm。

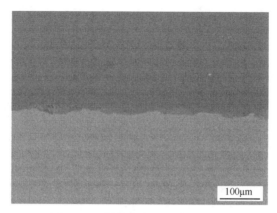

图 10-32　搭接角度 $\alpha=3°$ 界面形貌

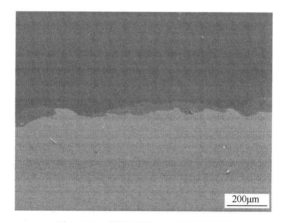

图 10-33　搭接角度 $\alpha=4°$ 界面形貌

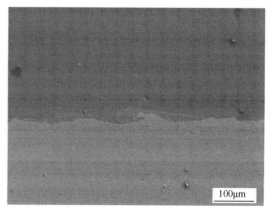

图 10-34　搭接角度 $\alpha=5°$ 界面形貌

2. 放电电压对碰撞速度的影响

放电电压是磁脉冲焊接工艺中最重要的一个参数,在设备电容一定的情况下,放电电压直接决定能量的大小,且放电能量随着放电电压的平方线性增加。在外管端部,即图 10-27 中的 45 号节点位置,放电电压对外管运动速度的影响如图 10-35 所示,由图可见,在一定的内外管间隙条件下,随着放电电压的增加,内外管碰撞速度明显增加。这是由于当放电电压升高时,放电回路的电流增大,且放电周期不变,因此放电电流的变化率增大,感应电流增大,磁场力增大。从而在一定间隙条件下,管件可以获得更大的加速度,因此碰撞速度变大。

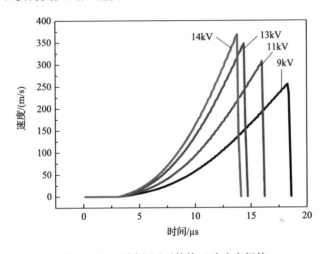

图 10-35　不同电压下外管运动速度规律

在不同放电电压条件下,接头管件碰撞速度不同,导致焊接效果不同。图 10-36 为放电电容值为 100μF,放电电压分别为 9kV、11kV、13kV、14kV 时磁脉冲焊接接头剥离结果,由图可见,当放电电压为 9kV(碰撞速度为 227m/s)时,接头自由端附近开始出现一条周向白色撞痕,在此区域碰撞速度最大。沿轴向方向由于碰撞速度降低,白色撞痕逐渐消失。随着电压升高,撞痕开始明显,当放电电压为 11kV 时,焊接区出现一条宽约 2mm 的焊接带,剥离难度明显提高。当放电电压达到 14kV(碰撞速度为 355m/s)时,接头已经无法进行剥离。将铝管硬性剥离掉,可以在钢管外表面观察到由于铝管的硬性分离而有块状铝母材固结其上。

由于磁脉冲成形机的放电电压采用微机控制,可控性好,精度高,因此在因放电能量不足而未实现焊接时,可以在设备允许的前提下首先考虑提高放电电压以提高内外管碰撞速度。

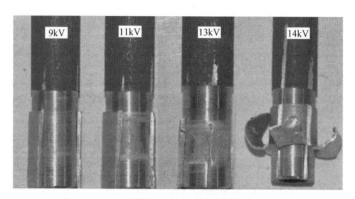

图 10-36　不同放电电压下接头剥离试验结果

3. 管间间隙对碰撞速度的影响

内外管之间的合理间隙是实现磁脉冲焊接的重要前提。管件之间的搭接间隙决定了管件加速运动的距离。当间隙过小时,外管加速运动距离和时间减小,很快与内管发生碰撞,因此难以获得足够的碰撞速度。当管件间隙过大时,外管径向和轴向收缩严重,随着变形增加,在周向应力明显变大,因此变形抗力增大使外管运动速度减慢。

图 10-37 所示为外管壁厚为 1mm、放电电压为 14kV 时,不同管件间隙下内外管碰撞速度分布,其中间隙从 1.0mm 开始选取,以 0.1mm 为步距至 1.6mm 共 7 个间隙值。由图 10-37 可以看出,当内外管间隙在 1.0～1.5mm 之间时,碰撞速度随着间隙的增加而增加,且碰撞速度随管件间隙呈线性增加的趋势,间隙每增加 0.1mm,内、外管的碰撞速度增加 18～19m/s。当间隙大于 1.5mm 时,碰撞速度增加的趋势开始减小,这是由于随着外管变形的增大,变形抗力和变形所需的变形

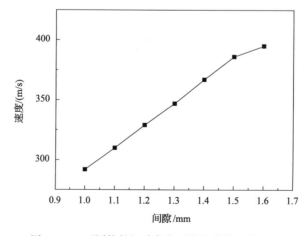

图 10-37　不同管件间隙条件下的内外管碰撞速度

能也越来越大,速度增加开始放缓。

在管件自由缩径过程中,外管在磁场力作用下首先开始加速,随着变形的进行,外管动能逐渐转化为变形能,变形抗力也随之增大。此时外管轴向受压应力的作用,当压应力超过材料屈服强度时发生起皱失稳,直至变形结束。由此可知,外管运动速度经历了先增大后减小的过程,因此合理的间隙应该首先保证外管在不发生起皱的条件下以最大的速度与内管碰撞。

10.5 展 望

由于异种金属电磁连接技术涉及多个学科的相关知识,仅从加工工艺方面对其进行研究对于推动该技术的应用作用有限。目前,在涉及磁脉冲焊接机理方面许多基础问题没有得到解决,一些基本观点有待更进一步验证,异种金属磁脉冲冶金结合机理有待人们更加深入地了解。

参 考 文 献

[1] The Belgian Welding Institute. Belgium:SOUDIMMA:Elec-tromagnetic Pulse Welding. http://www.bil-ibs.be/en/onderzoeksproject/soudimma-electromagnetic-pulse-welding[cited16.07.14].

[2] Kore S D,Date P P,Kulkarni S V,et al. Electromagnetic impact welding of Al-to-Al-Li sheets. Journal of Manufacturing Science and Engineering,2009,131(3):034502.

[3] Shribman V,Gafri O,Livshitz Y. Magnetic Pulse Welding & Joining-A New Tool for the Automotive Industry. SAE Technical Paper,2001-01-3408.

[4] 奥尔连科. 爆炸物理学. 孙承纬,译. 北京:科学出版社,2011:934-937.

[5] 熊海芝,陈亦伟. 磁脉冲压力连接管件的研究. 锻压技术,1994,(6):31-34.

[6] 曹建,丁家峰. 脉冲强磁场用于陶瓷与金属箍的连接. 新技术新工艺,2001,(6):31-34.

[7] 王永志,李春峰. 管-杆磁脉冲连接工艺研究. 锻压机械,1999,34(1):12-14.

[8] 贺锡纯,赵兰. 用磁成形法组装大弹壳的可行性研究. CMET. 锻压装备与制造技术,1993,3:004.

[9] Masumoto I,Tamaki K,Kojima M. Electromagnetic welding of aluminum tube to aluminum or dissimilar metal cores. Transactions of the Japan Welding Society,1985,16(2):110-116.

[10] Tamaki K,Kojima M. Factors affecting the result of electromagnetic welding of aluminum tube:Study on electromagnetic welding,report 2. Transactions of the Japan Welding Society,1988,19(1):53-59.

[11] Kojima M,Tamaki K,Furuta T. Effect of impact angle on the result of electromagnetic welding of aluminum:Studies on electromagnetic welding (Report 3). Transactions of the Japan Welding Society,1983,14(2):65.

[12] Raoelison R N,Buiron N,Rachik M,et al. Study of the elaboration of a practical weldability window in magnetic pulse welding. Journal of Materials Processing Technology,2013,213(8):1348-1354.

[13] Brown W F,Bandas J,Olson N T. Pulsed magnetic welding of breeder reactor fuel pin end closures. Transactions of the American Nuclear Society,1978, 30(CONF-7811109-).

[14] 李春峰,于海平. 异种金属材料磁脉冲连接技术. 航空制造技术,2008,(z1):546-552.

[15] Yu H,Xu Z,Fan Z,et al. Mechanical property and microstructure of aluminum alloy-steel tubes joint by

magnetic pulse welding. Materials Science and Engineering:A,2013,561:259-265.

[16] 于海平,赵岩,李春峰. 铜弹带磁脉冲焊接接头的力学性能. 兵器材料科学与工程,2015,(3):8-12.

[17] Watanabe M,Kumai S,Aizawa T. Interfacial microstructure of magnetic pressure seam welded Al-Fe, Al-Ni and Al-Cu lap joints. Materials Science Forum,2006,519:1145-1150.

[18] Kapil A,Sharma A. Magnetic pulse welding:An efficient and environmentally friendly multi-material joining technique. Journal of Cleaner Production,2015,100:35-58.

[19] Faes K. Electromagnetic pulse tube welding. https://www. researchgate. net/publication/230757399. Electromagnetic_pulse_Tube_Welding(accessed 17. 07. 14).

[20] Elsen A,Groche P,Ludwig M,et al. Fundamentals of EMPT-welding // Proceedings of the 4th International Conference on High Speed Forming (ICHSF 2010),Columbus,Ohio,2010:117-126.

[21] Nassiri A,Chini G,Kinsey B. Spatial stability analysis of emergent wavy interfacial patterns in magnetic pulsed welding. CIRP Annals-Manufacturing Technology,2014,63(1):245-248.

[22] Hunt J N. Wave formation in explosive welding. Philosophical magazine,1968,17(148):669-680.

[23] Ben-Artzy A,Stern A,Frage N,et al. Wave formation mechanism in magnetic pulse welding. International Journal of Impact Engineering,2010,37(4),397-404.

[24] Stern A,Aizenshtein M. Bonding zone formation in magnetic pulse welds. Science and Technology of Welding & Joining,2002,7(5),339-342.

[25] Zhang Y. Investigation of magnetic pulse welding on lap joint of similar and dissimilar materials. Columbus:Ohio State University,2010.

[26] Xu Z,Cui J,Yu H,et al. Research on the impact velocity of magnetic impulse welding of pipe fitting. Materials & Design,2013,49:736-745.

第11章　镁合金板坯电磁成形

11.1　引　言

镁合金以其自身特有的特性如较低的密度、高比强度等逐渐受到工业应用的青睐。常温下,由于镁合金具有密排六方晶体结构,滑移系较少,成形性能较差。故对于镁合金板材的成形,在以往的研究和应用中,通常采用加热成形的方法,而在加热条件下需要配置复杂的加热模具,增加了生产成本;且在成形中需要增加润滑,润滑剂的使用对环境造成污染。电磁成形是一种高速成形工艺,可以显著提高金属材料的成形性能,特别是材料的室温成形性能。电磁成形还具有成形效率高、无污染且无需复杂模具等优势。因此,电磁成形将为镁合金板坯的成形和应用提供新的成形方法,为镁合金板坯在工业如汽车、航空航天、电子等领域提供新的契机。本章将对镁合金板坯的电磁成形进行系统的阐述。

镁合金具有密排六方晶体结构(hexagonal close-packed,HCP),晶格常数 $\alpha = \beta = 90°$,$\gamma = 120°$,$a = 0.321$nm,$c = 0.521$nm,轴比为 $c/a = 1.623$,接近理想的密排值 1.633。von Mises 和 Taylor 研究表明,多晶体材料发生塑性变形需要五个独立的滑移系[1,2],镁合金在室温下具有的独立滑移系少于五个(表 11-1 和图 11-1),因此镁合金在室温下的成形性能较差。

表 11-1　室温下镁合金滑移系[1,2]

柏氏矢量	滑移系	滑移方向	总滑移系	独立滑移系
$<a>$	基面 $\{0001\}$	$\langle 11\bar{2}0 \rangle$	3	2
$<a>$	柱面 $\{10\bar{1}0\}$	$\langle 11\bar{2}0 \rangle$	3	2
$<a>$	锥面 $\{10\bar{1}1\}$	$\langle 11\bar{2}0 \rangle$	6	4
$<c+a>$	锥面 $\{11\bar{2}2\}$	$\langle \bar{1}\,\bar{1}23 \rangle$	6	5

当温度升高时,由于更多的滑移系被激活,镁合金板材的成形性能得到很大提高[3]。利用单向拉伸试验对镁合金板材的力学性能进行研究分析。如图 11-2 所示,当应变速率为 $0.05s^{-1}$,随着温度的增加,镁合金材料的屈服应力逐渐降低,延伸率逐渐增加[4]。温度不变,改变应变速率下的应力应变关系如图 11-3 所示[5]。随着应变速率的增加($0.001s^{-1} \sim 1s^{-1}$),无论是沿着轧制方向(RD)还是垂直于轧制方向(TD),屈服应力均呈现出增加的趋势;温度为 $200 \sim 300℃$,应变速率为

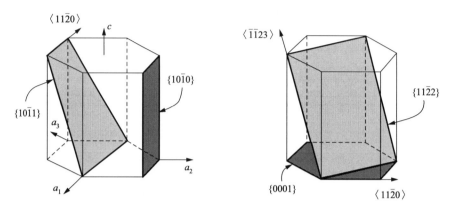

图 11-1　室温下镁合金滑移系示意图[1,2]

0.01s^{-1}时的延伸率最高,塑性最好。温度继续升高时,镁合金板材表现出超塑特性[6]。如图 11-4 所示,当温度为 400℃时,随着应变速率的降低,由于材料强化效应的减低,材料的延伸率大幅增加,当应变速率为 2×10^{-5} s^{-1},延伸率超过了150%,体现出了明显的超塑性。

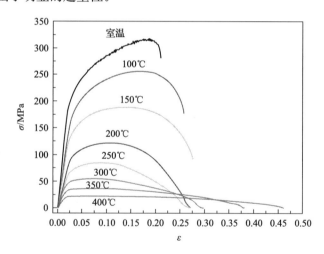

图 11-2　不同温度下的 AZ31 镁合金板材应力应变曲线(应变速率为 $0.05\mathrm{s}^{-1}$)[4]

　　高速条件的材料拉伸力学性能通常采用分离式霍普金森拉杆试验(split-Hop-Kinson tension bar,SHTB)进行。高应变速率下的材料性能与准静态下明显不同,在相同温度下,高应变速率下的屈服强度和抗拉强度明显高于准静态下的情况[7]。不同温度下的应力应变曲线如图 11-5 所示。峰值应力随着温度的降低而增加,且可以观察到明显的软化效应,特别是在较高温度条件下,这与大多数其他金属在提高温度条件下的变化趋势是相似的。应变速率对于流动应力的影响如

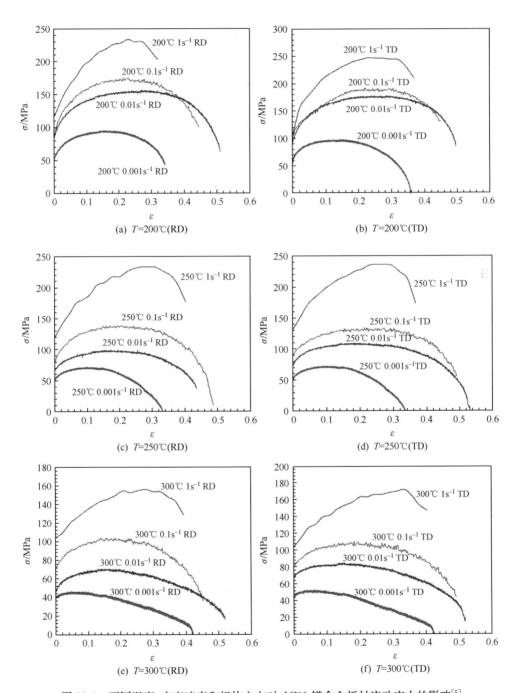

图 11-3　不同温度、应变速率和织构方向对 AZ31 镁合金板材流动应力的影响[5]

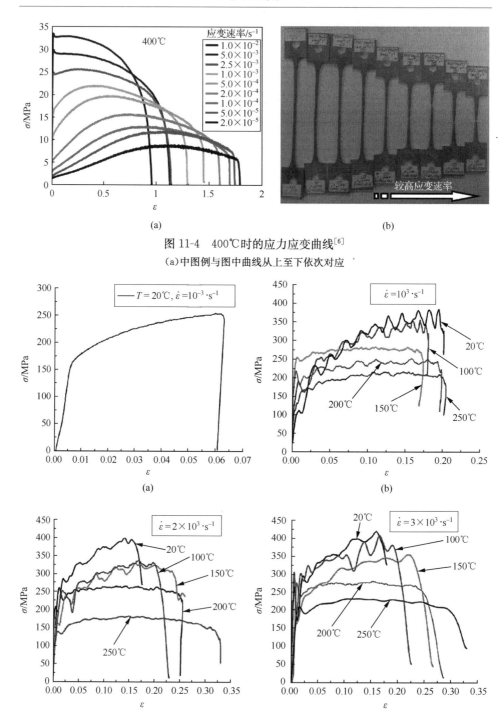

图 11-4　400℃时的应力应变曲线[6]

(a)中图例与图中曲线从上至下依次对应

图 11-5　AZ31 镁合金不同应变速率下的真实应力应变曲线[7]

图 11-6 所示。在相同温度条件下,高应变速率下的拉伸强度和断裂延伸率较准静态下有一定的提高。流动应力随着应变速率的增加而增加,从而表明材料对应变

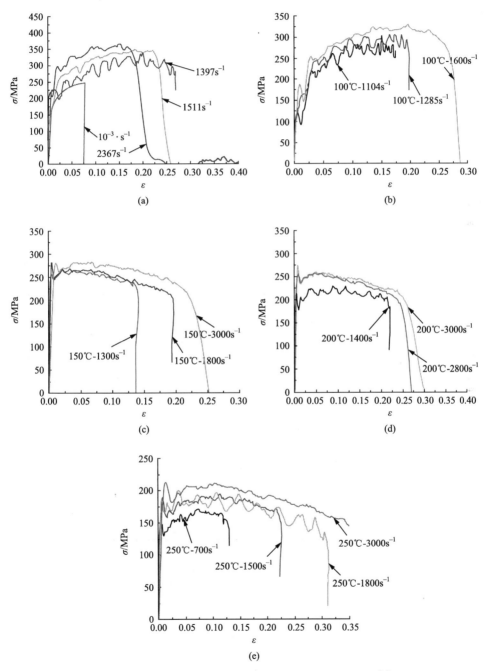

图 11-6　AZ31 镁合金不同温度下的工程应力应变曲线[7]

速率敏感。高应变速率条件下和低温条件下，材料表现出应变强化效应；然而，在高温条件下，软化效应较为明显。室温高应变速率下，强化效应较软化效应大的多，因此拉伸强度较准静态下明显提高。

由于铝和铜具有良好的导电性能，板材磁脉冲成形技术主要应用在铝和铜及其合金材料的成形，对于镁合金板材磁脉冲成形的研究并不多见。El-Magd 等[8]论述了 AZ80 镁合金在动态加载下延伸率得到提高。镁合金在加热条件下的磁脉冲成形在苏联学者的研究中有过报道[9]。研究结果表明，温度在 200℃时，镁合金的成形性能有显著的增加。Uhlmann 等[10]进行了镁合金板材加热磁脉冲成形的试验研究。结果显示，胀形高度随着成形温度的增加而增加。以上的研究都是简单的分析和探讨，而并没有对镁合金板材磁脉冲成形进行系统和全面的论述。

近年来，Ulacia 等[11]进行了 AZ31B 镁合金板材从室温到 250℃下的磁脉冲成形研究。试验中分析了不同温度和放电能量对成形的影响。在试验研究中发现，一方面，随着成形温度的提高，材料的屈服点降低；另一方面，随着温度的升高，材料的导电系数变大，电磁力降低。在给定放电能量，增加温度，变形的最大高度降低；而给定温度，增大放电能量，材料可成形的无缺陷的最大高度呈增加趋势。Meng 等[12]采用温热与磁脉冲成形相结合的方法研究工艺参数对 AZ31 镁合金板材成形的影响。研究指出，提高放电电压较提高电容对 AZ31 镁合金板材的胀形高度有更明显的效果。提高温度可以提高镁合金板材的成形性能，但是需要较大的放电能量与之相匹配；当放电能量保持不变，胀形高度先减小（<150℃），后增加（>150℃）。

纵观 AZ31 镁合金板材的成形工艺，热成形成为最重要的成形工艺。在加热条件下，无论是筒形件的拉深还是盒形件的成形，在合适的工艺参数下都可以实现，并且利用一些新的热成形工艺可以完成深拉深件和复杂形状工件的成形。然而，热成形需要加热到较高的温度，而且模具结构复杂，因此生产成本显著增加；再者，还存在成形效率低和润滑的处理等问题。磁脉冲成形工艺作为一种高速成形技术可以弥补单纯热成形工艺中出现的问题。不过，室温下的磁脉冲成形对于滑移系激活的能力逊于热成形。因此，磁脉冲成形与热成形工艺的结合似乎成为 AZ31 镁合金板材具有创新意义的成形工艺。然而，在加热条件下，AZ31 板材的电阻率明显的增加，大大降低了磁脉冲成形中依赖的电磁力，从而使得线圈产生工件变形的源动力的能力显著降低。从某种意义上讲，加热条件的磁脉冲成形工艺，既没有单独热成形提高 AZ31 板材成形性能的优势也限制了磁脉冲成形中高速成形的特点。

11.2　镁合金板坯的电磁单向拉伸成形

对于磁脉冲单向拉伸实验,本书作者设计了一种拉伸试样与矩形平板螺旋线圈配合成形的试验方法。试样的形状与尺寸如图 11-7 所示。在电磁成形过程中,板条状材料适宜采用长形平板螺旋线圈,因此采用如图 11-8 所示的长形单螺旋平板线圈。电磁单向拉伸试验工装示意图如图 11-9 所示。通过逐渐升高放电电压,使拉伸试样的胀形高度不断增加,当放电电压升高到一定值时,拉伸试样发生断裂。

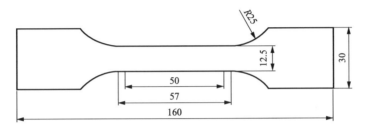

图 11-7　拉伸试样形状与尺寸的示意图

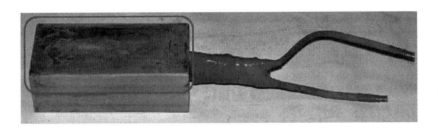

(a) 线圈

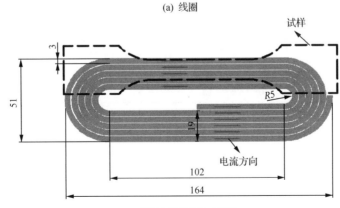

(b) 线圈与试样的相对位置

图 11-8　近似矩形平板螺旋线圈

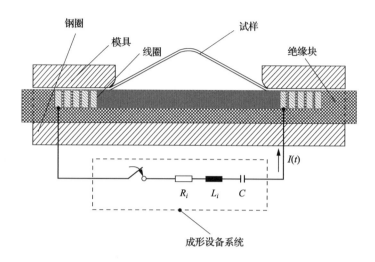

图 11-9　电磁单向拉伸试样工装示意图

变形后试样的应变采用美国 CamSys 公司的 ASAME 4.1 光学网格应变测量分析系统(automated strain analysis and measurement environment)进行分析和处理。选择靠近裂纹的未破的网格进行测量,对于断裂试样进行三次重复试验,将得到的极限点的主应变和次应变绘制于 ε_1-ε_2 坐标内。

11.2.1　变形过程分析

在以往的研究中,通常是利用基于 Nakazima 试样的球形凸模胀形试验[13]来评价材料的成形性能。在这些试验中,通过利用具有宽度和长度不同比例的试样获得不同的应变情况(对于单向拉伸应变的获得常采用窄条试样)。在球形凸模的胀形试验中,单向拉伸应变状态的成形试样呈弧形,具有与凸模相同的曲率。然而,在本章的研究中,采用线圈来替代球形凸模实现单向拉伸应变状态。如图 11-10 为采用高速相机 FASTCAM SA5 1000K-M2 拍摄的单向拉伸试样在电磁成形中的变形过程。当放电时间为 $0\sim120\mu s$,受电磁力的作用,试验开始发生塑性变形;随后在惯性效应的作用下($120\sim180\mu s$),成形高度逐渐增加,在 $180\mu s$ 时达到最高;之后试样的中心部位发生一定程度的上下波动,$900\mu s$ 之后,变形结束。

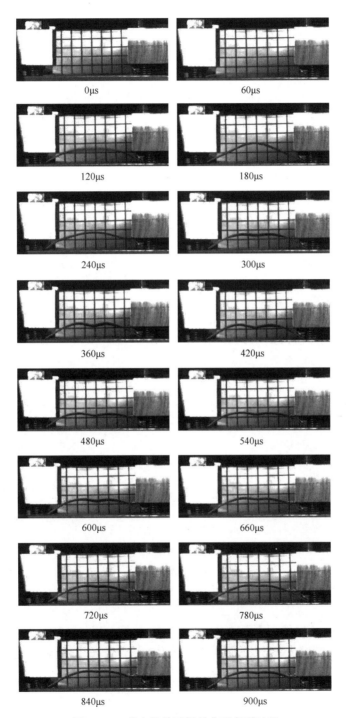

图 11-10 单向拉伸试样的典型变形过程

11.2.2　速度对单向拉伸的影响

电磁成形过程中,板材的最大变形速度由 Kamal[14] 给出,其表达式如下所示:

$$v_{\max} = \left(\frac{\mu_0 \pi}{4\omega}\right)\left(\frac{f_1^2 f_2 n^2}{l_s^2 \rho t_h}\right)\left(\frac{E}{L_{\text{sys}}}\right) \tag{11-1}$$

式中,f_1 为系统与工件之间的阻抗函数,设定为常数;f_2 为第二耦合系数,随着工件导电性的增加而增加;μ_0 为空气磁导率,$4\pi \times 10^{-7}$(单位:H/m);L_{sys} 为系统电感(单位:H);ω 为角频率(单位:rad/s);n 为线圈匝数;l_s 为线圈的长度(单位:mm);ρ 为工件密度(单位:kg/m³);t_h 为工件的厚度(单位:mm);E 为放电能量(单位:kJ)。

对于电磁成形系统而言,在试验中给定线圈和工件,除了放电能量系统中的参数都不再变化。由式(11-1)可知,板材的变形速度与放电能量呈线性关系。图 11-11 为不同放电能量下成形试样的应变分布。随着能量的增加相应成形试样的应变也表现出逐渐增加的趋势,且都为单拉应变状态。换言之,变形速度的增加表现为主应变和次应变的增加。从而表明,在电磁成形过程中,AZ31 镁合金板材的单向拉伸成形性能随着变形速度的增加而增加。

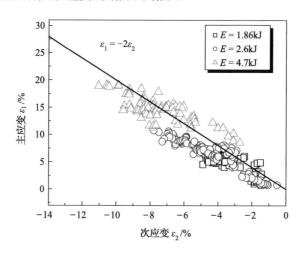

图 11-11　不同能量下成形试样的应变分布

图 11-12 为不同能量下电磁单向拉伸试样典型位置的速度变化。在成形过程中,靠近约束端的速度较小,越向中间靠近由于惯性的作用速度越大。随着放电能量的增加,各典型位置的变形速度也逐渐增加。

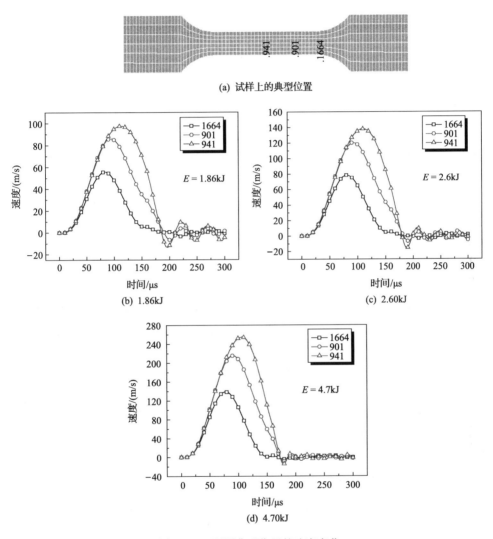

图 11-12　预测典型位置的速度变化

11.2.3　单向拉伸极限应变

图 11-13 为准静态下应变速率对流动应力曲线的影响。室温下,随着应变速率的增加流动应力并没有明显的增加。然而,当应变速率增加到较高的范围即高速应变,材料的屈服应力和流动应力随应变速率的增加而增加[15]。

当弧形试样伸展后,对标距长度进行测量,测量结果如图 11-14 所示,AZ31 镁合金板材在准静态不同应变速率下(10^{-3} s^{-1}≤$\dot{\varepsilon}$≤10^{-1} s^{-1}),延伸率随着应变速率的增加不断减小;然而,随着放电电压的增加,电磁单向拉伸(10^2 s^{-1}≤$\dot{\varepsilon}$≤

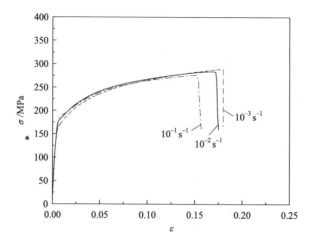

图 11-13　镁合金板材应变速率为 $10^{-3} \sim 10^{-1}\ \mathrm{s}^{-1}$ 下的真实应力应变曲线

$10^3\ \mathrm{s}^{-1}$)的延伸率不断增加,放电电压的增加表征试样应变速率的增加。准静态单向拉伸断后延伸率的范围为 $15.2\% \sim 16.7\%$,而电磁单向拉伸断后延伸率约为 22%,较准静态下的提高大约 37%;通常,断后延伸率越大的材料塑性变形能力越强,因此在电磁条件下,AZ31 镁合金板材的塑性较准静态室温条件下有明显提高。

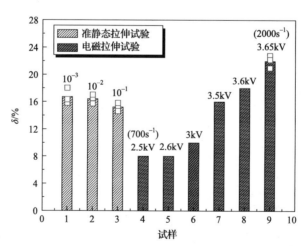

图 11-14　电磁单向拉伸延伸率分布

　　应变的分布情况如图 11-15 所示。其中,最大的应变发生在 C 区域,B 区域次之,D 区域最小。这是因为电磁力和惯性力共同作用的结果。图 11-16 为放电能量为 $5.12\mathrm{kJ}$ 时的典型断裂试样。断裂位置发生在应变最大的 C 区域。

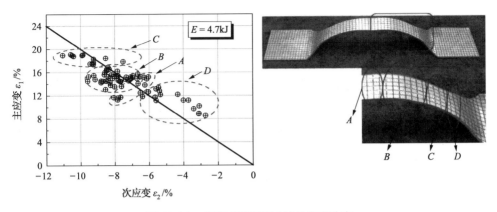

图 11-15　成形试样不同区域的应变分布

图 11-16　电磁单向拉伸断裂试样

图 11-17 为电磁和准静态单向拉伸极限应变分布。所有测量的应变的位置都是靠近断口附近的完整的网格。电磁单向拉伸的极限应变范围为主应变 18.60%～20.30%和次应变－11.77%～－11.35%。然而,准静态单向拉伸的极限应变范围为主应变 8.54%～9.84%和次应变－6.46%～－5.36%。通过比较,电磁单向拉伸的主应变和次应变分别增加大约为 112%和 96%。可见 AZ31 镁合金板材在电磁室温成形的单拉成形性能较准静态有明显的改善和提高。因为在电磁单向拉伸

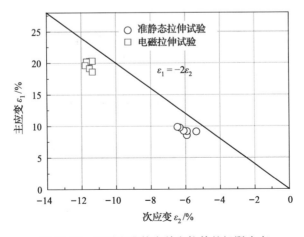

图 11-17　电磁和准静态单向拉伸的极限应变

变形过程中,受力相对集中,变形传播快而且剧烈,变形过程中的惯性效应和应变率效应显著,材料的塑性增加明显。

11.3　镁合金板坯的电磁胀形

镁合金板材自由胀形有采用传统的圆形线圈[16]也有采用方形线圈[17]和匀压线圈[12]进行试验研究的。电磁自由胀形圆形线圈试验工装如图 11-18 所示。

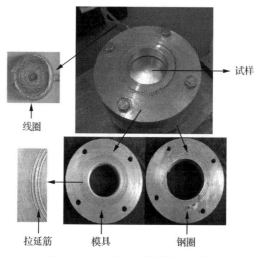

图 11-18　电磁自由胀形试验工装

准静态胀形试验是通过半球刚模胀形实现的,试验工装如图 11-19 所示。准静态下的胀形试验中,采用充分的油脂对球形凸模进行润滑,以减小凸模与板材之间的摩擦,可实现双等拉应变状态。

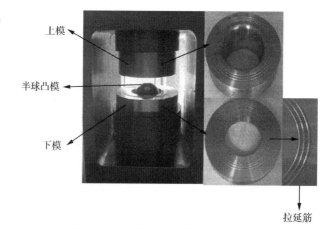

图 11-19　准静态双等拉成形试验工装

11.3.1　放电参数对胀形高度的影响

图 11-20 为不同放电电容下的胀形高度变化。胀形高度随放电电容的增加而呈线性增加,模拟结果略高于试验值,较精确地预测了胀形高度的变化趋势。

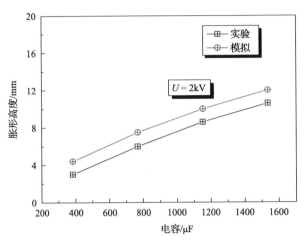

图 11-20　电容对胀形高度的影响

胀形高度与放电电容的关系如图 11-21 所示。板材的胀形高度随电容的增加而降低,表明放电电容的增加引起了能量损耗的增加和电磁成形效率的降低。图 11-22 为塑性应变能与电容的关系。在一定能量下,塑性应变能随着放电电容的增加而降低,表明随着放电电容的增加贡献于变形的能量有降低的趋势。然而,当放电电容较小时,板材的极限成形高度(LDH)较低,这是因为 AZ31 板材在变形

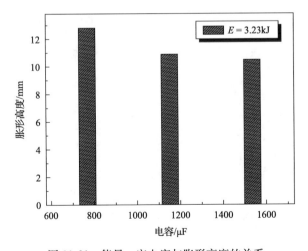

图 11-21　能量一定电容与胀形高度的关系

过程中不能获得足够的动能。图 11-23 为无拉延筋时不同放电电容下的极限胀形高度的变化。放电电容 100μF 下的极限胀形高度仅为 13.8mm,明显低于其他电容下的极限高度。因此,在室温下,较小的放电电容对 AZ31 板材的成形也是不利的。

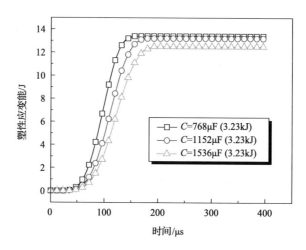

图 11-22　电容对塑性应变能的影响

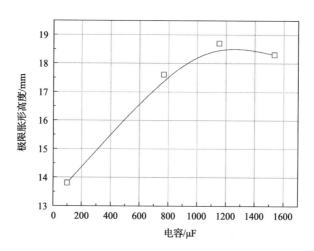

图 11-23　不同电容下极限胀形高度的变化(无拉延筋)

　　图 11-24 为放电电压与胀形高度的关系。发现胀形高度随放电电压的增加呈增加的趋势。最终的胀形高度分别为 12.8mm(768μF)、14mm(1152μF)和 13.8mm(1536μF),表明放电电容为 1152μF 下增加放电电压可使 AZ31 板材获得较大的变形能量,有利于提高板材的电磁双等拉伸成形性能。准静态下的最终成形高度为 9mm,电磁成形下的最终成形高度较准静态下提高为 38%～53%。

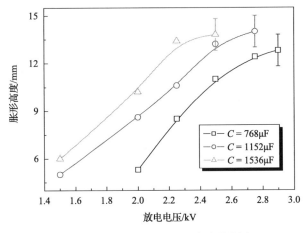

图 11-24　放电电压对胀形高度的影响

11.3.2　速度和应变速率的变化规律

对板材上的典型位置即板材的中心和线圈半径 1/2 处的速度变化进行分析。速度随时间的变化如图 11-25 所示。在成形的初始阶段,板材在线圈半径的 1/2 处受到较大的电磁力作用,先发生塑性变形,而中心部位由于受到的电磁力较小并未发生明显的变形。随后,板材的中心部位受到周围变形部位的带动开始变形,其变形速度逐渐增加。由于电流的瞬态衰竭和板材与线圈之间距离的增加,作用于板材的电磁力迅速较小,从而惯性作用成为板材变形的主要影响因素。随着变形逐渐接近最终的成形高度,速度逐渐降低。成形的结束阶段,速度出现随时间小幅度的上下波动,这是由于板材的回弹造成的,此时说明变形已结束。图 11-26 为放

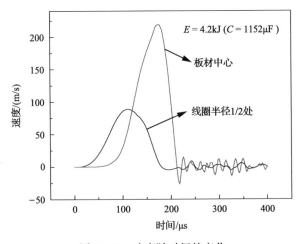

图 11-25　速度随时间的变化

电能量对速度的影响。随着放电能量的增加,在板材中心和线圈半径 1/2 处的速度都趋于持续增加。板材中心的速度总体上高于线圈半径的 1/2 处。

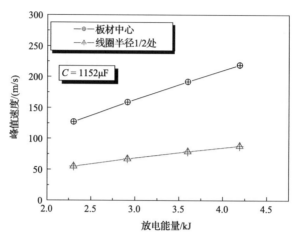

图 11-26　放电能量对峰值速度的影响

应变速率和温度是 AZ31 镁合金板材准静态成形中很重要的影响因素[18]。而前者是电磁成形工艺中最主要的影响因素。

图 11-27 为板材中心应变速率在不同能量下随时间的变化曲线。应变速率出现两个峰值。第一个峰值是由于成形的初始阶段板材中心受到周围已变形部位的影响的结果。随后,在惯性力的作下,应变速率出现第二个峰值。

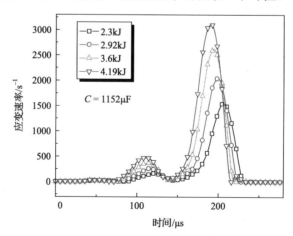

图 11-27　板材中心应变速率随时间的变化

11.3.3　电磁胀形成形极限

球形刚模胀形与电磁胀形存在本质的不同。球形刚模胀形是坯料在球形刚性凸模的作用下发生塑性变形;电磁胀形是坯料在电磁力的作用下没有任何接触,发生高速变形。由于变形方式存在质的不同,其破裂方式也有着本质上的区别。图 11-28 显示了两种成形方式下工件不同的裂纹扩展特性。准静态下,在工件的变形区距顶部附近产生一条裂纹并扩展;而在电磁成形条件下,由于 AZ31 镁合金板材以高应变速率变形,在工件顶部出现多条裂纹并扩展。球形刚模胀形中,试样的变形主要集中在与凸模接触的位置,由于应力的集中从而导致破裂在接触的位置发生;而电磁胀形中,线圈对应的区域都发生明显的变形,其变形更为均匀,裂纹以多条形式扩展。

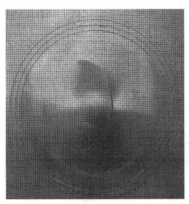 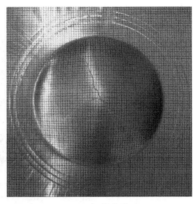

(a) 准静态成形   (b) 电磁成形

图 11-28 不同成形条件下的典型破裂试样

图 11-29 为 AZ31 镁合金板材电磁胀形的成形极限应变分布。没有拉延筋的极限应变分布虽为双轴应变状态,却偏离了 $\varepsilon_1 = \varepsilon_2$ 的双等拉应变。在采用本书设

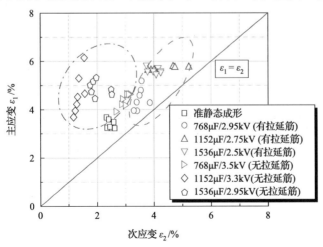

图 11-29 AZ31 镁合金板材电磁成形性结果

计的多条浅槽拉延筋,近似地实现了双等拉伸应变状态。电磁成形的双等拉极限应变明显高于准静态,表明 AZ31 镁合金板材的成形性能在电磁成形条件下有明显的提高。在电容为 $C=1152\mu F$ 下的极限应变范围为主应变(major strain) 5.619%~5.775%和次应变(minor strain)3.796%~5.226%。然而,准静态下的极限应变范围为主应变 3.222%~3.763%和次应变 2.329%~2.619%。电磁成形下的主应变和次应变较准静态下分别提高 67%和 77%。

11.4 镁合金板材的电磁驱动胀形

由于 AZ31 镁合金板材的电阻率为 $9.2\times10^{-8}\Omega\cdot m$ 远大于铜(1.72×10^{-8} $\Omega\cdot m$)和铝合金($2.17\times10^{-8}\Omega\cdot m$)的电阻率,在单独采用 AZ31 镁合金板材进行电磁成形时受到的电磁力的作用要小于单独采用铜和铝合金板材的情况。所以,为了获得更大的电磁力的作用,将合适的铜板或者铝合金板材置于线圈和 AZ31 镁合金板材之间来驱动 AZ31 板材成形。试验工装如图 11-30 所示。

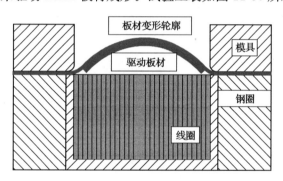

图 11-30　电磁动态驱动成形

11.4.1　驱动片对磁压力的影响

Al 驱动片的厚度分别选取 0.5mm、1mm 和 2mm。由于驱动片的电阻率低于 AZ31 镁合金板材,成形过程中在驱动片内产生较强的涡流,所以驱动片受到高于 AZ31 镁合金板材单独成形时的电磁力的作用。考虑磁场的穿透,磁压力[19]可由下式进行描述:

$$P = \frac{B_1^2 - B_2^2}{2\mu_0} \tag{11-2}$$

式中,P 为磁压力(单位:MPa);μ_0 为空气磁导率(单位:$4\pi\times10^{-7}H/m$);B_1 为靠近线圈的板材表面的磁通密度(单位:T);B_2 为背离线圈的板材表面的磁通密度(单位:T)。

图 11-31 为有无驱动片典型位置的磁压力变化曲线。在相同放电能量下,采用驱动片后在线圈半径的 1/2 处的磁压力的峰值较无驱动片的情况有明显的提高。无论有无驱动片其中心部位的磁压力都接近于零。无驱动片的磁压力波动曲线在结束端出现了负值即在 200μs 左右 B_2 所在板材面的磁通略大于 B_1 面,说明磁场的穿透明显。有驱动片时,随着驱动片厚度的增加这种负值现象逐渐消失,而且磁压力峰值逐渐增加,表明磁场的穿透逐渐减弱,磁场的效率得到提高。

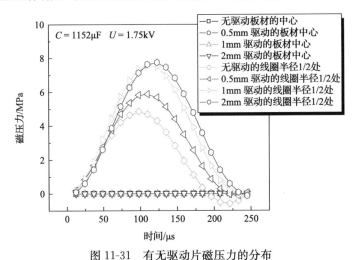

图 11-31　有无驱动片磁压力的分布

图 11-32 所示为背离线圈的驱动片表面上磁压力的变化曲线。随着驱动片厚度的增加背离线圈的驱动片表面的磁压力逐渐减小,且渐趋于零,表明磁场在背离线圈的驱动片表面上的磁通分布逐渐趋于零,磁场渗透逐渐减弱,甚至趋于被完全封闭于驱动片厚度范围内。

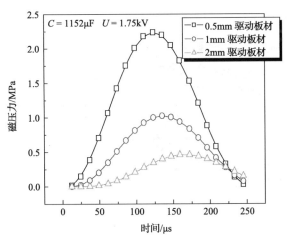

图 11-32　背离线圈的驱动片表面的磁压力分布

图 11-33 为不同厚度驱动片对 AZ31 镁合金板材胀形高度的影响。总体上，随着放电能量的增加，胀形高度几乎成线性增加的趋势，有驱动片的胀形高度明显高于无驱动片的情况。采用驱动片获得的破裂高度分别为：17mm（0.5mm 驱动片），16.8mm（1mm 驱动片）和 19mm（2mm 驱动片）。与准静态下相比，破裂高度分别增加 89%（0.5mm 驱动片），87%（1mm 驱动片）和 111%（2mm 驱动片）。从而表明，2mm 驱动片的驱动效果最佳，有利于 AZ31 板材成形性能的进一步提高。计算出有 Al 驱动片的集肤深度为 1.8mm。因此，驱动片厚度的选择以集肤深度为参考，要不小于集肤深度为宜。

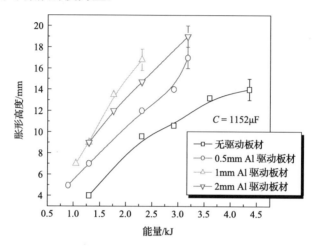

图 11-33　不同厚度驱动片对胀形高度的影响

11.4.2　不同材料的驱动片对胀形的影响

Cu 具有比 Al 合金更低的电阻率同样可以作为驱动材料。试验中采用的 Cu

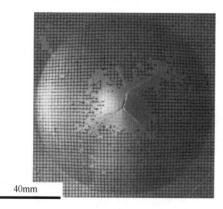

图 11-34　Cu 驱动片典型破裂试样

驱动片厚度为 1mm。表 11-2 为 Cu 和 Al 驱动片在相同能量下的胀形高度的结果。采用 Cu 驱动片磁场的渗透较少，能量利用率较 Al 有进一步的提高。在能量为 1.76kJ 时，Cu 驱动片驱动成形的工件已发生破裂，没有进一步提高驱动能力的空间。图 11-34 所示为典型的破裂试样。由于采用 Cu 驱动片的胀形试验只能在较低能量下进行，所以，Al 驱动片较 Cu 驱动片更适宜用于 AZ31 镁合金板材的驱动成形。

表 11-2　Cu 和 Al 驱动片胀形高度的试验结果

放电能量/kJ	驱动片类型	驱动片厚度/mm	胀形高度/mm
1.30	Cu	1	9.5
1.76			12.2
1.30	Al	0.5	7
1.76			9.4
1.30	Al	1	9
1.76			13.5
1.30	Al	2	9
1.76			12

11.4.3　动态驱动成形极限

为了量化动态驱动成形性能,对变形后的极限应变进行了测量。图 11-35 为动态驱动成形的极限应变分布。电磁动态驱动下的成形极限应变分布明显高于准静态下的极限应变,表明电磁动态驱动下的成形性能得到提高。2mm 驱动片的驱动成形极限明显高于 0.5mm 和 1mm 驱动成形的极限应变分布。2mm 驱动成形的极限应变分布范围为主应变(major strain)7.628%～8.978% 和次应变(minor strain)6.006%～7.488%,比准静态下的极限应变分别提高约 148% 和 184%。表明在动态驱动条件下,AZ31 镁合金板材的成形性能得到显著的提高,特别是随着驱动片厚度的增加(驱动片厚度不小于集肤深度)。

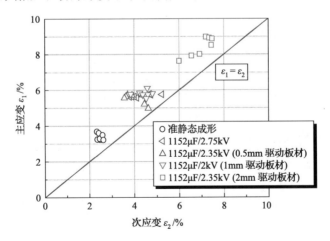

图 11-35　动态驱动成形的极限应变分布

图 11-36 为在放电能量 2.79kJ($C=1152\mu F$,$U=2.2kV$)时 1mm 驱动片驱动

成形试样顶部出现微裂纹的应变分布。在提高放电能量的驱动作用下,AZ31 板材受到了更显著的惯性效应和冲击作用的影响,主应变和次应变应变又有了大幅的提高。最大的应变分布于成形试样的顶部靠近裂纹附近,分别为主应变 15.74% 和次应变 11.25%,约为准静态下的 4 倍;而且,超过了文献[20]记载的 100℃时的双轴拉伸应变状态下的极限应变分布。

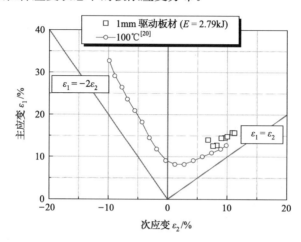

图 11-36　1mm 驱动片驱动成形的极限应变分布($E=2.79$kJ)

11.5　镁合金板材电磁平面应变成形

Wagoner 和 Wang[21]首先发展了平板面拉伸成形极限试验方法即采用轴向拉伸的方法实现平面应变状态。试验中,通过改变标距的几何形状实现整个试样上的平面应变的最大化。他们研究了六种应变区的几何形状。Wagoner 和 Wang 的研究表明,在标距区内可获得平面应变约为 80%。

Holmberg 等[22]提出了一种不依赖于工具的几何形状和摩擦的平板拉伸成形极限试验方法。试样的几何形状如图 11-37 所示。研究发现宽的试样和短的标距长度可以产生接近平面应变的成形极限。Holmberg 提出的试样有足够长的夹持部位,避免破裂发生在标距区域以外。试样的宽度 w_1 和 w_2 的范围为 16~76mm,h_0 的宽度为 6~12mm。

由于 AZ31 镁合金板材常温下较脆,采用 Wagoner 和 Wang 提出的试样形状,夹持部位常常被拉脱。为了保证试验的顺利进行,对于 AZ31 镁合金板材夹持端的长度尤为重要,因此采用 Holmberg 等提出的拉伸试样,试样的形状与尺寸如图 11-38 所示。

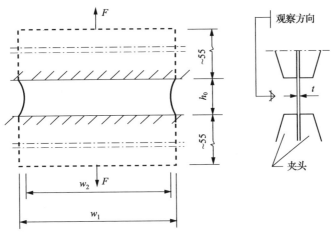

图 11-37　Holmberg 等采用的平板拉伸试样[22]

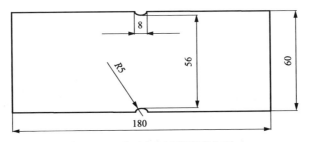

图 11-38　平面应变试样形状与尺寸

11.5.1　放电参数对变形高度的影响

图 11-39 为不同电容下成形的峰值高度变化。随着放电电容的增加，成形高

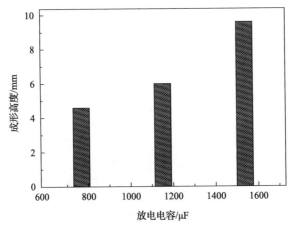

图 11-39　放电电容对成形高度的影响

度呈现增加的趋势。成形高度随着放电电压的增加而不断增加,如图 11-40 所示。图 11-41 为不同电压下成形的平面应变试样的实物图。标距区域的变形较为均匀,没有出现畸变位置,可有效地实现平面应变的分析。

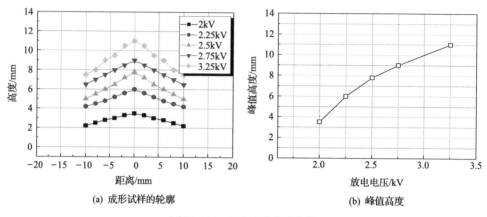

(a) 成形试样的轮廓　　　　　　　　　(b) 峰值高度

图 11-40　成形试样高度变化

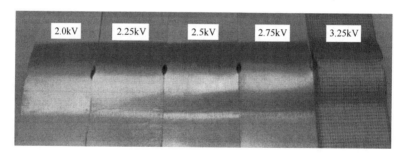

图 11-41　成形工件

11.5.2　平面应变成形极限

图 11-42 标记出了标距内的典型区域。a 和 b 两条线的应变分布如图 11-43 所示。在试样中间部位的应变状态可近似为平面应变状态(与图 11-42 中的虚线位置相对应),向试样的两端靠近应变状态逐渐由平面应变转变为单向拉伸应变状态。标距内 a 线与 b 线的主应变和次应变分别重合,表明变形较为均匀,变形过程

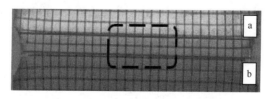

图 11-42　电磁平面应变拉伸试样

中受到均匀的电磁力的作用。

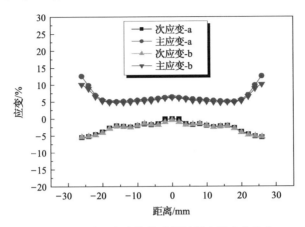

图 11-43　平面应变拉伸试样标距内的应变分布

选取靠近裂纹附近的完整的网格进行测量,得到的极限应变分布如图 11-44 所示。电磁平面应变的极限应变范围为主应变 5.837%~6.454%,而准静态平面应变的极限应变范围为主应变 3.215%~3.82%。通过比较,电磁平面应变的主应变较准静态下增加约 75%。结果表明,在电磁成形条件下,AZ31 镁合金板材的平面应变成形性能得到明显提高。

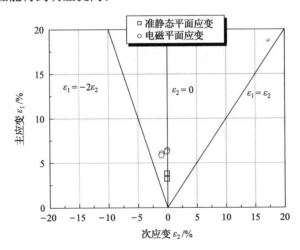

图 11-44　电磁和准静态平面应变的极限应变

11.6　镁合金壳体件的电磁成形

壳体在 3C 产品中的应用非常广泛,如手机壳体、相机壳体以及笔记本壳体等。镁合金壳体在 3C 中的应用极具潜力,不过室温下,AZ31 镁合金板材的成形存在困难,极易产生破裂。磁脉冲成形工艺可以明显改善 AZ31 镁合金板材的室温成形性能,为镁合金的室温成形提供了新的思路。

本节以 3C 产品中的手机壳体为目标壳体,利用磁脉冲成形工艺,研究工艺参数对壳体件成形的影响。以往的研究中,通常采用平板螺旋线圈对板材施加电磁力使板材发生塑性变形,而平板螺旋线圈产生的电磁力并不均匀。匀压线圈的出现,为均匀电磁力的施加提供了契机。

11.6.1　AZ31 镁合金壳体磁脉冲成形工艺试验

建立的壳体成形工装如图 11-45 所示。图 11-46 为试验设计的匀压线圈的形状与尺寸。主线圈和外导体槽采用 H62 黄铜材料制成。

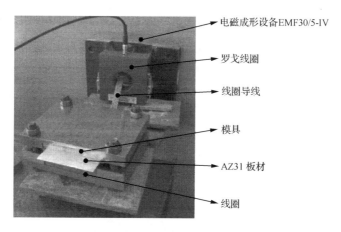

图 11-45　壳体磁脉冲成形工装

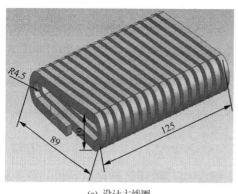

(a) 设计主线圈

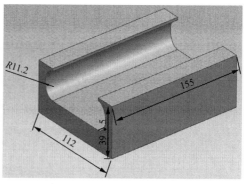

(b) 设计外导体槽

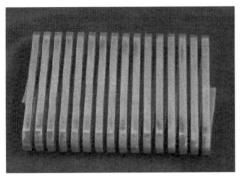

(c) 主线圈实物

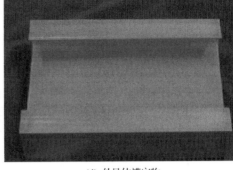

(d) 外导体槽实物

图 11-46　匀压线圈

11.6.2　放电参数对成形高度的影响

图 11-47 为放电能量为 4.36kJ 下不同电容下成形工件的高度变化。随着放电电容的增加,壳体的成形高度不断增加。

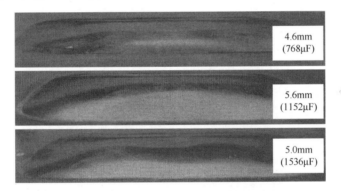

图 11-47　相同能量不同电容下的壳体成形高度

图 11-48～图 11-50 分别为不同电压下成形的底部圆角 $R=30$mm、$R=15$mm 和 $R=2$mm 壳体件的轮廓及峰值高度的变化。随着放电电压的增加,$R=30$mm 壳体件的高度由 5.2mm(2.5kV)增加至 6mm(3.25kV),$R=15$mm 壳体件的高度由 5.1mm(2.5kV)增加至 6mm(3.25kV),$R=2$mm 壳体件的轮廓高度由 5.2mm(2.5kV)增加至 6mm(3.25kV)。当放电电压分别为 3.0kV,3.0kV 和 2.75kV 时,成形的 $R=30$mm,$R=15$mm 和 $R=2$mm 壳体件的底部峰值高度接近 6mm 与模具开始发生接触。

较大的模具底部圆角会使板材过早地与圆角接触而消耗变形的能量,所以模具圆角较大时需要较大的放电能量才能使板材与模具发生碰撞。对于成形 $R=$

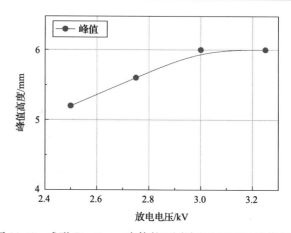

图 11-48　成形 $R=30\text{mm}$ 壳体件不同放电电压下的峰值高度

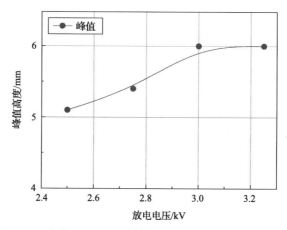

图 11-49　成形 $R=15\text{mm}$ 壳体件不同放电电压下的峰值高度

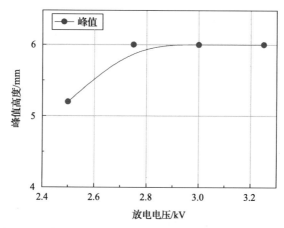

图 11-50　成形 $R=2\text{mm}$ 壳体件不同放电电压下的峰值高度

30mm 壳体件,在 7.056kJ(3.5kV)时板材与模具发生碰撞,对于 $R=15$mm 和 $R=2$mm 壳体件,3.25kV 和 3.0kV 时板材与模具发生明显碰撞,如图 11-51 所示。

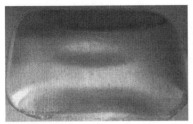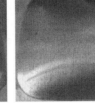

(a) $R=30$mm, 3.5kV　　　　　　　(b) $R=15$mm, 3.25kV

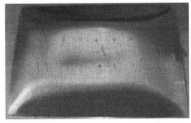

(c) $R=2$mm, 3.0kV

图 11-51　板材与模具碰撞后的底部轮廓

11.6.3　缺陷分析

在成形过程中,板材以较高的速度向模具运动,使得板材与模具之间的空气不能及时排出,由于空气的存在使板材底部无法贴模,形成凹陷,如图 11-52 所示。为了解决排气的问题,在模具上设计直径为 1mm 的排气孔。排气孔的存在可以满足板材与模具顺利接触并发生碰撞。

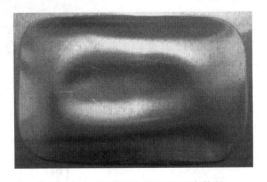

图 11-52　无排气孔模具成形壳体件

采用无排气孔和有气孔模具成形的壳体件的高度存在较大差异。以 $R=15$mm 壳体件为例进行对比分析。图 11-53 为放电电压为 3.75kV 下采用无排气孔和有排气孔模具成形的 $R=15\text{mm}$ 壳体件轮廓高度。在相同能量下,有排气孔成形的壳体件,沿 A-B 线的高度明显高于无排气孔成形的壳体件,其高度曲线更加接近与模具的轮廓。受空气的影响,无排气孔成形的壳体件的贴模性显然较有排气孔的差,并且无排气孔时形成的凹陷是由于空气无法排出所致,而有气孔模具底部的凹陷是由于板材与模具的碰撞引起的。

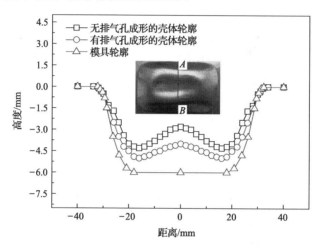

图 11-53　有无排气孔成形的壳体件的高度变化

图 11-54 为放电电压为成形的 $R=30\text{mm}$ 壳体件。由于板材与模具在较高的速度下发生碰撞,在碰撞的瞬间板材运动速度发生反向,从而导致板材与模具碰撞的区域出现凹陷状,不能实现理想贴模。图中放大标记的部位为板材与模具碰撞后留下的排气孔的痕迹,证实板材与模具发生了充分的碰撞接触。

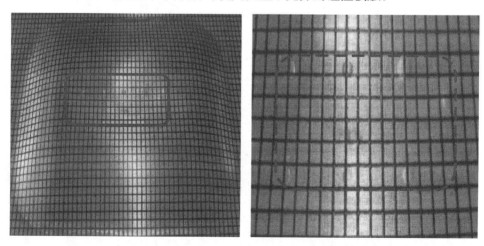

图 11-54　3.75kV 成形的 $R=30\text{mm}$ 壳体件

11.6.4 成形分析

为了克服板材与模具碰撞后形成的凹陷,可采用驱动片进行驱动冲击成形。试验中采用"两步法"成形即第一步在较高电压下使板材与模具发生接触碰撞,第二步使用 Al 驱动片"熨平"板材与模具碰撞后形成的凹陷部位。

图 11-55 为驱动成形的 $R=30mm$ 壳体件。第一步在 3.75kV 下放电成形,如图 11-55(a)所示,在壳体底部形成凹陷。第二步在 3.75kV 下采用 0.5mm Al 驱动片驱动成形,第一步成形后的凹陷部位在第二步的驱动片的作用下已完全消失,板材完全贴模,如图 11-55(b)所示。

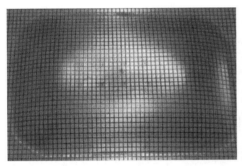

(a) 第一步成形的壳体件   (b) 第二步成形的壳体件

图 11-55 3.75kV 下两步法成形的 $R=30mm$ 壳体件

图 11-56 为两步法成形的 $R=30mm$ 壳体件宽度方向和长度方向的轮廓高度变化曲线。第一步成形之后宽度方向和长度方向的底部轮廓均存在凹陷,而第二步驱动片的驱动成形之后壳体件的底部凹陷消失,轮廓与设计的模具轮廓吻合较好。因此,对于底部圆角为 $R=30mm$ 以及大于 30mm 的壳体件,可以采用两步法成形。

当采用 1mm Al 驱动片驱动成形 $R=30mm$ 壳体件时,由于 1mm Al 驱动片的驱动作用,板材获得了更大的变形速度,板材再次与模具发生碰撞,底部凹陷依然比较明显(图 11-57(a)),而且驱动片的底部也出现了明显的凹陷(图 11-57(b))。因此,1mm 驱动片的驱动不利于成形 $R=30mm$ 壳体件。

图 11-58 为采用两步法成形的 $R=15mm$ 壳体件。通过 0.5mm Al 驱动片的驱动和冲击作用可以将第一步成形中板材底部的凹陷熨平,图 11-58(b)为熨平后的壳体件。然而,由于 0.5mm Al 驱动片的驱动和冲击能力较小,对于 $R=15mm$ 壳体件的成形效果并不理想,成形的 $R=15mm$ 壳体件的底部区域明显与模具的形状存在较大偏差。

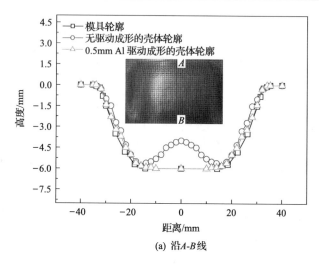

(a) 沿A-B线

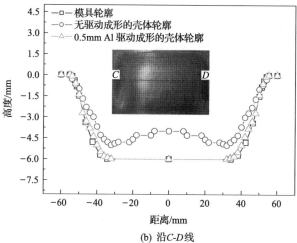

(b) 沿C-D线

图 11-56　3.75kV 下两步法成形的壳体件截面轮廓

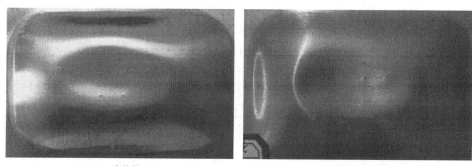

(a) 壳体件　　　　　　　　　　　　　(b) 1mm Al驱动片

图 11-57　3.75kV 下 1mm Al 驱动片成形的 $R=30$mm 壳体件

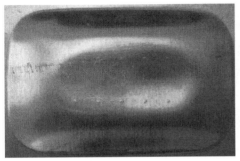 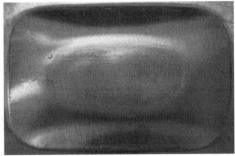

(a) 第一步成形的壳体件　　　　　　　　　　　　　(b) 第二步成形的壳体件

图 11-58　3.75kV 下两步法成形的 $R=15$mm 壳体件

　　为了提高驱动能力,采用 1mm Al 驱动片进行驱动成形。图 11-59 为采用 1mm Al 驱动片驱动成形的 $R=15$mm 壳体件。成形后的 $R=15$mm 壳体件(图 11-59(a))底部轮廓明显比 0.5mm Al 驱动片成形的壳体件底部更加接近模具的形状。驱动片与模具底部高速碰撞后,发生速度反向,在底部形成凹陷,如图 11-59(b)所示。1mm Al 驱动片成形的 $R=15$mm 壳体件底部轮廓虽较接近模具的形状尺寸,但成形的壳体底部仍略有凹陷。这是因为,1mm Al 驱动片的变形速度较快,与模具快速冲击之后又产生速度的反向,并没有将壳体件的底部完全熨平。

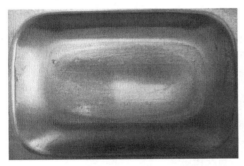 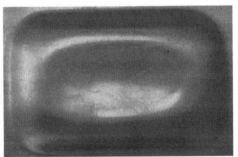

(a) 成形后的壳体件　　　　　　　　　　　　　　(b) 1mm驱动片

图 11-59　3.75kV 下 1mm Al 驱动片驱动成形的 $R=15$mm 壳体件

　　为了克服上述问题,对成形后的壳体件,采用 1mm Al 驱动片进行两次驱动。图 11-60 为采用 1mm 驱动片两次驱动成形的 $R=15$mm 壳体件。壳体件的轮廓基本与模具的形状与尺寸吻合。

　　图 11-61 为 3.75kV 下 1mm Al 驱动片两次驱动成形的 $R=15$mm 壳体件的截面轮廓曲线。通过对比无驱动片和有驱动片成形的壳体件轮廓曲线发现,无驱动成形的壳体件轮廓高度与模具的轮廓相差较大特别是底部轮廓;采用 0.5mm Al 驱动片后,板材在驱动片的冲击作用下,壳体件的整体轮廓高度较无驱动片时

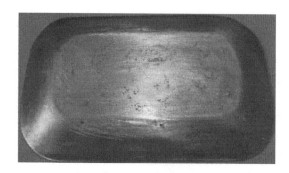

图 11-60　3.75kV 下 1mm Al 驱动片两次驱动成形的 $R=15$mm 壳体件

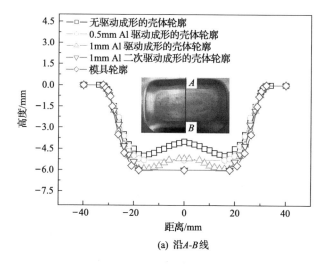

(a) 沿 *A-B* 线

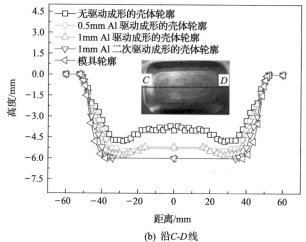

(b) 沿 *C-D* 线

图 11-61　3.75kV 下驱动片驱动成形的 $R=15$mm 壳体件截面轮廓

更加接近模具的轮廓,然而,由于驱动片的驱动能力有限,成形后的壳体件的底部轮廓高度与模具轮廓仍有一定差距;采用 1mm Al 驱动片后,驱动片的驱动能力得到加强,壳体件的轮廓高度的大部分区域已基本贴模,只有底部的部分区域略有凹陷;1mm Al 驱动片两次驱动成形的壳体件的轮廓高度无论沿 *A-B* 线还是 *C-D* 线均与模具轮廓较好吻合。

对于 *R*＝2mm 壳体件,当放电电压为 3.25kV 时,壳体件的相应于凹模圆角部位产生破裂,如图 11-62 所示,图中标记区域即为破裂区域,与模拟预测的情况相同。所以采用驱动片驱动成形时,先在 3.0kV(圆角未破裂)下成形,而后再进行驱动成形。图 11-63 和图 11-64 为利用 0.5mm Al 和 1mm 驱动片驱动成形的 *R*＝2mm 壳体件。壳体的底部较无驱动片成形的壳体件与模具的接触面积明显增加,且底部在驱动片的作用下凹陷区域被熨平,然而壳体件的底部圆角无法完成贴模,即使采用 1mm Al 驱动片后情况仍没有改善。

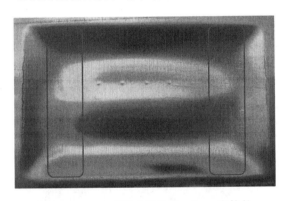

图 11-62　3.25kV 成形的 *R*＝2mm 壳体件

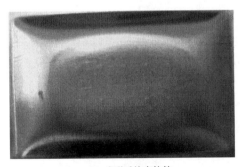

(a) 成形后的壳体件

(b) 0.5mm驱动片

图 11-63　3.75kV 下 0.5mm Al 驱动片驱动成形的 *R*＝2mm 壳体件

图 11-65 为 3.5kV 下采用 1mm Al 驱动片驱动成形的底部圆角 *R*＝8mm 壳体件。放电电压为 3.5kV 时,板材与模具发生碰撞,在底部形成明显的凹陷状,如

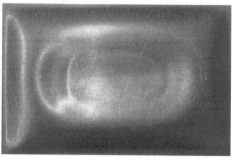

(a) 成形后的壳体件　　　　　　　　　　　　(b) 1mm驱动片

图 11-64　3.75kV 下 1mm Al 驱动片驱动成形的 $R＝2mm$ 壳体件

图 11-65(a)所示。为了消除底部的凹陷,在 3.5kV 成形的壳体基础上,采用 1mm Al 驱动片(放电电压为 3.5kV)进行驱动成形,壳体底部的凹陷部位明显较小,不过,由于驱动片的驱动速度较大,壳体底部与模具碰撞后仍有轻微凹状,如图 11-65(b)所示。为了能够完全消除凹陷部位和促进底部圆角的进一步贴模,在 1mm Al 驱动片一次驱动成形的基础上,再次采用 1mm Al 驱动片(放电电压为 3.5kV)进行驱动成形,底部凹陷部位完全被消除,如图 11-65(c)所示。图 11-66 为 3.5kV 下采用 1mm Al 驱动片驱动成形的 $R＝8mm$ 壳体件的轮廓变化。宽度方向和长度方向的轮廓在 1mm Al 驱动片的作用下底部凹陷部位逐渐被消除,且轮廓在两次驱动后与模具轮廓较为接近。因此,对于 $R＝8mm$ 壳体件可采用分体式匀压线

(a) 3.5kV成形的壳体件

(b) 1mm驱动片一次驱动成形的壳体件　　　　　(c) 1mm驱动片两次驱动成形的壳体件

图 11-65　1mm Al 驱动片驱动成形的 $R＝8mm$ 壳体件

圈和 1mm Al 驱动片进行两次驱动成形。

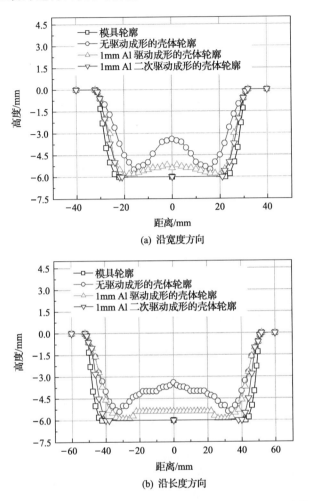

(a) 沿宽度方向

(b) 沿长度方向

图 11-66 采用分体式匀压线圈和 1mm Al 驱动片成形的 $R=8mm$ 壳体件的轮廓

11.7 展 望

镁合金板材在磁脉冲成形工艺条件下成形性能显著提高,为镁合金板材在汽车、航空航天、电子产品等领域的应用提供了可靠的技术方法。不过,室温下的镁合金板材磁脉冲成形性仍然有限,对于复杂构件的成形仍然存在困难。镁合金板材的磁脉冲温热成形将会解决复杂构件的成形问题,从而为镁合金板材磁脉冲成形技术开拓更为广阔的空间。

参 考 文 献

[1] von Mises R. Mechanik der plastischen formanderung von kristallen. Zeitschrift fur Angewandte Mathematik und Mechanik,1928,8:161-185.

[2] Taylor G I. Plastic strain in metals. Journal of the Institute of Metals,1938,62:307-324.

[3] Kitazono K,Sato E,Kuribayashi K. Internal stress superplasticity in polycrystalline AZ31 magnesium alloy. Scripta Materialia,2001,44:2695-2702.

[4] Lee Y S,Kim M C,Kim S W,et al. Experimental and analytical studies for forming limit of AZ31 alloy on warm sheet metal forming. Journal of Materials Processing Technology,2007,187(4):103-107.

[5] Bruni C,Forcellese A,Gabrielli F,et al. Effect of temperature,strain rate and fibre orientation on the plastic flow behaviour and formability of AZ31 magnesium alloy. Journal of Materials Processing Technology,2010,210:1354-1363.

[6] Abu-Farha F K,Khraisheh M K. Analysis of superplastic deformation of AZ31magnesium alloy. Advanced Engineering Materials,2007,9:777-783.

[7] Feng F,Huang S Y,Meng Z H,et al. A constitutive and fracture model for AZ31B magnesium alloy in the tensile state. Materials Science & Engineering A,2014,594:334-343.

[8] El-Magd E,Abouridane M. High speed forming of light-weight wrought alloys//Proc. 1st Intern. Conf. on High Speed Forming,Dortmund,2004:3-12.

[9] Uhlmann E,Hahn R. Pulsed magnetic hot forming of magnesium profiles. Production Engineering,2003, 10(2):87-90.

[10] Uhlmann E,Jurgasch D. New impulses in the forming of magnesium sheet metals//Proc. 1st Int. Conf. High Speed Forming,Dortmund,2004:229-241.

[11] Ulacia I,Arroyo A,Eguia I,et al. Warm electromagnetic forming of AZ31B magnesium alloy sheet//4th International Conference on High Speed Forming,Columbus,2010:159-168.

[12] Meng Z H,Huang S Y,Hu J H,et al. Effects of process parameters on warm and electromagnetic hybrid forming of magnesium alloy sheets. Journal of Materials Processing Technology,2011,211:863-867.

[13] Bariani P F,Bruschi S,Ghiotti A,et al. Testing formability in the hot stamping of HSS. CIRP Annals-Manufacturing Technology,2008,57:265-268.

[14] Kamal M. A Uniform Pressure Electromagnetic Actuator For Forming Flat Sheets. Columbus: Ohio State University,2005:1-261.

[15] Ulacia I,Salisbury C P,Hurtado I,et al. Tensile characterization and constitutive modeling of AZ31B magnesium alloy sheet over wide range of strain rates and temperatures. Journal of Materials Processing Technology,2011,211:830-839.

[16] Xu J R,Yu H P,Li C F. Effects of process parameters on electromagnetic forming of AZ31 magnesium alloy sheets at room temperature. The International Journal of Advanced Manufacturing Technology, 2013,66:1591-1602.

[17] Ulacia I,Hurtado I,Imbert J,et al. Experimental and numerical study of electromagnetic forming of AZ31B magnesium alloy sheet. Steel Research Internatinal,2009,80:344-350.

[18] Lee S,Kwon Y N,Kang S H,et al. Forming limit of AZ31 alloy sheet and strain rate on warm sheet metal forming. Journal of Materials Processing Technology,2008,201(1-3):431-435.

[19] Beerwald C,Brosius A,Homberg W,et al. New aspects of electromagnetic forming//Geiger M. 6th ICTP

Proceeding on Advanced Technology of Plasticity III. New York:Springer,1999:2471-2476.

[20] Chen F K,Huang T B. Formability of stamping magnesium alloy AZ31 Sheets. Journal of Materials Processing Technology,2003,142:643-647.

[21] Wagoner R H,Wang N M. An experimental and analytical investigation of in-plane deformation of 2036-T4 aluminum sheet. International Journal of Mechanical Science,1979,21:255-264.

[22] Holmberg S,Enguist B,Thilderkvist P. Evaluation of sheet metal formability by tensile tests. Journal of Material Processing and Technology,2004,145:72-83.

第 12 章　双金属管电磁复合

12.1　引　　言

在工程实践中,对于传输腐蚀性流体介质或工作在腐蚀性介质环境中的金属管材常常要求用不锈钢、有色金属(如铜、钛、镍、铝)等贵重材料来制造,以满足管坯内壁或外壁具有防腐性能的要求。如果整个管坯都用这些贵重材料制造,则要消耗大量贵重金属,工程造价极高。如果采用双金属复合管,例如,在普通碳钢的外层包覆(或在内层内衬)上一层薄壁贵重防腐金属,则可用碳钢承受工作载荷,用耐蚀金属接触腐蚀性工作介质,这样就可节省大量贵重金属,同时充分发挥金属材料各自潜力,达到"物尽其用"的功效[1]。因此,双金属复合管在石油、化工、制冷、核电等行业有着广泛应用前景。目前,一般通过扩(缩)径拉拔、滚压、液压胀形等冷加工复合技术和热挤压、热轧制、热扩散复合、熔铸复合等热加工复合技术制备双金属复合管。然而,由于工艺原理上的限制,各制备工艺在工序复杂程度、生产周期、环保等方面各有局限性,因而,在一定程度上限制了双金属复合管的应用与推广[2]。鉴于双金属复合管具有单一金属材质不可比拟的综合性能和高的性价比,尤其是可以节约贵重稀有金属,开发新型双金属管复合技术显得尤为迫切。

管坯电磁连接技术为双金属管的复合提供了新思路,然而,管坯电磁连接技术是通过单线圈一次放电的方式实现管端搭接的工艺,目前无论是从电磁成形设备能量储存能力还是从电磁成形线圈结构强度上考虑,希望通过管坯电磁连接技术进行长直双金属管的复合是不现实的。本章将首先介绍双金属管电磁复合技术的工艺原理、特点及界面结合机理的研究现状,然后以 Al/Fe 双金属复合管为例介绍电磁复合过程中复管宏观塑性变形规律及冲击接触界面材料塑性变形特征,再着重介绍 Al/Fe 双金属管电磁复合界面的微观组织结构及其形成机制。

12.2　双金属管电磁复合技术原理、特点及研究现状

双金属管电磁复合技术(magnetic pulse cladding,MPC)是基于"分区复合"的思路通过脉冲电磁力"小步-渐进式"加载方式实现长直薄壁金属管的复合。根据线圈与加工管坯的位置关系,双金属管电磁复合的加工模式有缩径复合与胀形复合两种,分别对应于外包覆型与内衬型双金属复合管的制备。双金属管电磁复合的工艺原理示意如图 12-1 所示,以感应线圈(包括集磁器)作为成形工具,基于

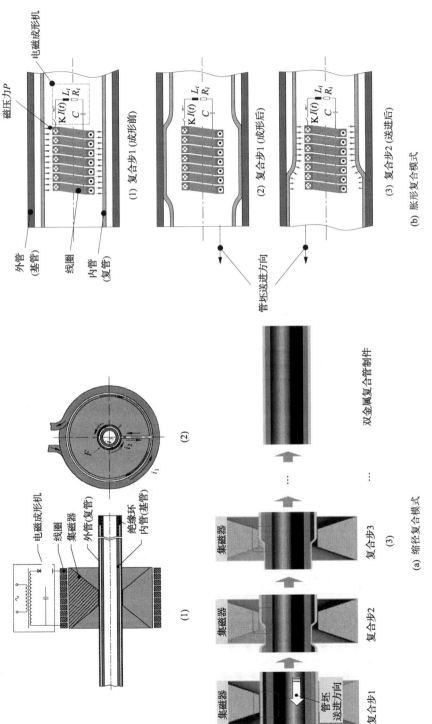

图 12-1　双金属管电磁复合原理示意图

单次电磁连接实现双金属管局部区域的复合,再通过成形工具与管件在空间上的相对运动和线圈放电的时序控制,即在室温下由这种渐进式的、逐次分区复合的累积,实现长直双金属管的复合。

该方法可在小能量电磁成形设备和现有的线圈制造技术条件下制备高性能双金属管,为异种金属管件的复合提供了新的加工途径。

12.2.1　外包覆型 Al/Fe 双金属管电磁复合

图 12-2 所示为采用电磁缩径复合模式制备的外包覆型 Al/Fe 双金属复合管,其中外管材料为 $\Phi20$mm(外径)$\times1$mm(厚度)的铝合金管,内管材料为 $\Phi16$mm(外径)$\times3.5$mm(厚度)的 20 号钢管。如不计算管坯装卸时间,电磁成形设备的单次充放电时间为 $3\sim8$s,而成形过程仅在毫秒级别,因此,双金属管采用分区复合技术仍然可以获得较高的生产效率。

图 12-2　外包覆型 Al/Fe 双金属管试样[3]

工艺条件:放电电压为 10kV,管坯径向间隙为 1mm,送进量约 $80\%L$,L 为集磁器工作区长度 15mm

界面的结合强度 τ 是评价双金属复合管的界面结合性能一个重要参数,通过图 12-3 所示的压剪试验可以定量评判界面的结合性能。根据图 12-3(b)所示的原理图示可知,双金属管界面的结合强度 τ 的计算公式为

$$\tau = \frac{F}{\pi dh} \tag{12-1}$$

式中,τ 为结合强度(单位:MPa);F 为压缩载荷位移曲线中的最大试验力(单位:N);d 为内管外径(单位:mm);h 为剪切试样的厚度(单位:mm)。

外包覆型 Al/Fe 双金属管的压剪试验结果表明,结合强度沿管坯轴向呈不均匀分布。当界面呈机械结合时,压剪试样断口扫描电子显微(SEM,scanning electron microscope)形貌如图 12-4(a)所示,压剪试样的 Al 环和 Fe 环在 Al/Fe 接触面上发生了左右方向的错动而分离,分离表面十分"光滑",没有粘附 Al 材。而从图 12-4(b)所示的压剪试样断口 SEM 形貌中可以看出,压剪试样内外环的错动完全靠 Al 母材的剪切破坏而实现,由此可见,Al/Fe 界面的结合强度已经高于 Al 母材侧的抗剪切强度。结合强度分布的不均匀性表明了电磁复合过程的动态性,即在冲击接触过程中,冲击速度与角度并不是恒定不变的。

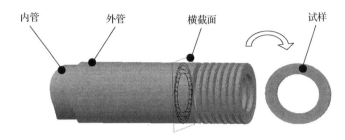

(a) 压剪试样取样示意

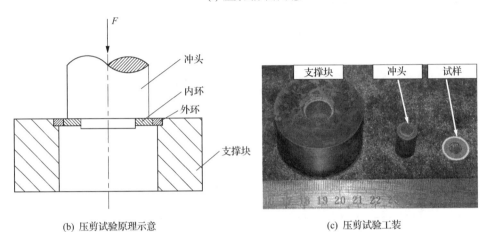

(b) 压剪试验原理示意　　(c) 压剪试验工装

图 12-3　双金属复合管压剪试验

(a) 机械复合时的分离面　　(b) Al母材发生剪切

图 12-4　1060Al/20 号钢双金属管压剪试样剪切断口扫描电子显微照片

　　在双金属管缩径复合的加工模式下,根据线圈的空间布置情况,可引入集磁器工装。在相同能量条件下集磁器可以提高磁场的局部强度,为双金属管的冶金电磁复合提供有利的力场环境。

12.2.2　内衬型 Al/Fe 双金属管电磁复合

图 12-5 所示为采用电磁胀形复合模式制备的内衬型 Al/Fe 双金属复合管,其中外管材料为 $\Phi60$mm(外径)$\times4$mm(厚度)的 20 号钢管,内管材料为 $\Phi50$mm(外径)$\times1$mm(厚度)的 LF21 铝合金管。压剪试验结果表明,在放电电压 10kV、送进量为 50% 的线圈有效长度条件下,内衬型 Al/Fe 双金属复合管的界面结合强度最大可达到 13.2MPa[4]。

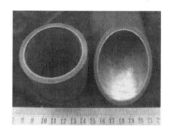

(a) 双金属管试样　　　　　　　　　　　　　　(b) 试样截面图

图 12-5　内衬型 Al/Fe 双金属管试样[4]

工艺条件:放电电压为 10kV,管坯径向间隙为 1mm,送进量 50%L,L 为胀形线圈工作区长度 115mm

由于脉冲电磁力无需通过传力介质施加于管坯,这极大减低了摩擦效应,有利于减小对管坯表面的损伤,所以,电磁复合技术可作为制备机械结合型双金属管的新途径。

在脉冲强磁场力作用下,由于金属材料的塑性变形,磁场与复管构形间的电磁耦合效应也相应发生了变化,所以,电磁复合技术与电磁连接技术相比,具有下列不同之处。

(1) 塑性变形规律方面。双金属管电磁复合是受电磁、力、热等多场耦合作用下的局部加载、渐次变形的复合过程,考虑第二复合步与其后各复合步的工艺条件近似,双金属管电磁复合过程只需分析两个复合步:第一步和第二步。相对于第一步,第二步及其后各步复合条件的差别在于:待变形复管的外形和材料的应力-应变状态已经发生变化,部分复管的已变形区域要发生二次变形,必然涉及磁场力时空分布特性的改变及其作用下的相邻复合步间的协调变形问题,后者直接关系界面塑性流动、界面复合质量等问题。相比于管件的电磁连接工艺,变形条件和变形过程更复杂,因而在电磁复合过程中复管的动态变形响应与电磁连接存在着显著差别。

(2) 力场调控方面。相对于管件电磁连接工艺,在双金属管电磁复合过程中,复管的变形是一个相继的过程,即相邻复合步间存在变形区域重叠,由于高能脉冲磁场与工件的相互作用,前一复合步产生的已变形复管形状将决定着后一复合步的磁场分布,最终导致力场的重新分布。为了避免因采用局部加载技术而导致成形缺陷的产生,电磁复合过程对力场的调控要求更高。

12.2.3　双金属管电磁复合技术研究现状分析

电磁复合技术和电磁连接技术均为脉冲磁场力驱动下的高速冲击焊接过程,在异种金属电磁焊合机理方面具有可比性。因此,主要针对目前国内外学者对异种金属电磁焊接机理研究而展开,通过分析界面组织结构特征探讨界面结合机理。

试验发现,1060Al/20 号钢双金属管电磁复合界面的典型组织形貌如图 12-6 所示[5]。根据界面组织形态特征,可分为平直型界面和波形界面两大类。根据界面结合类型,除了未复合的界面(图 12-6(a)),实现金属焊合的电磁复合界面只有两类:不带过渡区的"直接"结合界面(图 12-6(b)、(c))及带过渡区的结合界面(图 12-6(d))。由于在扫描电子显微镜下仅能观察一条焊接边界线,即 1060Al 母材/20 号钢母材焊合线,因而此处所谓的"直接"结合界面是指两种待复合的母材以"母材 1＋边界线＋母材 2"的界面结构形式所形成的焊接界面。带过渡区的结合

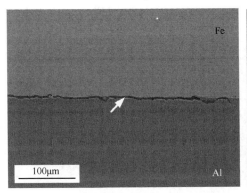

(a) 未复合界面

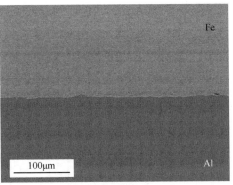

(b) 平直状不带过渡区的结合界面

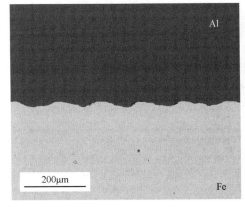

(c) 波状不带过渡区的结合界面

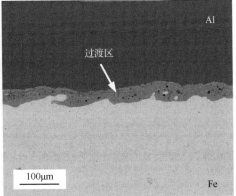

(d) 波状带过渡区的结合界面

图 12-6　1060Al/20 号钢电磁复合界面 SEM 形貌[5]

界面是指两种待复合的母材以"母材 1＋过渡区＋母材 2"的界面结构形式所形成的焊接界面,在扫描电子显微镜下能明显地观察到两条焊接边界线,而且过渡区宽度可达几微米乃至几十微米。

值得指出的是,上述两类结合界面在管端搭接[6]、板材连接[7,8]等电磁焊接工艺中也常遇到,是电磁加载条件下异种金属焊合界面的典型代表,具有一定的普遍性。

截至目前,关于电磁加载条件下异种金属焊合机理形成了两种截然不同的看法,即"快速熔化-凝固"的熔合机理和纯粹由于"机械混合(mechanical mixing)"效应引起的冶金焊合机理。

近年来,带过渡区的结合界面曾得到大量的关注,大部分学者对该类界面的形成机理看法比较一致,认为异种金属是通过界面熔化区实现母材的熔合的。Beyer等[9]进一步认为,在电磁加载条件下 Al/Cu 体系的电磁焊接界面不可避免地会出现熔化,并指出界面熔化是获得成功的焊接接头的必要前提条件。因为界面熔化区凝固后即形成了过渡区,因此可以推测,如果有熔化区出现,则过渡区中将出现异于母材基体的新相,例如传统熔焊工艺中常遇到的金属间化合物。许多学者已在这方面做了大量的验证工作,Stern 等[10]就报道了在 Al-1050/Mg-AZ31 电磁焊接界面的过渡区内生成了 $Mg_{17}Al_{12}$ 金属间化合物,考虑到电磁焊接过程的短时性,因此提出了"快速熔化-凝固"过程是电磁焊接界面过渡区的形成原因。Watanabe 和 Kumai[11]研究了 Al/Fe、Al/Cu 和 Al/Ni 异种金属含过渡区的电磁焊接界面结构,首次报道了过渡区内包含了非晶相、Al 的纳米晶以及金属间化合物等中间相,然而,他们对于该过渡层的形成提出了不同看法,因为发现在其试验条件下界面温度并没有达到母材的熔点。

对于两种母材仅以一条焊接边界线(即"母材 1＋边界线＋母材 2"结构形式)结合的电磁焊接界面,已有文献主要研究其界面结合性能,发现这类界面具有良好的结合强度,由于此类界面经常以波状形貌出现,因此,文献常将良好的界面结合性能归结为微波状界面的"互锁(interlock)"效应[12]。与带过渡区的电磁焊接界面相比,不带过渡区的结合界面研究目前较为有限,Zhang 等[13]研究了不带过渡区的 Cu/Al 电磁焊接界面,发现不带过渡区界面的显微硬度依然高于母材侧,同时指出这是由于界面处发生了显著的晶粒细化。至于这类仅以一条边界线实现结合的界面的形成机制亦存在两种截然相反的看法:一是以 Stern 为代表的学者[14]认为界面结合区是因"机械混合(mechanical mixing)"效应而形成,是一种固态结合机制;二是以 Marya 为代表的学者[15]认为界面结合区也是由于金属薄层的"快速熔化-凝固"而造成的,属于熔合机制。对于同一种界面却存在两种截然相反的机制,这种状况在一定程度上是由于界面微观组织结构还没得到充分的揭示而造成,例如,无论是快速熔化-凝固过程还是剧烈塑性变形都可能导致界面处的晶粒发生显著细化。

12.3　Al/Fe 双金属管电磁复合过程塑性变形规律

12.3.1　复管变形协调性分析

　　双金属管电磁复合是局部加载、渐次变形的分区复合过程,送进量是表征该过程的一个直观参数。图 12-7 所示的是通过 9 次线圈放电制备出的 Al/Fe 复合管试样,其中第一次送进量为 40%L,之后送进量逐次增大,直至 140%L(L 为集磁器工作区的长度 15mm,送进量依次为 6mm-7mm-9mm-9mm-9mm-12mm-15mm-21mm)。当送进量大于或等于集磁器工作区长度 L 时,双金属复合管表面产生局部隆起,即形成了"鼓包"缺陷;而当送进量小于 L 时,双金属复合管表面形成"竹节"状的凸起轮廓(即"凸棱"缺陷)。图 12-8 所示的是复合管纵向剖切图,通过金相显微镜观察"凸棱"形貌可以发现,"凸棱"实质上是材料在管坯厚度方向上的局部堆聚现象。工艺试验表明,通过简单的减小送进量虽然能消除复合管表面的"鼓包"缺陷,但是并无法达到消除复合管表面"凸棱"缺陷的目的。"凸棱"缺陷的产生反映了电磁复合过程中的一个核心问题,即复合步间复管变形的协调性[16]。

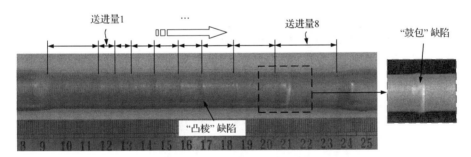

图 12-7　Al/Fe 双金属管试样表面"凸棱"及"鼓包"缺陷

工艺条件:放电电压为 10kV,管坯径向间隙为 1mm,送进量 40%～140%L

图 12-8　"凸棱"区域金相观察

　　通过管-管电磁复合过程有限元模拟仿真给出了包含 3 个复合步单元的复管变形过程,如图 12-9 所示。从图可以看出,双金属管电磁复合是一个相继变形的过程,即相邻复合步间存在变形区域重叠,称为过渡变形区。考虑第二复合步与其

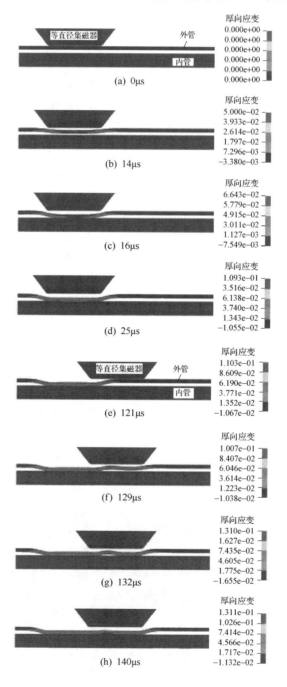

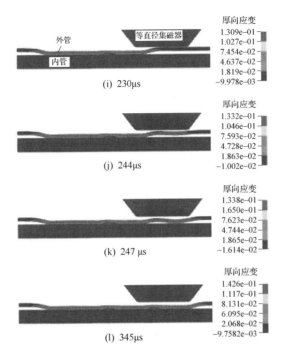

图 12-9　双金属管电磁复合过程

后各复合步的工艺条件近似,双金属管电磁复合过程只分析两个复合步:第一步和第二步。相对于第一步,第二步及其后各步复合条件的差别在于:待变形复管的外形已经发生变化,过渡变形区要发生二次变形。以第二复合步阶段复管的变形为例说明"凸棱"缺陷的形成过程。图 12-10 所示的是复管变形分区示意,包括了已变形区Ⅰ,过渡变形区Ⅱ、Ⅲ、Ⅳ和待变形区Ⅴ。结合图 12-9(e)～(h)所示的复管变形过程,可以发现待变形区Ⅴ区发生了优先塑性变形。Ⅴ区塑性流动带动了Ⅳ区塑性变形,直至当Ⅴ区与内管发生接触碰撞后,材料沿碰撞点两侧流动。在沿左侧贴合内管过程中,对Ⅱ、Ⅲ区的材料形成"推挤"作用,造成过渡变形区的材料发生局部隆起。隆起区域一旦形成,就会使得过渡变形区在贴合内管的过程中变得困难,虽然在径向磁压力的作用下,隆起区域有所压平,不会在管层间遗留宏观间隙,但此时材料的流动主要是沿厚度方向。复管内表面典型单元的应变分量随时间的演变情况如图 12-11 所示,在过渡变形区中,轴向应变为负值,因而材料沿厚度方向流动更加显著,这就造成了材料的堆积,从而形成了复合管表面的"凸棱"现象。由此可见,由于待变形区Ⅴ的优先塑性变形一定程度上抑制了过渡变形区"弯曲复直"的过程,直接造成了复合管表面的"凸棱"缺陷。因此要避免分区复合过程中的"凸棱"缺陷,需要控制好待变形区和过渡变形区之间的变形协调性,使过渡变形区优先发生塑性变形。

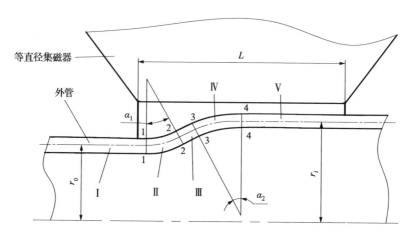

图 12-10　第二复合步阶段复管变形分区示意图

从根本上说,要消除"凸棱"缺陷在于空间力场的调控。因而,变形的协调性进一步涉及如何将脉冲磁场力有效、合理地施加于复管,以实现复管在相邻复合步间金属塑性变形的有序衔接。

在管坯电磁连接工艺中,管坯电磁连接的构形为管端搭接方式,由于管端为自由变形区,变形不受约束,只需通过调整管端在线圈中的相对轴向位置即可实现磁场力分布的调节,实现有利冲击角度的形成。在长直金属管坯电磁分区复合过程中,由于电磁力采用渐次加载,电磁场与复管的耦合作用更加显著。因此在双金属管电磁复合过程的力场的调控中,首先需要对力场的分布及其影响规律做深入的分析。

图 12-12 所示的是在不同集磁器结构条件下,磁力线分布场景、复管上感应电流分布及节点电磁力分布的数值模拟结果,其中图 12-12(a)和图 12-12(b)分别对应于等直径集磁器和变直径集磁器,这两类集磁器结构如图 12-13 所示。等直径集磁器的工作区由单一圆柱面组成,而变直径集磁器的工作区由两个以倾角 α_1 和 α_2 表征的锥面组成。从图 12-12(a)可知,在等直径集磁器条件下,过渡变形区的电磁力显著的弱于待变形区,其原因在于磁力线在过渡变形区因复管表面与集磁器工作区表面距离的增大而发生了发散,造成磁通密度的降低。因此只是简单的改变管坯与集磁器的相对位置并不能实质地改善磁场的分布。要实现力场的调控需要设计随形分布的磁场分布,亦即集磁器工作区的结构要与复管外形相匹配。如图 12-12(b)所示,在变直径集磁器中,倾角 α_1 的设置在于约束磁力线在过渡变形区的扩散,倾角 α_2 的设置则是用于弱化待变形区的优先塑性变形,两者的综合作用达到力场调控的目的。图 12-14 所示为作用在复管上的径向磁压力时空分布,可以看出,在变直径集磁器条件下,过渡变形区的电磁力明显高于待变形区,力场

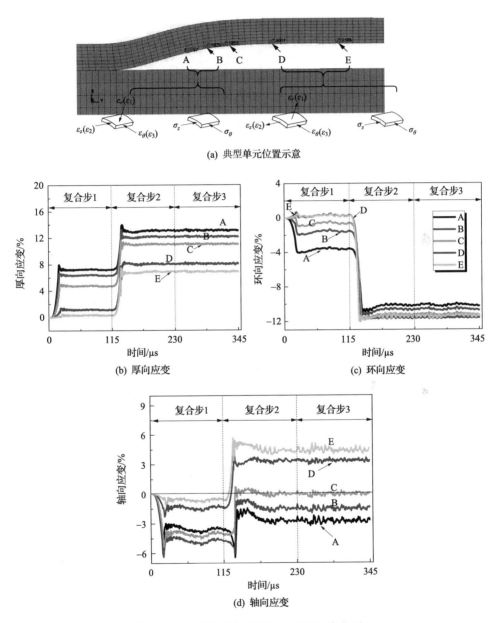

(a) 典型单元位置示意

(b) 厚向应变

(c) 环向应变

(d) 轴向应变

图 12-11　典型单元的应变分量随时间演变历程

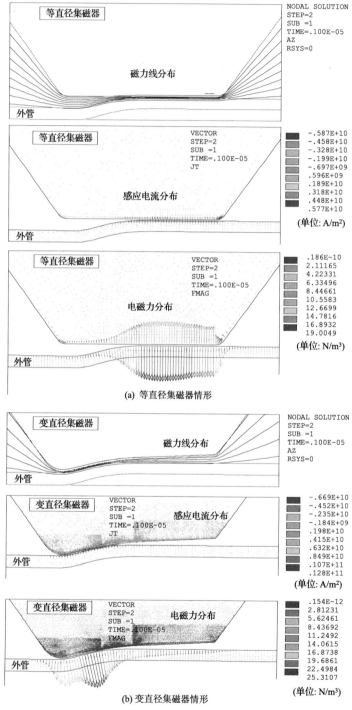

图 12-12　磁力线分布、感应电流及电磁力分布对比

调控效果十分明显。

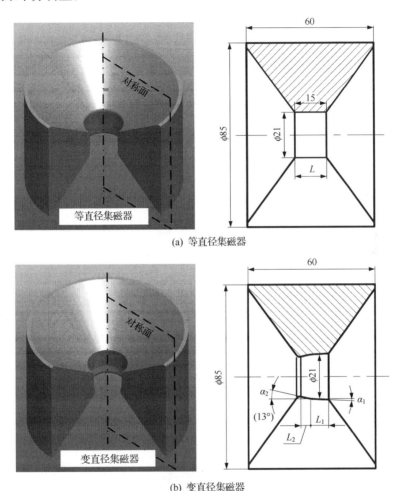

(a) 等直径集磁器

(b) 变直径集磁器

图 12-13　集磁器结构图示

　　图 12-15 所示是力场调控前后复管同基管的冲击接触变形响应对比,可以看出,为使复合管表面不出现"凸棱"缺陷,其关键是应保证材料在变形过程中能顺序向前推进,避免出现材料的逆向流动。因此,设计随形分布的集磁器是有效控制复合管表面凸棱形成的根本措施。此外,从复管的动态变形过程中还可以看出,在力场调控之后,复管在顺序向前复合的过程中形成了冲击角度。根据高速冲击焊接的冲击速度-角度窗口可知[17],在相同的冲击速度条件下,冲击角度的形成更加容易实现界面射流的发生,从而为双金属的冲击焊接创造了十分有利的条件。

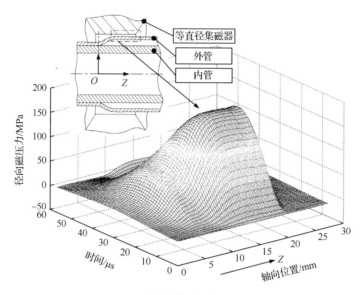

(a) 等直径集磁器情形

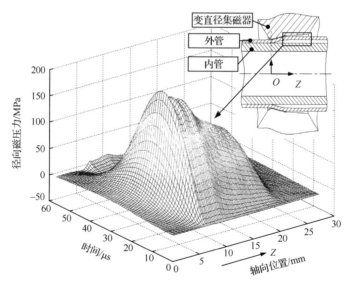

(b) 变直径集磁器情形

图 12-14　力场分布对比

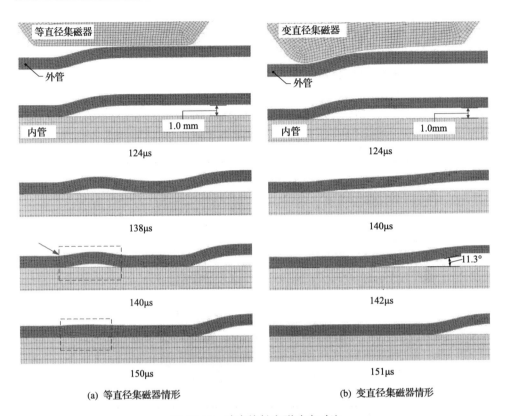

图 12-15　冲击接触变形响应对比

12.3.2　冲击接触界面材料塑性变形特征

在高强的冲击载荷作用下,冲击接触界面材料表现出了塑性流变特征。图 12-16 所示的是在光学金相显微镜(OM)下观察到的 1060Al/20 号钢双金属管电磁复合界面组织形貌,由图 12-16(a)可见,在界面处,波峰朝焊接复合方向倾倒,20 号钢基体中的珠光体则沿着波峰走向被拉长成长条状(图 12-16(b))。局部波峰则发生了断裂并侵入铝侧基体中,甚至成为"孤岛",如图 12-17 所示。由此可见,冲击接触界面材料表现出了固体材料的黏塑性特性。值得指出的是,剧烈变形区仅局限在界面两侧几十微米的范围之内。

界面附近材料在巨大的碰撞压力作用下发生了剧烈塑性变形,难以采用基于网格离散的有限元方法分析冲击接触界面材料的塑性流动行为,在这一方面,基于无网格的数值模拟技术具有显著优势。

图 12-18 所示的是通过光滑粒子流体动力学方法(SPH)进行脉冲磁场力作用下冲击接触界面材料塑性变形分析的数值模拟结果,由图可见,SPH 数值模拟给

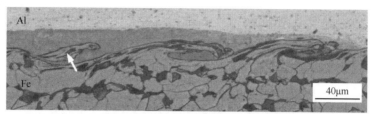

(a) 紊乱波形界面

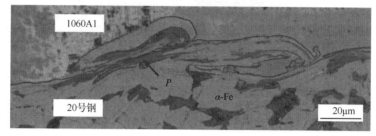

(b) 波峰处20号钢侧组织形貌

图 12-16　1060Al/20 号钢电磁复合界面剧烈塑性变形区 OM 形貌

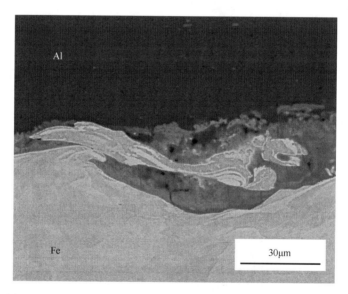

图 12-17　1060Al/20 号钢电磁复合界面剧烈塑性变形区 SEM 形貌

出了界面波的成波过程,同时再现了界面射流的喷射过程。图 12-19 所示的是波形界面金相观察结果与模拟结果的形貌对比。图 12-20 所示的是碰撞点附近区域物理场分布情况,由图 12-20(a)所示的内能分布可知,碰撞点喷射出的射流粒子都是高内能值的 SPH 粒子,根据内能与温度的关系可知,在内能值足够高时,射流粒子可以以接近甚至高于母材熔点的温度飞出。由图 12-20(b)所示的压力分布云图中可以看出,碰撞点处的压力幅值可达 GPa 量级,碰撞压力以碰撞点为中心,呈辐射状逐步衰减。等效塑性应变率分布云图与压力分布情形类似,应变率分布以碰撞点为中心呈现扇形辐射衰减分布,在很小的范围内,应变率幅值从碰撞点中心区域约 $10^7/s$ 量级衰减到边缘区域的 $10^3/s$ 量级,如图 12-20(c)所示。由此可见,碰撞点附近材料处于高压、高应变率甚至高温度的环境中,其材料变形行为已与固体材料发生了显著差异,由于碰撞点沿复合界面逐点扫过,因而复合界面才会表现出良好的塑性大流变行为。此外,由于冲击载荷的特点,碰撞点附近的高应变率区域极其狭小,因而,能表现出良好流动性的复合界面材料的区域也就极为狭小。从 SPH 数值模拟结果反映出的信息可知,冲击接触界面附近材料经历了高压和高应变速率变形过程,从而为界面组织结构中可能出现的亚稳相创造了外部条件。

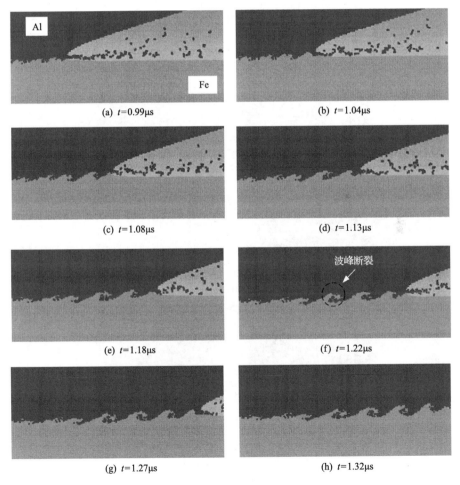

图 12-18　电磁复合界面波状形貌形成过程及界面射流行为

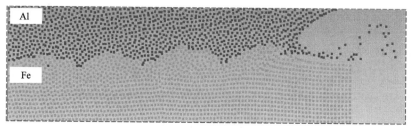

(a) SPH模拟结果

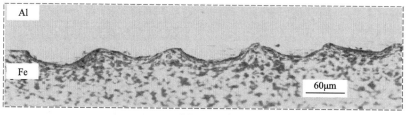

(b) 金相组织观察结果

图 12-19　规则波形 SPH 仿真与金相组织观察结果对比

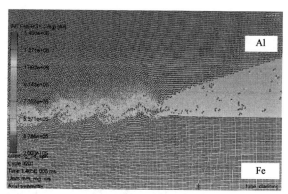

(a) 内能分布

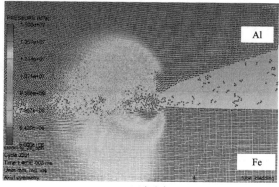

(b) 压力分布

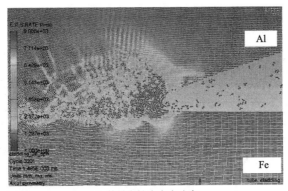

(c) 等效塑性应变率分布

图 12-20　碰撞点区域物理场分布

12.4　Al/Fe 双金属管电磁复合界面组织结构

阐明双金属管电磁复合过程中界面组织结构演变规律可为双金属管性能控制奠定科学依据。通过对剪切破坏发生在母材侧的 1060Al/20 号钢压剪试样的界面进行 SEM 形貌分析发现，Al/Fe 复合界面没有形成过渡区，仅能观察到一条焊接边界线，其组织形貌为平直状或微波状。下面首先介绍这类复合界面的组织结构特征。

12.4.1　扩散界面

通过对不带过渡区的 1060Al/20 号钢电磁复合界面进行透射电子显微镜（transmission electron microscope，TEM）观察分析发现，两母材之间的焊合"边界线"有其精细结构，该焊接"边界线"实质为具有一定宽度、组织成分与母材不同且连续变化的 Al/Fe 扩散边界层。

1. 无序边界层

图 12-21(a)所示为不带过渡区的 1060Al/20 号钢电磁复合界面 TEM 明场像形貌，在 Al/Fe 母材基体之间，有一条衬度与母材略有不同的边界层，其宽度约为 10nm。图 12-21(b)所示的是通过高分辨透射电子显微镜（HRTEM）观察到的边界层的形貌。从图 12-21(b)可以看出边界层内的原子晶格条纹像呈紊乱的"河流状"花样，与其两侧母材的规则晶格条纹形成显著差异（图 12-21(c)和图 12-21(d)），对边界层内的 a 区进行快速傅里叶变换分析进一步证实该边界层为一无定

型区。由此可见,在 Al/Fe 双金属电磁复合界面中,单一的焊接"边界线"为一条宽度极窄的无序化边界层。

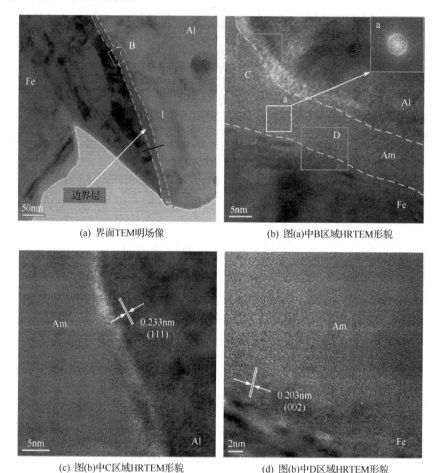

(a) 界面TEM明场像　　　　　　　　(b) 图(a)中B区域HRTEM形貌

(c) 图(b)中C区域HRTEM形貌　　　　　(d) 图(b)中D区域HRTEM形貌

图 12-21　边界层 TEM 分析

通过对无序化边界层进行点能谱分析发现,边界层内 Fe 元素的含量达到了28%(原子分数),如图 12-22(a)所示。然而,边界层内的成分并不均匀,图 12-22(b)所示的是沿 Al/Fe 电磁复合界面进行线扫描的结果,由图可见,Fe、Al 元素在边界内呈现梯度分布,这表明基体元素 Fe、Al 发生了相互扩散。

2. 无序边界层的形成机制

在高强的脉冲磁场力作用下,复管(Al 管)与基管(钢管)发生剧烈的高速碰撞,在 GPa 级的碰撞压力作用下界面两侧的基体组织发生剧烈塑性变形。图 12-

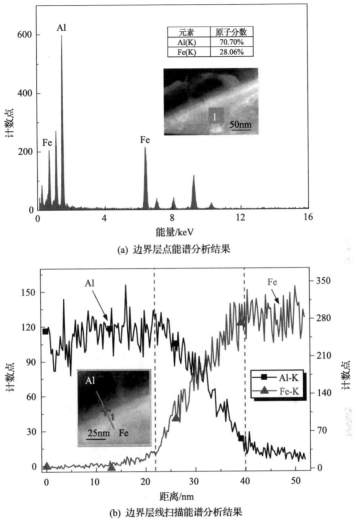

(a) 边界层点能谱分析结果

(b) 边界层线扫描能谱分析结果

图 12-22　边界层能谱分析

23 是扫描透射电镜(STEM)模式下观察到的不带过渡区的 1060Al/20 号钢电磁复合界面形貌,由图可见,相比于母材上粗大晶粒,边界线两侧的基体组织发生了明显的晶粒细化。选区电子衍射分析结果进一步证实"边界线"两侧晶粒已完全纳米化(图 12-23(b)和图 12-23(c))。在 Fe 基体一侧,纳米晶区宽度约为 200nm,晶粒呈细长条状,如图 12-24 所示;在 Al 基一侧,纳米晶区宽度约为 500nm,靠近"边界线"的晶粒大致呈等轴晶状,直径为 50~350nm。值得关注的是,通过高分辨图像观察到 Al 侧的三角晶界附近原子呈混沌状排列(图 12-23(d)),这表明晶界处发生了无序化反应。Hsieh 和 Balluffi[18] 指出纯铝晶界发生非晶化是晶体完全熔化的前期组织特征,由此可知,Al/Fe 电磁复合界面的形成温度并没有达到 1060 Al 的熔点。

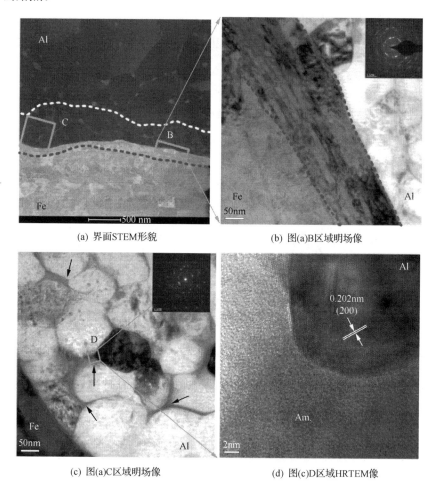

(a) 界面STEM形貌　　　　　　　　　(b) 图(a)B区域明场像

(c) 图(a)C区域明场像　　　　　　　　(d) 图(c)D区域HRTEM像

图 12-23　母材区 TEM 分析

在热力学方面,母材晶粒完全纳米化使得晶粒的界面能占体积能的比重大大增加,晶界的无序化特征占主导地位。Benedictus 等[19] 指出相比于规则的晶体状原子排列,晶界处原子以无序状排列方式更能有效的降低界面的自由能,因此界面能的降低为晶界非晶化提供了驱动力。Mukhopadhyay 等[20] 基于 Miedema 模型对 Al-Fe 体系进行混合焓的计算指出,当 Fe 元素的含量在 25%~60%(原子分数)时,Fe-Al 双金属体系可以发生非晶化反应。

在动力学方面,Al/Fe 扩散边界层宽度仅约十几纳米,由于时间及空间尺度的

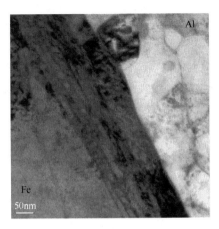 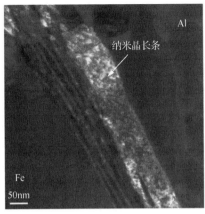

(a) 明场像　　　　　　　　　　　　(b) 暗场像

图 12-24　紧邻 Al/Fe 界面的 Fe 侧基体组织 TEM 分析

限制,在目前的实验条件下,只能通过最终组织推测中间过程,还很难实现对扩散界面形成过程进行跟踪研究。在这一方面,通过原子尺度下的计算模拟可以获得实验上无法得到的有关扩散界面结构形成过程的细节信息,很好地补充实验的不足。图 12-25 给出了基于分子动力学方法(MD)进行 1060Al/20 号钢电磁复合界面基体元素扩散行为研究的结果,MD 模拟结果表明:体系的无序化反应首先发生在 Al/Fe 界面上,随后无序化反应向基体内部扩展;与此同时,Al、Fe 基体元素发生不对称的相互扩散(Fe 原子可以在无序化的 Al 区域内进行快速扩散,而 Al 原子朝规则排列的 Fe 基体运动则比较困难,扩散距离仅有几个原子层厚度)。由此可见,基体元素呈梯度分布的 Al/Fe 扩散界面主要是通过 Fe 原子在无序化 Al 基体中的迁移而形成,无序化区域对 Fe 原子的快速扩散起到了关键作用。

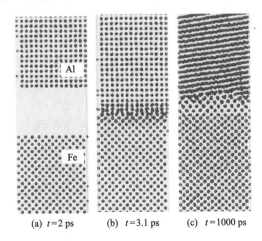

(a) t=2 ps　　　　(b) t=3.1 ps　　　　(c) t=1000 ps

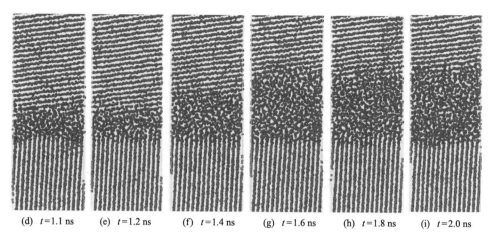

(d) $t=1.1$ ns　　(e) $t=1.2$ ns　　(f) $t=1.4$ ns　　(g) $t=1.6$ ns　　(h) $t=1.8$ ns　　(i) $t=2.0$ ns

图 12-25　不同时刻下 Al/Fe 电磁复合界面基体元素的位形图

12.4.2　熔合界面

在电磁复合过程中,原子的活动能力主要得益于管坯上涡流的焦耳热效应及剧烈塑性变形过程中塑性功的转换而导致的温升。大量的实验观察发现,当外界输入能量超过阈值时,不带过渡区的 1060Al/20 号钢电磁复合界面演变为带有过渡区的复合界面,亦即熔合界面。

1. 过渡区的形貌及成分分布

由于电磁复合工艺参数的差异(例如不同的放电能量),过渡区的形态也呈现出多样化。图 12-26 所示为 1060Al/20 号钢电磁复合界面出现了明显过渡区的 SEM 形貌,过渡区完全在低熔点的 Al 母材侧,有的位于波峰之后,有的则完全"淹没"了波形界面,其中过渡区的宽度可达到 120μm,如图 12-26(f)所示。此外,在宽过渡区内发现了横向微裂纹(图 12-26(b))和气孔(图 12-26(e)),部分区域还包裹了碎钢颗粒(图 12-26(c)、(d))。

图 12-27 为带过渡区的 1060Al/20 号钢电磁复合界面两侧元素分布面扫描结果,由图可见,过渡区为 Al、Fe 元素的混合区,主体元素为 Al 元素。图 12-28 为带过渡区的 1060Al/20 号钢电磁复合界面两侧元素分布线扫描结果。如图 12-28(b)所示,线扫描曲线出现了一个大致平台,过渡区内 Al 原子约占 75%(原子分数),Fe 原子约占 25%(原子分数)。线扫描曲线出现的平台表明 Al、Fe 元素在整个过渡区保持大体均匀,这也暗示着过渡区的形成机制与扩散界面的形成机制有着本质的不同。仅从化学成分的分布来看,要在电磁复合的时间条件下,由 Fe 原子在铝基体内通过原子固态扩散方式形成宽度可达到 120μm、且成分均匀的富铁

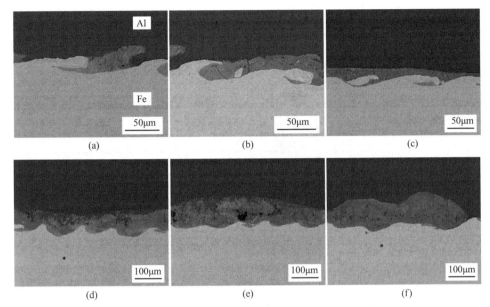

图 12-26 1060Al/20 号钢电磁复合界面过渡区 SEM 形貌

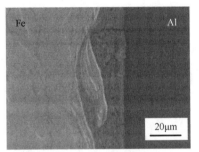

(a) 过渡区SEM形貌

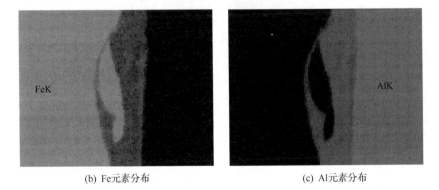

(b) Fe元素分布　　　　　　　　　　　(c) Al元素分布

图 12-27 1060Al/20 号钢电磁复合界面过渡区能谱分析面扫描结果

区也是不可能的。综合过渡区的形貌多样性及成分分布结果可知,带过渡区的
1060Al/20 号钢电磁复合界面是由熔体凝固而形成的。

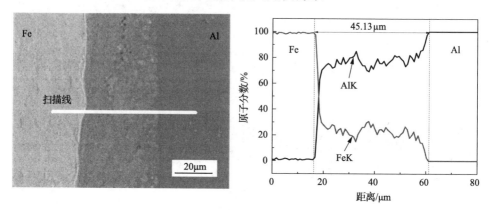

图 12-28　1060Al/20 号钢电磁复合界面过渡区能谱分析线扫描结果

2. 过渡区内的第二相

图 12-29 是典型带过渡区的 1060Al/20 号钢电磁复合界面 TEM 形貌。此
处,过渡区是一条宽约 2μm 并与母材有明显边界的夹层区,如图 12-29(a)所示。
紧邻过渡区的钢侧为形变孪晶,其电子衍射花样如图 12-29(d)所示。紧邻过渡区
的铝母材侧晶粒达到了纳米级别,选区电子衍射鉴别为亚晶粒。

图 12-30 所示为过渡区的成分分析结果。电子探针测量发现,过渡区中主体
元素为 Al(原子分数约为 73%),其次为 Fe 元素(约占 17%),值得注意的是,过渡
区中氧元素的含量占到了 10% 左右。

透射电镜观察发现,过渡区中有大量的第二相纳米粒子,其明暗场像分别如图
12-31(a)和(b)所示,选区电子衍射花样如图 12-31(c)所示。在典型的纳米晶衍射
环中还出现了晕环特征,这表明过渡区中还存在非晶相。过渡区高分辨透射电镜
(HRTEM)观察发现,具有纳米尺度的有序相杂乱分布于无序的基体相中,如图
12-31(d)所示,快速傅里叶变换分析进一步证实了无序基体相和有序相的结构
特征。

图 12-32 所示的是第二相粒子的选区电子衍射结果。如图 12-32(b)所示,过
渡区中的第二相具有超点阵结构。电子衍射花样的鉴定结果表明,该有序相为面
心立方的铁铝固溶体。

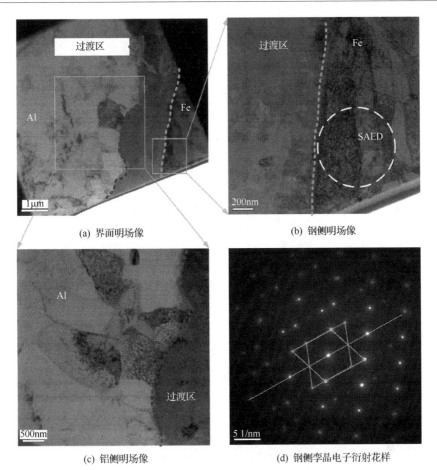

(a) 界面明场像 (b) 钢侧明场像

(c) 铝侧明场像 (d) 钢侧孪晶电子衍射花样

图 12-29 1060Al/20 号钢电磁复合界面过渡区 TEM 分析

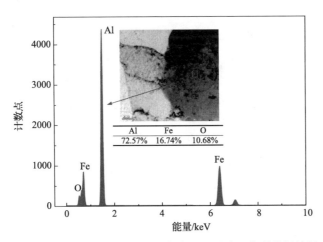

图 12-30 1060Al/20 号钢电磁复合界面过渡区能谱分析结果

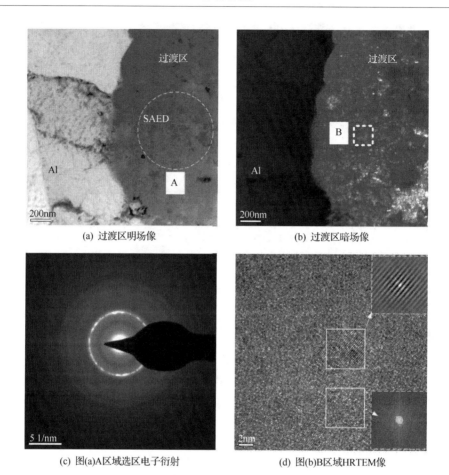

(a) 过渡区明场像　　　　　　　　　　(b) 过渡区暗场像

(c) 图(a)A区域选区电子衍射　　　　　(d) 图(b)B区域HRTEM像

图 12-31　过渡区第二相 TEM 分析

3. 过渡区的形成机制

过渡区内纳米化的第二相粒子、无序基体相等组织特征充分揭示了过渡区曾经经历了熔化而后凝固的过程。然而,过渡区内发现的含量不可忽视的氧元素则表明过渡区的熔化并不仅仅局限于母材基体的熔化,因为如此大量的氧元素只可能来源于被裹挟的空气或是待复合母材表面的氧化物,由此可以断定,界面"射流"物质被裹挟入复合界面也是复合界面发生熔化的诱因。

射流行为的影响在爆炸焊接中早已引起了广泛的注意。所谓的"射流"其实是待复合管坯表面的氧化物在碰撞点处从母材上剥离,被高速喷出,并在空气中与空气发生剧烈摩擦而生成的高温物质团。近年来,一些研究者对电磁加载条件下金属射流中的化学成分进行了讨论,如日本学者 Kakizaki 等[21]通过 SPH 方法研究

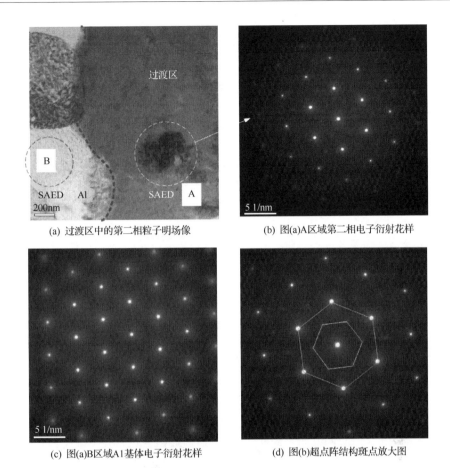

(a) 过渡区中的第二相粒子明场像　　　　　　(b) 图(a)A区域第二相电子衍射花样

(c) 图(a)B区域Al基体电子衍射花样　　　　　(d) 图(b)超点阵结构斑点放大图

图 12-32　过渡区有序第二相 TEM 分析

了 Al/Cu 和 Al/Ni 体系在电磁焊接过程中的射流行为,指出射流成分主要受碰撞金属的相对密度差异控制,密度小的金属在射流中占主体,Kakizaki 等同时通过 XRD 检测了 Al/Cu 电磁焊接过程中的射流成分,发现射流中 Al 的含量占主体,验证了他们的看法;以色列学者 Stern 等[22]研究了 Al/Mg 电磁焊接过程中射流的成分,发现 Mg 含量较多,给出了相同的结论。

一般认为,在异种金属电磁焊接中射流是一种积极行为,主要表现为母材表面的冲刷与剥离,射流是实现有效焊接的前提条件。然而,在双金属管电磁复合过程中,由于复管独特的渐进贴复过程,当放电能量过大时,碰撞点的移动速度过快,将导致先前的"射流"被"捕获"。如图 12-33 所示,不论是平直状界面还是微波状界面,过渡区的厚度在一定区域内都逐渐增大,这实际反映的是射流被捕获的过程。

当高温物质团被裹挟入待复合的界面中并参与了复合界面的剪切变形过程,

(a) 平直状界面

(b) 波形界面

图 12-33　1060Al/20 号钢电磁复合界面金相组织形貌

高温物质团自身就容易发展成为一个小熔池。当射流仅是少量被裹挟时,熔池所携带的热量并不足以引起母材基体的熔化,与过渡区紧邻的母材基体得以保留形变组织的特征,例如铝侧的亚晶和钢侧的高密度纳米细晶组织。由于熔池被更加广阔的基体母材快速冷却,因此过渡区的室温组织表现出熔体在急冷条件下的结晶特征,例如无序相基体相和来不及长大的形核颗粒。

　　当射流被大量裹挟时,高温物质团携带的热量将诱发低熔点母材发生熔化。从图 12-34(a)所示的过渡区 SEM 形貌照片中可以观察到,此时过渡区靠近 Al 母材侧为粗大的柱状晶组织,其形貌同普通铸造过程中液态金属在结晶过程中所形成的组织有相似之处,而且同普通铸造件一样,过渡区内也存在一般铸件中所出现的缺陷,如气孔,该气孔外边缘在聚焦离子束制取透射试样的过程中被进一步放大,结果显示出了如图 12-34(b)所示的大孔洞。对于宽度达到几十微米的过渡区,过渡区内部因裹挟有空气,在凝固过程中就发展成缩孔乃至裂纹等铸造组织缺

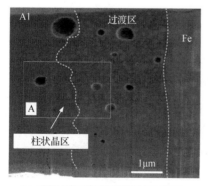

(a) 毗邻过渡区的Al侧柱状晶SEM形貌

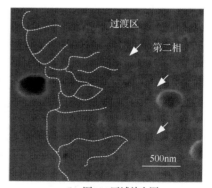

(b) 图(a)A区域放大图

图 12-34　带柱状晶边界的 1060Al/20 号钢电磁复合界面过渡区 SEM 形貌

陷,如图 12-35 所示。

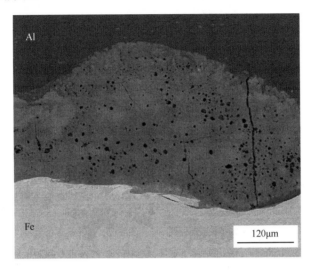

图 12-35　过渡区内的气孔与微裂纹

　　宽的过渡区对复合界面的力学性能有着不利的影响,因为过渡区内包含了微孔洞、横/纵向微裂纹等,过渡区往往成为裂纹的扩展通道,如图 12-36 所示。这些微观缺陷破坏了复合区的连续性与整体性,降低了复合界面的结合效果。因此,控制宽过渡区的形成是电磁复合界面的调控目标。

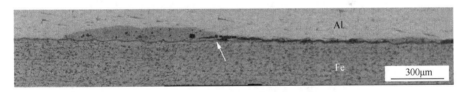

图 12-36　界面裂纹

12.5　展　　望

　　通过脉冲磁场力加载技术实现异种金属冶金复合的研究一直是国内外学术界乃至工业界关注的热点问题,目前已经积累了大量实验数据,增进了许多认知。但是,由于异种材料匹配的多样性,还需要更深入的理论及试验分析工作推进该技术的提高与推广应用。此外,未来的研究工作除了界面力学性能的测试外,还可以加强界面非力学性能方面的表征工作。

参 考 文 献

［1］涂厚道,周庆升,王先进. 复合管生产综述. 焊管,1996,19(6):5-9.

［2］赵卫民. 金属复合管生产技术综述. 焊管,2003,26(3):10-14.

［3］Yu H,Fan Z,Li C. Magnetic pulse cladding of aluminum alloy on mild steel tube. Journal of Materials Processing Technology,2014,214(2):141-150.

［4］Fan Z,Yu H,Meng F,et al. Experimental investigation on fabrication of Al/Fe bi-metal tubes by the magnetic pulse cladding process. International Journal of Advanced Manufacturing Technology,2016,83: 1409-1418.

［5］Fan Z,Yu H,Li C. Interface and grain-boundary amorphization in the Al/Fe bimetallic system during pulsed-magnetic-driven impact. Scripta Materialia,2016,110:14-18.

［6］Raoelison R N,Sapanathan T,Buiron N,et al. Magnetic pulse welding of Al/Al and Al/Cu metal pairs: Consequences of the dissimilar combination on the interfacial behavior during the welding process. Journal of Manufacturing Processes,2015,20:112-127.

［7］Kore S D,Imbert J,Worswick M J,et al. Electromagnetic impact welding of Mg to Al sheets. Science and Technology of Welding & Joining,2009,14(6):549-553.

［8］Lee K J,Kumai S,Arai T,et al. Interfacial microstructure and strength of steel/aluminum alloy lap joint fabricated by magnetic pressure seam welding. Materials Science and Engineering:A,2007,471(1): 95-101.

［9］Beyer E,Brenner B,Göbel G,et al. Insights into intermetallic phases on pulse welded dissimilar metal joints//Proceedings of the 4th International Conference on High Speed Forming (ICHSF 2010),Columbus,Ohio,2010:127-136.

［10］Stern A,Aizenshtein M,Moshe G,et al. The nature of interfaces in Al-1050/Al-1050 and Al-1050/Mg-AZ31 couples joined by magnetic pulse welding (MPW). Journal of Materials Engineering and Performance,2013,22(7):2098-2103.

［11］Watanabe M,Kumai S. Welding interface in magnetic pulse welded joints. Materials Science Forum, 2010,654:755-758.

［12］Zhang Y,Babu S S,Prothe C,et al. Application of high velocity impact welding at varied different length scales. Journal of Materials Processing Technology,2011,211(5):944-952.

［13］Zhang Y,Babu S S,Daehn G S. Interfacial ultrafine-grained structures on aluminum alloy 6061 joint and copper alloy 110 joint fabricated by magnetic pulse welding. Journal of Materials Science,2010,45(17): 4645-4651.

［14］Stern A,Shribman V,Ben-Artzy A,et al. Interface phenomena and bonding mechanism in magnetic pulse welding. Journal of Materials Engineering and Performance,2014,23(10):3449-3458.

［15］Marya M,Marya S,Priem D. On the characteristics of electromagnetic welds between aluminium and other metals and alloys. Welding in the World,2005,49(5-6):74-84.

［16］Fan Z,Yu H,Li C. Plastic deformation behavior of bi-metal tubes during magnetic pulse cladding:FE analysis and experiments. Journal of Materials Processing Technology,2016,229:230-243.

［17］Groche P,Wagner M X,Pabst C,et al. Development of a novel test rig to investigate the fundamentals of impact welding. Journal of Materials Processing Technology,2014,214(10):2009-2017.

[18] Hsieh T E,Balluffi R W. Experimental study of grain boundary melting in aluminum. Acta Metallurgica, 1989,37(6):1637-1644.

[19] Benedictus R,Böttger A,Mittemeijer E J. Thermodynamic model for solid-state amorphization in binary systems at interfaces and grain boundaries. Physical Review B,1996,54(13):9109.

[20] Mukhopadhyay D K,Suryanarayana C,Froes F S. Structural evolution in mechanically alloyed Al-Fe powders. Metallurgical and Materials Transactions A,1995,26(8):1939-1946.

[21] Kakizaki S,Watanabe M,Kumai S. Simulation and experimental analysis of metal jet emission and weld interface morphology in impact welding. Materials Transactions,2011,52(5):1003-1008.

[22] Stern A,Becher O,Nahmany M,et al. Jet composition in magnetic pulse welding:Al-Al and Al-Mg couples MPW jet phenomena were investigated and jet material composition for similar Al alloys and two samples of dissimilar Al-Mg alloy couples were observed. Welding Journal,2015,94(8):257S-264S.